U0313596

二十世纪上半叶

# 中国度量衡划一改革概要

郑颖　刘潇　陈昂　孟晓炜　尹娜◎编著

中国质量标准出版传媒有限公司
中国标准出版社
北京

**图书在版编目（CIP）数据**

二十世纪上半叶中国度量衡划一改革概要 / 郑颖等编著 .
—北京：中国质量标准出版传媒有限公司，2022.5（2022.10 重印）
ISBN 978-7-5026-5060-5

Ⅰ.①二… Ⅱ.①郑… Ⅲ.①计量单位制—研究—
中国—民国 Ⅳ.① TB91–092

中国版本图书馆 CIP 数据核字（2022）第 037638 号

中国质量标准出版传媒有限公司
中 国 标 准 出 版 社　出版发行
北京市朝阳区和平里西街甲 2 号（100029）
北京市西城区三里河北街 16 号（100045）

网址：www.spc.net.cn
总编室：（010）68533533　发行中心：（010）51780238
读者服务部：（010）68523946
中国标准出版社秦皇岛印刷厂印刷
各地新华书店经销

\*

开本 880×1230　1/32　印张 12.125　字数 292 千字
2022 年 5 月第一版　2022 年 10 月第三次印刷

\*

定价：49.00 元

# 二十世纪上半叶
## 中国度量衡划一改革概要

顾　问：关增建　　王　文

主　审：艾学璞　　杨学功

编　著：郑　颖　　刘　潇　　陈　昂

　　　　孟晓炜　　尹　娜

# 序

　　中国的历史演进到大清王朝，逐渐走向封建社会的末期。以传统计量来说，中国的度量衡制度在清中前期尚能保持基本统一，形成了以"营造尺库平制"为核心的度量衡制度。然而到了清晚期，特别是鸦片战争后，社会形态进入半封建半殖民地状态，社会矛盾剧烈增加，社会治理日益混乱。受国内外多重因素的影响，度量衡由清中前期的基本统一逐渐变得混乱，其表现是管理愈加糟糕，量值愈加杂乱，度量衡本应具备的法制性、统一性遭到了严重的破坏。二十世纪初，清廷为挽救其大厦将倾的命运，被迫开始进行改革，推行今人所谓的清末新政，其中就包括度量衡划一制度的尝试。光绪三十四年（1908年），清廷拟订了度量衡划一制度和推行章程，并商请国际权度局（即国际计量局）制造了铂铱合金原器和镍钢合金副原器，次年制成并运回国内。清末的这次度量衡划一改革，尽管依然固守其"祖制"，尽管改革最终随着大清王朝的倾覆而夭折，但是中国的度量衡却由此打开国门，迈出了与国际权度制接轨的第一步。

　　1911年，辛亥革命爆发，拉开了民国时期的序幕。以《权度条例》《权度法》的公布为标志，民国北京政府拉开了民国初年度量衡划一改革的序幕。这次改革首次将前清"营造尺库平制"和"万国权度通制"共同作为国家法定度量衡制度。之后，在度量衡器具制造、检定、检查、营业等方面还配套制定了一些制度措施，体现了推动度量衡向法制性、统一性发展的基本思想。但是，北京政府时期的这次度量衡划一改革有很大的局限性，改革所需要的社会条件也不具备。军阀混战、国库空虚、政权频更的现实以及推行度量衡划一改革方法的失当等因素，决定了此次改革虽然一开始在京师、山西等地取得了一定成效，但最终也只能以失败而告终。

北伐战争摧毁了北洋军阀的统治，国民党独占了北伐成果，其领导下的民国政府定都南京。南京政府在一定程度上吸取、借鉴了民国初年度量衡划一改革的经验和教训，以《权度标准方案》《度量衡法》的公布为基础，建立了以"万国权度通制"为标准制，并辅以市用制的法定度量衡制度。1927 年至 1937 年，在政府和社会的双重推动下，南京政府的度量衡改革在专门机构设立、专业人员培养以及度量衡器具制造、检定、检查、营业等法规制订和管理措施推进方面，都较清末和北京政府时期有显著改善，政府推进度量衡划一改革的努力和措施也较清末和北京政府时期更大、更强、更务实，取得的效果也更显著。但是，南京政府的这次改革依然是在战乱不断、国力贫乏、外强环伺的历史背景下进行的，受到各种因素的牵制，最终因日本侵华战争的全面爆发半途而废。但无论如何，这次改革是自清末以来真正意义上将中国度量衡进一步深刻融入国际权度体系的重要尝试，是中国度量衡历史发展到二十世纪上半叶最重要、最具现实意义的一次改革，对当时中国经济社会发展起到了不可忽视的推动作用，为中国的度量衡迈入其近代化阶段奠定了一定的基础。

由于清政府、民国北京政府和南京政府所开展的度量衡划一改革都带有一定的局限性、不彻底性，因而都难逃失败的命运。虽然这三次改革，或因王朝崩溃以失败而告终，或虽取得局部成效但碍于当时政治、社会、经济环境的变化无果而终；或因日本侵华而被迫中止，但它们都是中国度量衡发展历史上一段不能被忽略的史实，它们的经验、教训值得了解和研究。这正是作者写作本书的初衷所在。另外，为了确保历史的客观性和完整性，作者对同时期的伪满洲国度量衡制度、汪伪政府度量衡制度等也有所涉及。需要指出的是，在这段历史时期，红色政权的存在是一件值得特别关注的大事，它是新中国得以诞生的基础。但计量史学界对红色计量的研究相对还比较薄弱，有鉴于此，本书单辟一章，简述了 1949 年前中国共产党领导红色度量衡的探索与实践。这是非常必要的。

本书作者业余时间投入大量精力研究中国的度量衡史，出版过《成语典故中的度量衡》《古代计量拾零》等著作，本书是其继前两部著作之后，研究中国度量衡史的又一力作。作者从中国第二历史档案馆、北京档案馆、中国社科院"抗日战争与近代中日关系"数据平台等处搜集了大量原始档案资料，参考学界已有研究成果，经过广泛梳理，完成了本书的写作。资料翔实可靠是本书的一大特点，它为学界进一步研究中国度量衡近代化历程提供了可资借鉴的研究基础。当然，书中在一些细节表述上因采信史料的类别不同、分析问题的角度不同，难免存在尚需研究、讨论之处。对此，也请广大读者批评指正。

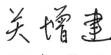

2021 年 6 月 2 日

# CONTENTS

# 目 录

# 第一章　历代度量衡及清末度量衡划一改革

## 第一节　历代度量衡

### 一、度量衡基本概念

#### （一）什么是度量衡

度量衡，简单地说，就是指用以比较物之量的标准。吴承洛在《中国度量衡史》中指出"物之长短以尺测之名为度，物之多寡以升测之名为量，物之轻重以天平砝码及秤类测之名为衡，故曰度量衡"。《论衡》中对度量衡也有类似的记载，"为之度，以一天下之长短；为之量，以齐天下之多寡；为之权衡，以信天下之轻重"。"度""量""衡"三者被合称为度量衡，大概要以《虞书·舜典》中的记载堪称最早，即"同律度量衡"；对"度""量""衡"三者进行独立的论述，一般认为出自西汉末年王莽统治时期刘歆［xīn］[1]所著《三统历谱》中的"审度""嘉量"和"衡权"。进一步阐明"度""量""衡"及三者之间关系的，见于东汉班固总纂的《汉书·律历志》，其载"度者，分寸尺丈引也。本起黄钟之长，以子谷秬黍［shǔ］中者，一黍之广度之，九十分黄钟之长，一为一分，十分为寸，十寸为尺，十尺为丈，十丈为引，而五度审矣""量者，龠［yuè］合［gě］升斗斛［hú］也，所以量多少也。本起黄钟之龠，用

---

[1]　文中加"［ ］"的，是为了便于读者理解所做的解释，下同。

度数审其容。以子谷秬黍中者，千有二百实其龠，以井水准其概。合［hé］龠为合，十合为升，十升为斗，十斗为斛，而五量嘉矣"，"权者，铢两斤钧石［shí］也，所以称物平施，知轻重也。本起黄钟之重，一龠容千二百黍，重十二铢，两之为两。二十四铢为两，十六两为斤，三十斤为钧，四钧为石"。对于度量衡这个说法，中国历朝历代基本遵从并沿用，一直到中华民国南京政府［以下简称南京政府］《度量衡法》的公布。当然，这期间也有例外，比如清代曾一度将度量衡称为度量权衡，理由是"平天秤之法马［砝码］及平其他秤类之锤名为权；秤类之用所以平衡权与物之相均名为衡"[1]；再比如民国肇始，也曾一度将度量衡称为权度，理由是"量之多寡不离度，量与度同属于有形大小测量之一类，合名为度；而计轻重者，衡不离权，衡与权同属于无形轻重测量之一类，合名为权"[2]。1915 年，中华民国北京政府［以下简称北京政府］公布的涉及度量衡的法律即称为《权度法》。

### （二）计量与度量衡的关系

2015 年 9 月，科学出版社出版的《计量学名词》中认为"计量"是"实现单位统一、量值准确可靠的活动"[3]。我国汉语中最早出现"计量"一词在什么时候呢？据 2015 年中国质检出版社出版的《新中国计量史》记载，1933 年 2 月，南京政府公布的《汽车里程表及油量表改用公制推行办法》中首次提及"计量"，即"汽车里程表应用公里计程，油量表应用公升计量"。不过，经考证有关原始档案材料，具有近现代计量学意义

---

［1］ 吴承洛《中国度量衡史》民国沪上初版图书复制版·上海：三联书店，2014 年，第 77 页。

［2］ 吴承洛《中国度量衡史》民国沪上初版图书复制版·上海：三联书店，2014 年，第 77 页。

［3］《计量学名词》·北京：科学出版社，2015 年，第 3 页。

的"计量"一词，至迟在 1930 年 4 月之前，南京政府工商部公布的《度量衡检定人员养成所招考第一养成期学员办法》中即已经出现，该办法指出高级检定人员需要培训的课程有"计量学"。还有南京政府 1931 年公布的《审定特种度量衡专门委员会章程》中也早于《汽车里程表及油量表改用公制推行办法》多次提及"计量标准"等。时任南京政府实业部全国度量衡局局长的吴承洛在《工业中心》1933 年第 2 卷第 4 期发表的《工业标准化（一）》中也已提及具有近现代计量学意义的"计量"一词，即"工业标准可以分为计量的标准等五种……这多种计量的标准，要算［以］长度、重量与时间为基础"[1]。1936 年 9 月吴承洛在其发表的《新制度量衡》讲话中也再次将"计量"作为独立的固定词汇多次使用并具体出现了"计量""计量单位""计量标准""计量学"等词汇。1936 年 10 月，商务印书馆刊行的《中国经济年鉴》中更是已有专章阐述了"计量单位定义之拟订"，即度量单位、衡量单位、时间单位、力的单位、热的单位、电气单位以及电磁单位等。

中国计量的发展，大致划分为"近现代计量"和"传统计量"[2]。度量衡是关于长度、容量、重量单位及量值的活动，它无疑应属于传统计量的一部分。但度量衡并不能代表传统计量的全部，比如中国古代的司南，应属于空间方位计量；再比如中国古代的日晷［guǐ］、刻漏等，显然属于时间计量，这些都不是狭义的度量衡所能涵盖的。不过，近现代计量也好，传统计量也罢，其所涵盖的范围是人为予以划分的；随着时代的变迁，科学技术的不断进步以及人们认识水平、认识能力的变化，计量的范畴也会随之变化，并不是一成不变的。

---

[1] 吴淼《中国近代化进程中吴承洛贡献之研究（博士论文）》·上海交通大学，2009 年 2 月，第 14 页。

[2] 关增建《计量史话》·北京：社会科学文献出版社，2012 年，第 5 页。

## 二、二十世纪前度量衡标准和量值

### （一）度量衡标准

吴承洛在《中国度量衡史》中指出"中国历代所取以为度量衡之标准者，大别之有二类。其一、取自然物以为标准者，其法有三：一曰，以人体为则……二曰，以丝毛为则……三曰，以穀[gǔ]子为则。其二、取人为物以为标准者，其法亦有三：一曰，以律管为则……二曰，以圭璧为则……三曰，以货币为则"[1]。

1. "取自然物以为标准者"

（1）"一曰，以人体为则。"早期的度量衡标准多是以人体为标准的。

就"度"而言，正如许慎所云，"寸、尺、咫[zhǐ]、寻、常、仞[rèn]诸度量，皆以人体为法"。《史记·禹本纪》记载，大禹"……身为度……"，即以大禹的身高为一定的尺度标准——据传说最初"丈"这个长度单位就是以大禹的身高为标准进行定义的。《礼记·投壶》载，"筹，室中五扶，堂上七扶，庭中九扶"，《韩非子·扬权》记，"故上失扶寸，下得寻常"，这其中的"扶"指人"并四指的宽度为一扶，一指为寸，一扶四寸"，何休注，"侧手为扶（肤），按指为寸"。《孔子家语》记载，"布指知寸，布手知尺，舒肘知寻"，这是指用人的手指作为标准来确定"寸"的长度，人舒展双臂的长度作为标准来确定"寻"的大小。关于"布手知尺"，丘光明在《中国物理学史大系·计量史》中指出，布手知尺的"尺"是"中等身高人体拇指至食指之间一拃的长度"。吴承洛在《中国度量衡史》中给出的布手知尺的"尺"是"盖用手拇指与中指一叉相距谓之一尺"。1975年日本东京都计量检定所出版的《东京的计量100年》中给出从

---

[1] 吴承洛《中国度量衡史》民国沪上初版图书复制版·上海：三联书店，2014年，第10页。

中国传入的"布手知尺"的解释与吴承洛的说法基本一致。

就"量"而言，《小尔雅·广量》曰，"一手之盛谓之溢，两手谓之掬，掬，一升也"，即以人的一只手所捧的量为"溢"，以人两只手所捧的量为"掬"，一掬也就是当时"一升"的容量标准。

就"衡权"而言，《史记·禹本纪》记载，大禹"……称以出……"，即以大禹的体重作为一定的重量标准。

（2）"二曰，以丝毛为则。"早期的度量衡标准曾以丝、毛等自然物为标准。如《孙子算经》记载，"蚕吐丝为忽，十忽为秒，十秒为毫，十毫为厘，十厘为分"；《易纬·通卦验》曰，"十马尾为一分"；《说文解字》记载，"十发为程，十程为分"。这些史料中涉及的"忽""秒""毫""厘""分""程"等都是早期的长度单位，它们的量值多是以"丝""毛""发"等自然物为标准来确定的。

（3）"三曰，以谷子为则。"早期的度量衡标准也曾以谷、黍、粟等农作物为标准。特别是"黍"，在《汉书·律历志》的记载中表明其与律管在确定度量衡标准方面有十分重要的作用。

就"量"而言，如《孙子算经》记载，"量之所起，起于粟。六粟为一圭，十圭为一撮，十撮为一抄，十抄为一勺，十勺为一合，十合为一升，十升为一斗，十斗为一斛"。

就"衡权"而言，还如《孙子算经》记载，"称之所起，起于黍，十黍为一累；十累为一铢，二十四铢为一两，十六两为一斤"。

2. "取人为物以为标准者"

（1）"一曰，以律管为则。"西汉末年王莽主政时期，其国师刘歆曾主持全面考订音律和度量衡，形成了"审度""嘉量""衡权"等条奏，其基本原理是"黄钟累黍"。

"黄钟"是我国古代的乐律之一。我国古代乐律分为十二律，即"黄钟""大吕""太簇""夹钟""姑洗［xiǎn］""仲吕""蕤［ruí］宾""林钟""夷则""南吕""无射""应钟"等，这十二律又分为阴阳各六律。"黄钟"律则为阳六律的第一律。除了乐律，《管子·地员》中记载中国古代还有五音，即"宫""商""角""徵［zhǐ］""羽"。关于"律""音［声］"之间的关系，《淮南子·天文训》中有这样的记载，"一律生五音、十二律而为六十调"；《汉书·律历志》中的《和声》篇记载，"声者，宫、商、角、徵、羽也……五声之本，生于黄钟之律，九寸为宫，或损或益，以定商角徵羽"。"黄钟律宫音"大致相当于现在乐律的C调"1"——五音十二律由此而分。在实践中，人们认识到凡是能吹出"黄钟律宫音"的律管，其管子的长度、孔径是基本一致的，管子的容积也是相似的。

"黍"即"黍子"，是在我国北方栽种较多的一种黏黄米。《管子·轻重》曰，"黍者，谷之美者也"。

《汉书·律历志》收录了刘歆考校度量衡的理论，阐述了"黄钟累黍"与度量衡之间的密切关系。第一，从尺度上讲，"度者，分寸尺丈引也。本起黄钟之长，以子谷秬黍中者，一黍之广度之，九十分黄钟之长，一为一分，十分为寸，十寸为尺，十尺为丈，十丈为引，而五度审矣"。"一黍之广"就是一粒黍子的宽度［自然生长的黍，本身有长度和宽度，根据丘光明《中国古代计量史图鉴》第71页图示分析，"一黍之广"指黍子的宽度］，即一分。九十粒黍子排列的长度刚好与九寸长的黄钟律管相吻合，即"九十分黄钟之长"。"一分"的长度确定了，进而就确定了十进制的寸、尺、丈、引的长度。第二，从容量上讲，"量者，龠合升斗斛也，所以量多少也。本起于黄钟之龠，用度数审其容。以子谷秬黍中者，千有二百实其龠，以井水准其概。合龠为合，十合为升，十升为斗，十斗为斛，而五量嘉矣"。用一千二百个大小均衡的黍子填满九寸长的黄钟律管，即"本起于黄钟之龠……千有二百实其龠"，这一律管的容量就是"一龠"。确定了"一龠"的容量，进而就确定了十进制的合、升、斗、斛〔宋及宋以后"斛"的容量变为一斛为五斗，在此之前一斛为十斗；当然"斗"本身的量值，历朝历代也有差异〕的容量。第三，从重量上讲，"权者，铢两斤钧石也，所以称物平施，知轻重也。本起黄钟之重，一龠容千二百黍，重十二铢，两之为两。二十四铢为两，十六两为斤，三十斤为钧，四钧为石……五权之制，以义立之，以物钧之，其余大小之差，以轻重为宜"。填满一黄钟律管的一千二百个黍子，重量为十二铢，即"本起黄钟之重，一龠容千二百黍，重十二铢"。进而将一两规定为二千四百个黍子的重量，即"一龠容千二百黍，重十二铢，两之为两"。但是，当时重量单位不是十进制的，一两为二十四铢、一斤为十六两、一钧为三十斤、一石为四钧。《汉书·律历志》对此做了说明，"二十四铢而成两者，二十四气之象也……十六两成斤者，四时乘四方之象也……三十斤成钧者，一月之象也……四钧为石者，四时之象也"。早于《汉书·律历志》，于西汉时期成书的《淮南子》对此也有记载，"天有四时，以成一岁，因而四之，四四十六，故十六两而为一斤；三月而为一时，三十日为一月，故三十斤为一钧；四时而为一岁，故四钧为一石"。

《汉书·律历志》记录的这套"黄钟累黍"理论，是我国古代最完整、最系统、最权威的关于度量衡标准的论著，它影响着中国度量衡近两千多年的发展，被历朝历代奉为圭臬〔niè〕和典范。不过"黄钟累黍"的不确定性也是显而易见的。从"黄钟"的角度说，"黄钟随时应声而有变迁，则历代之黄钟并不相等"[1]。从"黍"的角度说，"黍"作为自然物，其也存在

---

[1]　吴承洛《中国度量衡史》民国沪上初版图书复制版·上海：三联书店，2014年，第32页。

着不确定性。《宋史·律历志》中就有这样的记载，"岁有丰俭，地有硗［qiāo］肥。即令一岁之中，一境之内，取以校验，亦复不齐。是盖天物之生，理难均一……古之立法，存其大概尔"。《天工开物》中也有类似的记载，"凡黍粒大小，总视土地肥硗、时令害育。宋儒拘定以某方黍定律，未是也"。

（2）"二曰，以圭璧为则。"早期的度量衡标准曾"以圭璧为则"。《考工记》中记载，"典瑞璧羡以起度，玉人璧羡度尺好三寸，以为度"，其中"好"指玉璧的孔径，郑玄注，"好，璧孔也，《尔雅·释器》曰，'肉倍好［肉指玉璧的外环，前文"好"为三寸，此处"倍好"则为六寸］，谓之璧'"；"羡"是延长之意；"典瑞"是主管玉璧的官职；"玉人"是制作玉璧的工匠。《律吕新书》中曰，"此璧本圆径九寸，好三寸，肉六寸，而裁其两旁各半寸，以益上下。其好三寸，所以为璧；裁其两旁，以益上下，所以为羡；羡十寸，广八寸，所以为尺度"。这就是说"璧羡度尺"在我国东周齐国时被用作尺度标准，是当时天子的"量物之度"。《考工记》中记载有各种圭璧的尺寸，以当时的圭璧实物对照文献记载，可以考校当时的尺度单位量值[1]。

（3）"三曰，以货币为则。"货币作为一种重要的交易媒介，其长短、大小、轻重必然有一定之规，故也被作为早期度量衡的标准，如"秦半两""汉五铢"等。据《新唐书·食货》记载，"唐武德四年铸开元通宝，径八分，重二铢四累［lěi，同累］"。这就是说唐武德四年［621年］铸造了"开元通宝"钱，"开元通宝"本身的重量相当于当时的2铢4累［即2.4铢，1铢=10累］，正好是当时1两的十分之一［1两=24铢］，十枚"开元通宝"的重量正好是1两。后来人们便以10钱［开元通宝钱］等于1两来计重，这比原先以2铢4累为十分之一两进

[1] 艾学璞、王立新、邱隆《"璧羡度尺"及其尺度》·《计量史话》·北京：中国计量出版社，2010年，第56页。

行计重要方便、快捷得多，于是从那时起，便约定俗成地使用了一个新的衡制单位——钱[1]。明代的"大明宝钞"也有明确的尺寸长短，明代科学家朱载堉［yù］曾以此为标准考校了明代的"裁衣尺""量地尺""营造尺"等尺度，他在《律吕精义》中称明代营造尺与大明宝钞"墨边外齐"[2]。吴承洛也曾在 1936 年第 6 期《工业标准与度量衡》上发表过文章，阐述民国时期硬币与度量衡标准之间的关系。

### （二）二十世纪前度量衡量值

中国度量衡的量值在先秦时期处于分散、不系统、不统一的状态；在秦汉时期处于基本统一并成熟稳定的状态；在魏晋南北朝时期度量衡量值则逐渐增大；隋唐时期则法定了度量衡量值的"大小制"；到明、清两代不再区分"大小制"。表 1-01 为中国历代度量衡量值简表。

表 1-01 中国历代度量衡量值简表

| 时代（公元年代） | | 单位量值 | | |
| --- | --- | --- | --- | --- |
| | | 一尺合厘米数 | 一升合毫升数 | 一斤合克数 |
| 商（前 1600—前 1046 年） | | 16 | | |
| 战国<br>（前 475—<br>前 221 年） | （齐） | | 205 | 370/镒 |
| | （邹） | | 200 | |
| | （楚） | | 226 | 250 |
| | （魏） | | 225 | 306/镒 |
| | （赵） | | 175 | 251 |
| | （韩） | | 168 | |
| | （东周） | 23.1 | 200 | 123/寽 |

---

[1]　丘光明《中国古代度量衡》·北京：中国国际广播出版社，2011 年，第 130 页。
[2]　曾武秀《中国历代尺度概述》·河南省计量局《中国古代度量衡论文集》·郑州：中州古籍出版社，1990 年，第 150 页。

续表

| 时代（公元年代） | | 单位量值 | | |
|---|---|---|---|---|
| | | 一尺合厘米数 | 一升合毫升数 | 一斤合克数 |
| 战国<br>（前475—<br>前221年） | （燕） | | 1 766/穀 | 251 |
| | （中山） | | 180 | 9 788/石 |
| | （秦） | 23.1 | 200 | 253 |
| 秦（前221—前206年） | | 23.1 | 200 | 253 |
| 西汉（前206—8年） | | 23.1 | 200 | 250 |
| 新莽（9—25年） | | 23.1 | 200 | 245 |
| 东汉（25—220年） | | 23.1 | 200 | 220 |
| 三国（220—280年） | | 24.2 | 200 | 220 |
| 两晋（265—420年） | | 24.2 | 200 | 220 |
| 南北朝<br>（420—<br>589年） | （南朝） | 24.7 | 200 | 220 |
| | （北朝） | 25.6～30 | 300（前期）<br>600（后期） | 330（前期）<br>660（后期） |
| 隋（581—618年） | | 29.5 | 600 | 660 |
| 唐（618—907年） | | 30.3 | 600 | 667 |
| 五代十国（907—960年） | | 30.3 | 600 | 667 |
| 宋（960—1279年） | | 31.4 | 702 | 640 |
| 元（1206—1368年） | | 35 | 1 003 | 640 |
| 明（1368—1644年） | | 32 | 1 035 | 596.8 |
| 清（1616—1911年） | | 32 | 1 035 | 596.8 |
| 中华民国<br>（1912—<br>1949年） | 北京政府时期（甲制） | 32 | 1 035.468 8 | 596.816 |
| | 南京政府时期（市用制） | 100/3 | 1 000 | 500 |

说明：中华民国二十世纪初成立，但为了便于比较，在此一并列出。

数据来源：中华民国之前的数据主要参考丘光明《中国物理学史大系·计量史》·长沙：湖南教育出版社，2002年，第635页。

### 三、二十世纪前度量衡法制和管理

度量衡具有两方面的属性，一为自然属性，另一为社会属性。度量衡的法制和管理毫无疑问属于度量衡的社会属性范畴，通过法制和管理以强调度量衡的法制性、统一性和规范性。

#### （一）先秦时期

所谓"先秦时期"，是对秦朝以前时代的统称，包括夏、商、西周、春秋、战国等几个不同的历史时期。这一时期是我国度量衡法制和管理的萌芽期、雏形期。我国到氏族社会后期，对度量衡的统一逐渐有了朴素、客观的要求。这一点在众多的史籍中常有记载，如《大戴礼记·五帝德》记载，"黄帝设五量"；《世本》记载，"少昊氏，同度量，调律吕"；《虞书·舜典》记载，"协时月正日，同律度量衡"；《史记·夏本纪》中也有"禹，声为律，身为度，称以出"的记载。随着私有制的出现，利用度量衡图谋私利的情形逐渐增多，人们认识到加强度量衡法制和管理的迫切性和必要性。如《日知录》中的记载，"古帝王之于权量，其于天下，则五岁巡狩而一正之；其于国中，则每岁而再正之"；《夏书·五子歌》也有记载，"禹以明德君临天下，典则法度……其以钧石之设，所以一天下之轻重而立民信者"等。到了周朝时，已有非常明确和严格的度量衡法制。如《礼记》记载，"周公六年……颁度量而天下大服"；周朝对度量衡器具的检定也已有明确规定，如"仲春之月，日夜分，则同度量，钧衡石，角斗甬，正权概；仲秋之月，日夜分，则同度量，平权衡，正钧石，角斗甬"；周朝时对度量衡管理的分工也已比较明确，如"内宰负责颁布度量衡法令，大行人负责监制发放度量衡标准器，合方氏负责监督度量衡法令的执行情况；司市负责办理地方度量衡事务，质人负责具体管理市场上的度量衡'市中成贾［gǔ］，必以度量'"[1]等。到了春秋战国时期，度量衡得到进一步发展，秦国的商鞅变法所推行的"平斗桶权衡丈尺"法令及商鞅所督造的以度审容的标准器"商鞅铜方升"等均为秦始皇统一全国度量衡奠定了重要的法制基础和实物基础。

### （二）秦汉时期

所谓"秦汉时期"，主要包括秦、西汉、西汉末年王莽时期、东汉等四个阶段。这一时期是中国度量衡历史上第一次"大一统"的时期，秦汉两代度量衡制度一脉相承，为后代度量衡的发展奠定了极其重要的理论化、科学化和法制化的基础。秦始皇继承先秦度量衡的成果，颁布诏书"一法度衡石丈尺"，器械一量，统一度量衡。秦汉两代丰富完善了度量衡检定、校准制度。如《工律》中记载，秦"县及工金听官为正衡石累，斗桶升，毋过一岁"；《内杂史》也记载，秦时贮藏谷物的斗升等"不用者，正之如用者"；《黄律》中记载，汉"称钱衡，以钱为累劾，曰四铢，敢择轻重衡及费用，劾论罚徭，里家十日"等。自秦朝开始还规定了度量衡检定时的允差范围和处罚措施。如《效律》中记载，如果使用的衡器超出允差，则罚以铠［kǎi］甲和盾牌，"衡不正，十六两以上，赀［zī］官啬［sè］夫一甲，不盈十六两到八两，赀一盾……"等。秦汉时期，度量衡管理分工也更加明确。如《汉书·律历志》记载，"度者，职在内官，廷尉掌之；量者，职在太仓，大司农掌之；衡权者，职在大行，鸿胪掌之"等。秦汉时期对度量衡最大的贡献之一，就是形成了初步完备的度量衡标准的科学、统一导出体系。如《汉书·律历志》记载，"度者，本起黄钟之长，以子谷秬黍中

---

[1] 易水《我国古代近代计量法制概述》·河南省计量局《中国古代度量衡论文集》·郑州：中州古籍出版社，1990年，第424页。

者，一黍之广度之，九十分黄钟之长；量者，本起黄钟之龠，以子谷秬黍中者，千有二百实其龠；权者，本起黄钟之重，一龠容千二百黍，重十二铢"。除了上述用"黄钟""黍"确定度量衡标准的体系外，在秦汉时期还使用"黄金""水"等物质来确定度量衡标准。如《汉书·食货志》中记载，"黄金方寸而重一斤"；《后汉书·礼仪志》也有记载，"水一升，冬重十三两"等。

### （三）三国以降

三国以降，清代以前，中国历史经历了魏晋南北朝、隋、唐、宋、元、明等不同时期。这段时期跨度上千年，度量衡的法制和管理既有进步也有徘徊，不过总体上说还是得到了发展，也更加注意使用度量衡手段来保证市场公平交易。唐代比较重视度量衡法制建设和公平交易。如在《新唐书·柳仲郢［yǐng］列传》中记载了依法维护市场公平交易的情况，"宰相李德裕不为嫌，奏拜京兆尹。置权量于东西市，使贸易用之，禁私制者。北司吏入粟违约，仲郢杀而尸之，自是人无敢犯，政号严明"。《唐律疏议》中对违反度量衡管理的情况做出严厉规定，"校斛斗秤度，诸校斛斗秤度不平，杖七十，监校者不觉，减一等，知情与同罪……私作斛斗秤度。诸私作斛斗秤度不平，而在市执用者，笞［chī］五十。因增减者，计所增减准盗论"。《唐令拾遗》中也有关于度量衡公平交易的记载，"凡用秤者，皆悬以格；用斛者，皆以概"等。到了宋代［南宋］，将上口大且使用不准、不便的圆柱形量器"斛"改为上口小、下底大的截顶方锥之"斛"，这种式样的量器出入之间盈亏相差不远，且口狭易于用"概"，有利于防止舞弊，维护公平交易[1]。到明代时，

---

[1]　关增建《计量史话》·北京：社会科学文献出版社，2012年，第55页。

度量衡法制建设更加日臻完善。《明会典》就记载从洪武元年［1368 年］到嘉靖四十五年［1566 年］共计发布过十七次与度量衡有关的法令，如"洪武元年，令兵马司并管市司，三日一次校勘街市斛、斗、秤、尺，并依时估定其物价"。洪武三十年［1397 年］的《大明律》也对度量衡违法行为做出过更加严厉的规定，"凡私造斛斗秤尺不平，在市行使，及将官降斛斗秤尺作弊增减者，杖六十，工匠同罪。若官降不如法者，杖七十。提调官失于较［校］勘者，减一等。知情，与同罪。其在市行使斛斗秤尺虽平，而不经官司较［校］勘印烙者，笞四十。若仓库官吏，私自增减官降斛斗秤尺，收支官物而不平者，杖一百。以所增减物计赃重者，坐赃论。因而得物入己者，以监守自盗论。工匠杖八十。监临官知而不举者，与犯人同罪。失觉察者，减三等，罪止杖一百"。再如《明史·职官》也有记载，"凡度量权衡，谨其校勘而颁之，悬式于市，而罪其不中度者"等。

## 第二节　清末度量衡划一改革

### 一、清代度量衡

#### （一）度量衡机构

##### 1. 户部和工部

清朝建号之初，继承了明末官制，中央设六部，其中户部、工部与度量衡事务有直接关系。根据清顺治五年［1648 年］"户部较［校］准斛样，照式造成，发坐粮厅收粮。又定：工部铸造铁斛二张，一存户部，一存总督仓场"[1] 的记述，可见

---

[1]　姬永亮《明清时期度量衡管理机构考略》·《宁夏大学学报（人文社会科学版）》，2014 年 5 月，第 36 卷第 3 期，第 67 页。

此时户部担负着度量衡标准制定、度量衡器具保管、颁发度量衡样器等职责；工部担负着制造度量衡器的职责。根据清康熙元年［1662年］"题准直省尺斗等秤，俱照部颁前式划一遵行，违制者究处；又校准新造法马［砝码］，通行内外衙门遵用"[1]的记述，可见此时户部依然负责度量衡标准及标准器的管理，各省以此标准制作用于本地区的度量衡器。故宫博物院藏乾隆二十九年［1764年］十二月造的伍佰两铜砝码正面铸文"工部制造伍佰两正法马［砝码］，会同户部较［校］准颁发"，可见乾隆年间工部负责制造度量衡器，户部负责校准。根据同治十三年［1874年］《钦定户部则例》，"凡遇工部新制各处应需木斛斗升、派员赴部会较［校］，户部亦派司员，同当月官于印库内取出铁斛斗升三面较［校］对，如无参差，将新制木斛斗升，包裹铁叶，眼同烙用火印，给发领用，该司员仍将铁斛斗升火印一并封妥，附诸印库"[2]的记述，可见此时工部依然继续负责制造度量衡器具，户部则负责检校度量衡器并用印。

　　2. 商部

　　光绪二十八年［1902年］十一月，清庆亲王奕劻［kuāng］上奏，"中国亦应设立商部，以为振兴商务之地"，获得清廷批准。光绪二十九年［1903年］四月，清廷颁布谕旨，"俟商律编成，奏定后即行特简大员开办商部"。据此，为推动工商业发展，加强对工商业的管理，光绪二十九年［1903年］九月清廷设立了商部，下设保惠司、平均司、通艺司和会计司，其中会计司主管税收、财政收支、金融以及度量衡事务等[3]。此时，工

［1］ 姬永亮《明清时期度量衡管理机构考略》·《宁夏大学学报（人文社会科学版）》，2014年5月，第36卷第3期，第67页。

［2］ 姬永亮《明清时期度量衡管理机构考略》·《宁夏大学学报（人文社会科学版）》，2014年5月，第36卷第3期，第67页。

［3］ 刘德霞《清末新政工商改革述论（硕士论文）》·山东师范大学，2000年5月，第11页。

部、户部依然存在。

### 3. 农工商部和度支部

光绪三十二年［1906 年］十一月，清政府宣布实行新的中央官制，其中将工部和商部合并为农工商部，将户部改为度支部[1]。新组建的农工商部负责全国森林、水产、河务、水利以及商标专利、度量权衡等事务，下设农务司、工务司、商务司、庶务司等四个司，并设化分矿质所、权衡度量局[2]。度支部继续掌管度量衡标准的制定、度量衡标准原器的保管、颁发及校准等事宜，与之前户部执掌度量衡略有不同的是，度支部不仅下发度量衡地方原器，而且负责颁行各种度量衡检定器具[3]。

### （二）度量衡法制

清代度量衡的法制和管理，较前代来说并不逊色。清世祖顺治进北京后的第三年即"颁定斛式，令工部造铁斛"[4]。而且，清代律法对"违反度量衡制度的处罚""需承担的法律责任"等规定，较前代可谓更加全面、更加细致。比如，对于私造"斛斗秤尺"的行为，清代律法的规定是比较严厉的，"如官员私自改铸，应受笞刑一百；如已有赃，则按赃论罪。私铸工应受笞刑八十。主管官知而不举，和犯者同罪，但死罪减一等，若失察觉，由死罪减三等论罪，并受笞刑一百。民间私造或私用不合之权量，受笞刑六十，工匠同罪，私用未经官校勘烙者，受笞四十，各衙门仿制，如不遵守法式，主管官及工匠受笞刑

---

［1］张宪文等《中华民国史（第 1 卷）》· 南京：南京大学出版社，2013 年，第 45 页。

［2］刘德霞《清末新政工商改革述论（硕士论文）》· 山东师范大学，2000 年 5 月，第 13 页。

［3］姬永亮《明清时期度量衡管理机构考略》·《宁夏大学学报（人文社会科学版）》，2014 年 5 月，第 36 卷第 3 期，第 67 页。

［4］易水《我国古代近代计量法制概述》· 河南省计量局《中国古代度量衡论文集》· 郑州：中州古籍出版社，1990 年，第 435 页。

七十，监督官不知情，罪减一等，知情同罪"[1]。

清代还效仿明代的做法，除通过律法对度量衡制度及其实施予以保障外，还多以皇帝诏令的形式发布涉及度量衡的命令、条规等，使度量衡法律法规制度体系在多种形式的推进下，显得日臻完善。如康熙四十三年［1704年］，朝廷曾下令停止使用东北地区的"金斗"和"关东斗"。雍正十一年［1733年］时，朝廷也曾颁布诏令，"又议准，各布政使司钱粮解部者，将部颁法马［砝码］封交解官赍［jī］部，库官将库存原法马［砝码］校准合一，然后兑收。如有短少，将解官参［参］处勒追。倘将法马［砝码］私行改铸者，按律治罪。或库官故为轻重，任意勒索，亦察明严参［参］"[2]。

到光绪三十三年［1907年］，尽管清王朝大厦将倾，但还是编制了《大清新刑律分则草案》。该草案第十九章重新规定了"伪造度量衡罪"，并且将原来所称"斛斗秤尺"改称为"度量衡"。从文1-01可以看出，因伪造度量衡而对人身惩罚的"笞刑"被一律取消了，但同时要视违法行为的轻重增加数额不等罚金的经济处罚，继而规定要褫［chǐ］夺违法官吏的全部或部分公权。其实，无论清初还是清末，对违反度量衡制度的行为，不同时期的清律均有各自具体的要求，其中暗含的指导思想正如《大清会典》所归纳的那样，"凡官司所掌，营造官物，收支粮赋货赋，下逮市廛［chán］里巷，商民日用，度量权衡皆如式较［校］定，有违制私造、增减成宪者，皆论如律"[3]，即不

［1］　吴承洛《中国历代度量衡制度之变迁与其行政上之措施》·《工业标准与度量衡》，1934年8月，第1卷第2期。
［2］　姬永亮《明清时期度量衡法制管理制度初探》·《科学与管理》，2012年，第5期，第32页。
［3］　姬永亮《明清时期度量衡法制管理制度初探》·《科学与管理》，2012年，第5期，第34页。

管官私商民，不论何种经济活动，所用度量衡器都要按标准进行校定，违反者要受到法律的追究。

文 1-01《大清新刑律分则草案》中的"伪造度量衡罪"条款[1]

第二百四十五条 凡以行使或贩卖之宗旨而制作违背定规之度量衡，或变更真正度量衡之定规者，处四等以下有期徒刑，并处五百元以下罚金，知情而贩卖不平之度量衡者亦同。

第二百四十六条 凡业务上常用度量衡之人，知其不平而持有者，处五等有期徒刑，拘留，或一百元以下罚金。其行使不平之度量衡而得利者，以欺诈取财论。

第二百四十七条 凡未受公署之委任或许可，以行使贩卖之宗旨而制作度量衡者，倘未违背定规，处三十元以上罚金。若贩卖者，处卖价二倍以下、卖价以上罚金，其二倍之数，未达五十元时处五十元以下、卖价以上罚金。

第二百四十八条 第二百四十五条之未遂罪，罚之。

第二百四十九条 犯第二百四十五条之罪者，得褫夺公权全部或一部。

## （三）度量衡标准和原器

"营造尺库平制"即营造尺、漕斛、库平制，是清代制定的以"营造尺"和"库平两"为基础的度量衡标准制度。

清代度量衡制度始订于清顺治时期，完成、完善于康熙、乾隆两朝。由于中国古代度量衡一开始便融入了天文、律算，康熙、乾隆两位皇帝对天文历算又皆有颇深造诣，他们在研究天文和律算时，也必然涉及度量衡。为继承古制又要适应清制，康熙皇帝曾亲自"累黍定尺"考订度量衡，并于康熙五十二年

---

[1] 姫永亮《明清时期度量衡法制管理制度初探》·《科学与管理》，2012年，第5期，第33页。

［1713 年］，在御制的《律吕正义》中指出，"且验之今尺，纵黍百粒得十寸之全，而横黍百粒适当八寸一分之限"，即以黄钟累黍之制推算出清尺与古尺的比例关系，横累百黍为古尺一尺［约 23 厘米］，纵累百黍为营造尺的一尺［约 32 厘米］，古黄钟律管长度是古尺的九寸［约 20.7 厘米］，清黄钟律管的长度为营造尺的八寸一分［约 25.92 厘米］，由此制定"度量权衡表"，以寸法定容积，又以营造尺定各种金属分、两之准。此时，尺度以营造尺为标准；又以一定的尺寸确定量器的容积，用铁铸成漕斛；用一立方寸金属的重量作为重量标准。吴承洛对康熙皇帝上述累黍定尺考订度量衡的意义曾做出相当积极的评价，"以纵累百黍之尺为'营造尺'是为清代营造尺之始，举凡升斗之容积，砝马［砝码］之轻重，皆以营造尺之寸法定之，此在当时科学未兴，旧制已紊之时，舍此已别无良法，沿用数百年，民间安之若素，其考订之功，可谓宏伟"[1]。乾隆皇帝继康熙皇帝钦定《度量权衡表》之后，于乾隆七年［1742 年］御制《律吕正义后编》，再定"权量表"，仍以营造尺定升、斗、斛之容积，又以"黄铜方寸重六两八钱"作为权量之标准。也就是说，此时尺度和量器仍以康熙皇帝时所定的标准为标准，而重量则以"黄铜方寸重六两八钱"为标准。

"营造尺库平制"的标准量值，即尺度 1 营造尺约合 32 厘米；容量 1 升约合 1 035 毫升，重量 1 库平两约合 37.301 克。其实，清代除营造尺外，还有裁衣尺、量地尺以及清律尺等尺及相应的不同尺度。第一，裁衣尺，据《大清会典》记载，"俗用裁衣尺一尺，营造尺一尺一寸一分一厘一毫……营造尺一尺，裁衣尺九寸"，故裁衣尺 1 尺约等于 35.56 厘米。第二，量地尺，

[1] 吴承洛《中国度量衡史》民国沪上初版书复制版·上海：三联书店，2014 年，第 256 页。

明代朱载堉在《律吕精义》中记载，量地尺"当衣尺之九寸六分"，明、清两代尺度相近，故量地尺 1 尺约等于 34 厘米。第三，清律尺，康熙五十二年［1713 年］御制的《律吕正义》以黄钟累黍之制，推算出清尺与古尺的比例关系，得出清律尺 1 尺约等于 25.92 厘米。

光绪三十四年［1908 年］，清政府商请国际权度局制造了铂铱合金的营造尺原器、铂铱合金的库平两原器以及镍钢合金的副原器——"现保存于中国计量科学研究院，是中国最早的高精度的度量衡基准器"[1]。除此之外，清政府还商请国际权度局制造了相关的精密检校仪器，于宣统元年［1909 年］制成并运送到中国。

### （四）海关度量衡

#### 1. 以"粤海关定式"为标准

我国古代海关的雏形大约起源于西周时期。自唐代以后，各朝都设立了管理船舶进出的市舶司。康熙二十四年［1685 年］清政府在澳门（粤海关）、漳州（闽海关）、宁波（浙海关）、云台山（江海关）设立海关[2]，原市舶司职能由海关行使，自此"海关"一词正式出现。清乾隆二十二年［1757 年］"因虎门、黄埔，在设有官兵，较之宁波可扬帆直至者不同，又命明年驱归粤海"[3]，此时，清政府仅留广州一个口岸对外贸易，粤海关成为了当时全国唯一的口岸海关，广州也在"五口通商"前成为中国唯一的外贸港口城市，即"一口通商"。到了清道光的中后期，中外通商日益频繁，为了便于稽查和征收进出口货税，清政府设立了通商海关。虽开设通商海关，但此时尚未产生所

---

[1]　关增建《计量史话》·北京：社会科学文献出版社，2012 年，第 61 页。

[2]　吕思勉《中国近代史》·南京：江苏人民出版社，2014 年，第 128 页。

[3]　吕思勉《中国近代史》·南京：江苏人民出版社，2014 年，第 128 页。

谓的"海关度量衡"，各国与中国通商，均以粤海关度量衡定式为标准，按照粤海关度量衡器具制造"丈尺""秤码"各一副，发给与中国有通商业务的外国领事，作为丈量长短、权衡轻重之用，并按照当时中国海关的度量衡制度进行交易。

如 1843 年中英《五口通商章程：海关税则》规定，各通商口岸称货用的大秤、丈量货物用的丈尺、兑换银两用的砝码都要以粤海关所用的度量衡器具作为标准，并且制作数副，每个通商口岸发给两副，如果验货官员与英国商人就货物的轻重、长短发生争执，则以所发的粤海关度量衡标准器具作为评判的依据。再如，1847 年清政府与瑞典、挪威等国签订的贸易章程中也规定，由中国海关向瑞典、挪威等国驻在各口岸的领事发放以粤海关度量衡器具为标准的"丈尺""砝码"各一副，各口岸的领事"即照粤海关部颁之式盖戳镌字，五口一律，以免参差滋弊"[1]。

不过尽管以粤海关度量衡定式为标准，但此时粤海关度量衡标准已经与清政府法定的营造尺库平制的量值出现差异。这正如《清朝续文献通考》中所记载的那样，"关尺即粤海关所用，其始亦本为部颁，缘相沿私拓已久，与部尺相差甚多"。这种差异一目了然，即粤海关 1 关尺 =1 营造尺（32 厘米）× 1.118 75[2]≈35.8 厘米；粤海关 1 关平两 =1 库平两（37.301 克）× 1.0133 62[3]≈37.799 克。

2. 海关度量衡的出现及折算

（1）海关度量衡的出现

"清鸦片战争以后，海口洞开，国际贸易渐趋发达，以中国固有之度量衡，自不足以维持双方之信守……与外国签订通

［1］　王铁崖《中外旧约章汇编（第 1 册）》·上海：三联书社，1957 年，第 73 页。
［2］　赵秉良《中外度量衡币比较表》·上海：商务印书馆，1911 年，第 36 页。
［3］　赵秉良《中外度量衡币比较表》·上海：商务印书馆，1911 年，第 41 页。

商条约，并将海关与各国权度之比较，订为专条；是为海关制度。开国际之恶例，可耻孰甚”[1]。海关度量衡的出现是随着中国海关的管理大权旁落而开始的，“海通以还，列强挟其优越之军械、经济势力以临我，我国始而抵抗，继而失败，终而屈服，屈服之后，主权二字逐不堪问矣”[2]。从 1854 年江海关成为近代中国第一个由外国人把持的海关起，全国先后建立了 57 个“洋关”[3]，而清政府则“赖之以为赔款偿还及借款抵押之担保品”[4]，此时洋关与中国人自主管理的“常关”同时并存。咸丰八年[1858 年]六月，中英、中美、中法分别签订《天津条约》及附属通商章程；同年十一月中英又在签订的《通商章程善后条约》中约定“任凭总理大臣邀请英人帮办税务并严查漏税”。以上述条约为标志，“清廷于是年聘用英人雷司为总税务司，组织海关衙门……吾海关行政权可谓完全操于外人之手，一切自成其制，早已不在中国行政系统之内，所用度量衡，亦间在中国法律规定之外，为图彼方便利计，藉口我国度量衡庞杂纷乱，漫无一定，故常有专款规定互相折合之办法。自咸丰八年[1858 年]为始。所谓海关权度制即已发生，名曰‘关平’‘关尺’，较康熙时部定制度已相去渐远矣”[5]。《天津条约》签订后，其他各国也纷纷效仿，在与清政府签订的有关条约所附通商章程中均明确要求以它们自己国家的度量衡标准作为相互折算的依据。各国的度量衡与中国度量衡的折算，在海关领域逐渐形成了标准不一的度量衡折算办法，这就是所谓的海关度量衡。海关度量衡是在中国沦为半殖民地半封建社会历史环境下的产物，它的

[1]《中国经济年鉴》·上海：商务印书馆，1934 年，第 195 页。

[2]《改正海关度量衡问题》·南京：卜礼记纸号印刷厂，1933 年，第 2 页。

[3]《中国近代海关建筑图释》·北京：中国海关出版社，2017 年，序言部分。

[4]《改正海关度量衡问题》·南京：卜礼记纸号印刷厂，1933 年，第 3 页。

[5] 吴承洛《中国度量衡史》民国沪上初版图书复制版·上海：三联书店，2014 年，第 281-282 页。

产生从根本上瓦解了当时清政府法定的"营造尺库平制"的度量衡制度，加深了中国度量衡制度的紊乱，无疑"从一个侧面反映了清代海关主权的丧失及半殖民地化加深这一历史事实"[1]。

（2）海关度量衡折算

海关度量衡既不是当时清政府法定的"营造尺库平制"，也不完全符合各国当时行使的度量衡制度，这是因为海关度量衡本身标准不定，并不是独立的制度，是一种标准不确定的折算办法。这种折算办法起初大致分为五种，见表 1-02，之后逐渐演变成与英制、法制两种制度的折算。

表 1-02　海关度量衡五种折算办法表

| | 种类 | 折算办法 | 涉及国家 | 条约依据 |
|---|---|---|---|---|
| 一 | 以英制为标准 | ①中国 1 擔［担］（100 斤）＝英国 133.333 镑<br>②中国 1 丈 = 英国 141 英寸<br>③中国 1 尺 = 英国 14.1 英寸 | 英国 | 咸丰八年［1858 年］《中英通商章程》第四款 |
| | | | 美国 | 咸丰八年［1858 年］《中美通商章程》第四款 |
| | | | 丹麦 | 同治二年［1862 年］《中丹通商章程》第四款 |
| | | | 比利时 | 同治四年［1865 年］《中比通商章程》第四款 |
| 二 | 以法制为标准 | ①中国 1 擔（100 斤）=60.453 公斤<br>②中国 1 丈 =355 厘米<br>③中国 1 尺 =35.8 厘米 | 法国 | 咸丰八年［1858 年］《中法通商章程》第四款 |
| | | | 意大利 | 同治五年［1866 年］《中意通商章程》第四款 |
| 三 | 以德制为标准（附载法制） | ①中国 1 擔（100 斤）=60.453 公斤<br>②中国 1 丈 =355 厘米<br>③中国 1 尺 =35.8 厘米 | 德国 | 咸丰十一年［1861 年］《中德通商章程》第四款 |
| | | | 奥地利 | 同治八年［1869 年］《中奥通商章程》第四款 |

[1]　丘光明等《中国科学技术史·度量衡卷》·北京：科学出版社，2001 年，第 437 页。

续表

| | 种类 | 折算办法 | 涉及国家 | 条约依据 |
|---|---|---|---|---|
| 四 | 以粤海关定式为标准 | 以粤海关定式为标准，制造颁发经盖戳镌字的丈尺秤码等度量衡器具以供使用 | 瑞典、挪威 | 道光二十七年〔1847年〕《中国瑞典挪威贸易章程》第十二款 |
| | | | 西班牙 | 同治三年〔1864年〕《中国日斯巴尼亚条约》第三十款 |
| | | | 葡萄牙 | 光绪十三年〔1887年〕《中葡条约》第四十款 |
| 五 | 以奏定划一标准为标准 | "惟将来部定之度量权衡与现制之度量权衡有参差或补或减，应照数核算，以昭平允" | 日本等 | 光绪二十九年〔1903年〕《中日通商行船续约》第七款 |

数据来源：吴承洛《中国度量衡史》民国沪上初版图书复制版·上海：三联书店，2014年，第282-284页；《改正海关度量衡问题》·南京：卜礼记纸号印刷厂，1933年，第3-6页。

辛亥革命推翻清王朝的封建统治后，北京政府时期，以1921年《中德条约》的签订为标志，德国较早归还了中国关税自主权；1924年苏联也归还了中国关税自主权。南京政府时期，1931年1月南京政府制定的"中国第一个体现关税自主原则的海关进口税则"[1]——《海关进口新税则》实行，自此中国政府基本上收回了鸦片战争以来丧失八十多年的关税自主权。1934年2月1日起，中国各海关的度量衡制度一律改用南京政府《度量衡法》规定的新制[2]。不过，英国直到1943年1月才

---

[1]　张宪文等《中华民国史（第2卷）》·南京：南京大学出版社，2013年，第153-156页。

[2]　孙毅霖《民国时期的划一度量衡工作》·《中国计量》，2006年，第3期，第48页。

与中国政府签订了《关于取消英国在华治外法权及其有关特权条约》，在此条约中约定"放弃要求任用英籍臣民为中国海关总税务司之任何权利"[1]。

## 二、清末度量衡划一改革

### （一）基本情况

清末的度量衡划一改革是光绪二十四年［1898年］戊戌变法夭折后，清政府所推行的"没有超越戊戌变法的方向和目标……没有触动、更没有动摇统治基础的、自上而下的体制内变革"[2]内容之一。当然，这次变革所提出来的一些经济、文化、教育、军事等方面的措施，在当时的历史环境下还是具有一定的合理性的。

光绪二十九年［1903年］，清政府内部有声音呼吁改革度量衡，如顺天府尹沈瑜庆于十月二十六日奏请，"请仿日本之法，由国家设局制度量衡，颁发各省售卖行用，自颁发之日起一切私度私量私衡皆废而不用"[3]。此时正值清政府与日本签订《中日通商行船续约》，该条约规定清政府应先制定度量衡划一方案，"清政府借此批准顺天府尹沈［瑜庆］奏请废弃私度私量私衡，饬户工二部将度量权衡等件审定法式，奏明颁行，各省一律遵守"[4]，但无奈由于度量衡积弊已久、参差错杂，一时间没有什么切实可行的办法和措施。光绪三十一年［1905年］，清

---

［1］　李蓓蓓《中国近现代条约记忆手册》·上海：上海辞书出版社，2012年，第105-106页。

［2］　张宪文等《中华民国史（第1卷）》·南京：南京大学出版社，2013年，第44页。

［3］　《顺天府尹沈奏请设立度量衡并造纸官局折》·《东方杂志》，1904年，第2期。

［4］　刘增强、冯立昇《叶在扬对中西度量衡的研究与清末度量衡的改制——以〈度量衡新议〉为中心》·《自然科学史研究》，2018年，第37卷第1期，第80页。

政府曾始议设立权衡度量局，但碍于时局动荡、各地自为风气，遂不了了之。光绪三十二年［1906 年］，清政府颁布《预备立宪上谕》，又再次强调了度量衡划一的重要性。直到光绪三十三年［1907 年］，清政府才命农工商部及度支部限六个月内会同订出划一度量衡改革程式及推行办法。次年三月，农工商部和度支部会奏拟订《农工商部等奏遵拟画［划］一度量权衡制度图说总表及推行章程折》，该奏折附有农工商部等拟订的《画［划］一度量权衡图说》《度量权衡画［划］一制度总表》及《推行画［划］一度量权衡制度暂行章程［四十条］》等。在此基础上形成了"奏定度量权衡画［划］一图说总表及推行章程"。上述方案中所体现的度量衡划一改革的主要内容包括以下方面。

1. **基本原则和指导思想**

从农工商部和度支部会奏的《农工商部等奏遵拟画［划］一度量权衡制度图说总表及推行章程折》中可以看出：

（1）清末度量衡划一改革的基本原则仍以"营造尺库平制"为根本，即"仍纵黍尺之旧，以为制度之本……师《周礼》煎金锡之意，以为制造之本……用宋代太府掌造之法，以为官器专售之计……采各国迈当新制之器，以为部厂仿造之地"[1]。

（2）清末度量衡划一改革的指导思想既要"恪守祖制"，也要考虑"兼采西制"，即"数月以来，督率局员，于古今中外之制度、官商民用之习惯，折衷采取……一曰：恪守祖制，以营造尺、漕斛、库平为制度之准则也……祖制之所以宜恪遵，所谓定一尊者也……一曰：兼采西制，以实行划一各种度量衡之制度也。法国迈当之制［万国权度通制］风靡一时，英、俄、日等国皆已参行，然其本邦旧制仍多未改，况中国五千年来之习俗、百姓之日用而不知，何必更张，反滋纷扰。顾有以不改

---

[1]　关增建等《中国近现代计量史稿》·济南：山东教育出版社，2005 年，第 56 页。

为便者，亦有以改为便者，如近日学堂、工厂、铁道、建筑多用英、法之尺，兼及英、日之权器，已遍于国中。现必求诸域外，何苦以伐柯之则，为塞漏之谋，以集合所长，为统同之计。此西制之所以宜兼采也"[1]。

### 2. 厘定度量衡标准

（1）关于"度"。以"尺"作为主单位，"营造尺为度之标准"[2]，即以营造尺库平制中康熙皇帝纵排累黍所得营造尺尺度为标准。但因康熙时的营造尺实物已经荡然无存，故以当时能寻找到的实物"仓场衙门康熙四十三年［1704年］的铁斗所给出的尺度作为营造尺标准，将这个尺度与法国米制［万国权度通制］加以比较"[3]确定营造尺尺度为32厘米。这种比较和量值的确定，客观上标志着中国度量衡与国际权度的初步接轨。

（2）关于"量"。以"升"作为主单位，"漕斛为量之标准"[4]，即以营造尺库平制中的漕斛为容量标准，实物器具取仓场衙门所存乾隆十年［1745年］铸造的铁斛为准。

（3）关于"衡"。以"两"作为主单位，"库平为权衡之标准"[5]，即以营造尺库平制中库平两为标准，库平两的量值以营造尺1立方寸的纯水在4摄氏度时的重量来确定。上述确定库平两标准量值的方法，打破了中国传统的律历度量衡单位量值导出体系中确定单位标准量值的方法，突破了"容黍定重"的

［1］《会议政务处奏议覆农工商部等奏会拟画一度量权衡图说总表及推行章程折》·《东方杂志》，1908年，第10期。

［2］《会议政务处奏议覆农工商部等奏会拟画一度量权衡图说总表及推行章程折》·《东方杂志》，1908年，第10期。

［3］关增建等《中国近现代计量史稿》·济南：山东教育出版社，2005年，第57页。

［4］《会议政务处奏议覆农工商部等奏会拟画一度量权衡图说总表及推行章程折》·《东方杂志》，1908年，第10期。

［5］《会议政务处奏议覆农工商部等奏会拟画一度量权衡图说总表及推行章程折》·《东方杂志》，1908年，第10期。

黄钟宫律之龠所容 1 200 粒黍子定为 12 铢重的方法，客观上实现了中国衡制单位标准量值导出方法与世界的接轨。

　　3. 确定度量衡名称、定位、折合

　　农工商部会同度支部上奏的《拟订度量权衡画［划］一制度总表》中规定了度量衡和地积的名称、定位以及与法国米制［万国权度通制］的相互折合关系。表 1-03 为度量权衡划一制度总表中度量衡名称、定位及折合。

表 1-03　度量权衡划一制度总表中度量衡名称定位及折合

| | 名称和定位 | 与"迈当制"［万国权度通制］折合 | 备注 |
|---|---|---|---|
| 度 | 毫（十丝即尺之万分之一） | 万分之三十二生的迈当 | 0.000 032 米 |
| | 厘（十毫即尺之千分之一） | 千分之三十二生的迈当 | 0.000 32 米 |
| | 分（十厘即尺之百分之一） | 百分之三十二生的迈当 | 0.003 2 米 |
| | 寸（十分即尺之十分之一） | 三生的又十分之二生的迈当 | 0.032 米 |
| | 尺（十寸定为度之单位） | 三十二生的迈当 | 0.32 米 |
| | 步（亦称五尺弓） | 一百六十生的迈当 | 1.6 米 |
| | 丈（十尺） | 三百二十生的迈当 | 3.2 米 |
| | 引（十丈） | | |
| | 里（一百八十丈即三百六十弓） | 五百七十六迈当 | 576 米 |
| 地积 | 方尺（一百方寸） | | |
| | 方步（五尺平方即二十五方尺） | 万分之二百五十六阿尔 | 0.025 6 公亩 |
| | 方丈（四方步） | | |
| | 分（二十四方步即六方丈） | | |
| | 亩（二百四十方步即十分） | 六阿尔又千分之一百四十四阿尔 | 6.144 公亩 |
| | 顷（百亩） | 六百十四阿尔又十分之四阿尔 | 614.4 公亩 |
| | 方里（五百四十亩） | | |

续表

| | 名称和定位 | 与"迈当制"<br>［万国权度通制］折合 | 备注 |
|---|---|---|---|
| 量 | 勺（十撮即升之百分之一） | 万分之一百零四立脱尔 | 0.010 4 升 |
| | 合（十勺即升之十分之一） | 万分之一千零三十五立脱尔 | 0.103 5 升 |
| | 升（十合定为量之单位） | 一立脱尔又万分之<br>三百五十五立脱尔 | 1.035 5 升 |
| | 斗（十升） | 十立脱尔又千分之<br>三百五十五立脱尔 | 10.355 升 |
| | 斛（五斗） | 五十一立脱尔又万分之<br>七千七百三十四立脱尔 | 51.773 4 升 |
| | 石（十斗） | 一百零三立脱尔又一万分<br>之五千四百六十九立脱尔 | 103.546 9 升 |
| 衡 | 毫（十丝即两之万分之一） | 千万分之三万七千三百零<br>一格阑姆 | 0.003 730 1 克 |
| | 厘（十毫即两之千分之一） | 百万分之三万七千三百零<br>一格阑姆 | 0.037 301 克 |
| | 分（十厘即两之百分之一） | 十万分之三万七千三百零<br>一格阑姆 | 0.373 01 克 |
| | 钱（十分即两之十分之一） | 三格阑姆又万分之<br>七千三百零一格阑姆 | 3.730 1 克 |
| | 两（十钱定为衡之单位） | 三十七格阑姆又千分之<br>三百零一格阑姆 | 37.301 克 |
| | 斤（十六两） | 五百九十六格阑姆又千分<br>之八百一十六格阑姆 | 596.816 克 |

数据来源：《会议政务处奏议覆农工商部等奏会拟画一度量权衡图说总表及推行章程折》·《东方杂志》，1908 年，第 10 期。

### 4. 改进度量衡器具

按照农工商部会同度支部上奏的《推行画［划］一度量权衡制度暂行章程［四十条］》的设想，凡官、民所用度量衡器具均由农工商部设厂或设分厂制造，施行度量衡器具的专卖制，这一点与之后民国时期度量衡器具施行检定制是截然不同的。上述章程中考虑到度量衡器具广泛应用的问题，提出了改进度量衡器具的做法，主要是：

（1）关于"度器"，除了保留惯用的"直尺"外，增加了"矩尺""折尺""链尺"以及"卷尺"等四种度器，以满足不同测量场合的需要和使用；度器的材质规定有"金属""象牙""骨""竹""木""麻革（卷尺用）"等。表1-04为度量权衡划一制度总表中度器种类式样及材料表。

表1-04　度量权衡划一制度总表中度器种类式样及材料表

| 种类 | | 式样 | 材料 |
|---|---|---|---|
| 营造尺 | 一尺至十尺 | 直形 | 金属、象牙、骨、竹、木 |
| 矩尺 | 一尺五寸至三尺 | 直角形 | 金属、木 |
| 折尺 | 四尺至二十尺 | 连接直角形 | 金属、象牙、骨、竹、木 |
| 链尺 | 百尺至六百尺 | 连接铁绳形 | 金属 |
| 卷尺 | 百尺至三百尺 | 带形 | 金属、麻革 |
| 数据来源：《会议政务处奏议覆农工商部等奏会拟画一度量权衡图说总表及推行章程折》·《东方杂志》，1908年，第10期。 | | | |

（2）关于"量器"，增加了"勺"和"合"等两种量器；量器的形制上，规定"勺""合""升""斗"等器具兼有方形和圆筒形两种形制，不过"斛"只有方形形制；同时对于"平斗斛之木"的"概"也予以了专门规定，形制为丁字式；量器的材质规定有"木""金属""玻璃"等。表1-05为度量权衡划一制度总表中量器种类式样及材料表。

表1-05　度量权衡划一制度总表中量器种类式样及材料表

**甲：方形。**

| 种类 | 面底方边/径 | 高　深 | 容积 | 材料 |
| --- | --- | --- | --- | --- |
| 一勺 | 八分 | 四分九厘三毫七丝五忽 | 三百十六立方分 | 木 |
| 二勺 | 一寸 | 六分三厘二毫 | 六百三十二立方分 | 木 |
| 五勺 | 一寸四分 | 八分零六毫一丝二忽二微 | 一立方寸又五百八十立方分 | 木 |
| 一合 | 一寸八分 | 九分七厘五毫三丝零九微 | 三立方寸又一百六十立方分 | 木 |
| 二合 | 二寸三分 | 一寸一分九厘四毫七丝零六微 | 六立方寸又三百二十立方分 | 木 |
| 五合 | 三寸二分 | 一寸五分四厘二毫九丝六忽八微 | 一十五立方寸又八百立方分 | 木 |
| 一升 | 四寸 | 一寸九分七厘五毫 | 三十一立方寸又六百立方分 | 木 |
| 二升 | 五寸 | 二寸五分二厘八毫 | 六十三立方寸又二百立方分 | 木 |
| 五升 | 六寸八分 | 三寸四分一厘六毫九丝五忽 | 一百五十八立方寸 | 木 |
| 一斗 | 八寸 | 四寸九分三厘七毫五丝 | 三百十六立方寸 | 木 |
| 一斛 | 面方六寸六分，底方一尺六寸 | 一尺一寸七分 | 一千五百八十立方寸 | 金属、木 |

**乙（1）圆筒形（按圆周率3.1416）该类量器兼备量定质、流质两项之用。**

| 种类 | 面底方边/径 | 高　深 | 容积 | 材料 |
| --- | --- | --- | --- | --- |
| 一勺 | 六分 | 一寸一分一厘七毫五丝九忽 | 三百十六立方分 | 金属、玻璃 |
| 二勺 | 七分 | 一寸六分四厘二毫二丝一忽 | 六百三十二立方分 | 金属、玻璃 |
| 五勺 | 一寸 | 二寸零一厘一毫七丝三忽 | 一立方寸又五百八十立方分 | 金属、玻璃 |
| 一合 | 一寸二分 | 二寸七分九厘四毫一丝四忽 | 三立方寸又一百六十立方分 | 金属、玻璃 |
| 二合 | 一寸五分 | 三寸五分七厘六毫二丝五忽 | 六立方寸又三百二十立方分 | 金属、玻璃 |
| 五合 | 二寸二分 | 四寸一分五厘六毫四丝八忽 | 一十五立方寸又八百立方分 | 金属、玻璃 |
| 一升 | 二寸七分 | 五寸五分一厘九毫零一忽 | 三十一立方寸又六百立方分 | 金属、玻璃 |

续表

| 种类 | 面底方边/径 | 高/深 | 容积 | 材料 |
|---|---|---|---|---|
| 乙（1）：圆筒形（按圆周率3.1416） | | 该类量器兼备量定质、流质两项之用。 | | |
| 二升 | 三寸四分 | 六分六厘零七忽四微 | 六十三立方寸又二百立方分 | 金属、玻璃 |
| 五升 | 四寸五分 | 九分九厘三毫四丝一忽一微 | 一百五十八立方寸 | 金属、木 |
| 一斗 | 五寸八分 | 一尺一寸零六厘三丝一忽一微 | 三百一十六立方寸 | 金属、木 |
| 二斗 | 七寸五分 | 一尺四寸三分零五毫五丝二忽 | 六百三十二立方寸 | 木 |
| 三斗 | 八寸二分 | 一尺七寸九分五厘一毫零忽四微 | 九百四十八立方寸 | 木 |
| 乙（2）：（径、深相同） | | 该类量器专为量米、谷及各种定质之用。 | | |
| 一勺 | 七分三厘八毫二丝四忽二微 | — | — | 木 |
| 二勺 | 九分三厘零一毫零一忽七微 | — | — | 木 |
| 五勺 | 一寸二分六厘一毫三丝七忽二微 | — | — | 木 |
| 一合 | 一寸五分九厘三毫四丝九忽五微 | — | — | 木 |
| 二合 | 二寸零零三毫八丝九忽九微 | — | — | 木 |
| 五合 | 二寸七分一厘七毫七丝零二微 | — | — | 木 |
| 一升 | 三寸四分二厘六毫六丝一忽九微 | — | — | 木 |
| 二升 | 四寸三分一厘六毫二丝八忽一微 | — | — | 木 |
| 五升 | 五寸八分五厘三毫四丝六忽六微 | — | — | 木 |
| 一斗 | 七寸三分八厘二毫四丝四忽二微 | — | — | 木 |
| 二斗 | 九寸三分零一毫零一忽七微 | — | — | 木 |
| 三斗 | 一尺零六分四厘二毫三丝零零 | — | — | 木 |

数据来源：《会议政务处奏议覆工商部等奏会拟画一度量权衡图说总表及推行章程折》·《东方杂志》，1908年，第10期。

（3）关于"衡器"，除了保留传统的天平、杆秤、戥
[děng] 秤之外，新引入了英制的磅秤，不过将磅秤改名为
"重秤"；衡器的材质规定有"金属""木"等，其中戥秤秤
杆一般用"牙骨"或"木"制作。另外，砝码分为片形和圆
筒形，砝码个数也模仿西方国家的通行个数，其材质规定有
"铝""铜""铁"等，但是"一钱"以上的砝码一般不用铝，
"一两"以下的砝码一般不用铁，铜、铁皆镀镍，精致的镀黄
金、白金。秤锤一般是六面棱柱或立方体形，重秤的"增锤"是
有缺口的圆形形制，其材质规定为"铜""铁"等。表1-06为度
量权衡划一制度总表中衡器种类式样及材料表。

表1-06　度量权衡划一制度总表中衡器种类式样及材料表

| 种类 | 式样 | 材料 |
|---|---|---|
| 甲：平秤 | | |
| 部库天平 | — | 金属 |
| 商用天平 | — | 金属 |
| 杆秤（十斤至五百斤） | — | 金属、木 |
| 戥秤（十两至百两） | — | 牙骨、木<br>（秤盘用铜或玻璃） |
| 重秤（磅秤） | — | 金属 |
| 乙：砝码 | | |
| 一毫、二毫、五毫 | 片形 | 铝、铜、铁等材质。<br>一钱以上的砝码不用<br>铝，一两以下的砝码<br>一般不用铁，铜铁皆<br>镀镍，精致的镀黄<br>金、白金 |
| 一厘、二厘、五厘 | 片形 | |
| 一分、二分、五分 | 片形 | |
| 一钱、二钱、五钱 | 圆筒形 | |
| 一两、二两、五两 | 圆筒形 | |
| 十两、二十两、五十两 | 圆筒形 | |
| 百两、二百两、五百两 | 圆筒形 | |
| 丙：秤锤 | | |
| 锤 | 六面棱柱形或立方体形 | 黄铜、青铜、铁，<br>不满五两的不用铁 |
| 增锤（重秤用） | 形圆（有缺口） | |
| 数据来源：《会议政务处奏议覆农工商部等奏会拟画一度量权衡图说总表<br>及推行章程折》·《东方杂志》，1908年，第10期。 | | |

### 5. 改革原器和标准器

度量衡的原器为度量衡划一之本，为此清政府向国际权度局定制了营造尺、库平两砝码的铂铱合金原器一套和镍钢合金副原器两套，宣统元年［1909 年］，上述原器、副原器运送来华。两套副原器中"其一代正原器之用，其一归度支部保藏，以备随时考校之用"[1]。清政府又拟按照副原器规格及式样，由农工商部制成地方标准器"颁发各直省，为检定各种度量权衡之标准；并造各种检定器具，颁发各地方官署及各商会，为检查度量权衡之用。各直省之度量权衡，无论官用、民用，悉以部颁原器为标准，并一律行使部厂所制之用器"[2]。

### 6. 设立掌理度量衡的专门机构

在中央层面，清政府于农工商部中设立权衡度量局，负责度量衡改革有关事务并派员赴国外考察。权衡度量局还于宣统二年［1910 年］完成了度量衡器具制造厂的选址、筹建等工作，但随后因辛亥革命爆发，工厂未能发挥实际作用。此时，度支部也依然继续承担着相应的度量衡职责。在地方层面，清政府要求各直省接到中央指示后，限期一个月成立权衡度量局。权衡度量局成立后应即行派人会同地方官员和商会人员赴省内各地在一年内"将应行留用之旧器一种检定，并将应行废止之旧器调查明晰"[3]，检定、检查情况要呈报督抚并送农工商部核定。

### 7. 明确度量衡划一时间和程序

农工商部会同度支部拟订的度量衡划一改革的程序主要遵

---

[1]《会议政务处奏议覆农工商部等奏会拟画一度量权衡图说总表及推行章程折》·《东方杂志》, 1908 年, 第 10 期。

[2]《会议政务处奏议覆农工商部等奏会拟画一度量权衡图说总表及推行章程折》·《东方杂志》, 1908 年, 第 10 期。

[3]《会议政务处奏议覆农工商部等奏会拟画一度量权衡图说总表及推行章程折》·《东方杂志》, 1908 年, 第 10 期。

循"先官后民、先都市后府县"的顺序，其中官用度量衡器具，在接到部颁标准器后，三个月内一律改用新器；商用、民用度量衡器具改用新器的进度则需要渐次推进，以十年为限。十年之后，所有旧器，一律不得再使用。即使允许暂用的旧器，也要坚持"准用不准再造"的原则，所有制造旧器的店铺，三个月之内一律停止造卖；对于贩卖或修理新器的从业者，由地方官员呈请农工商部注册，发给营业执照后才能准其继续执业；不过，对于从事度量衡器具修理的营业者，"尺和砝码，则不准修理"[1]。

## （二）基本评价

### 1. 改革失败

从上述记载来看，清末度量衡划一改革其实多停留在方案上，未及全面实施。吴承洛在评价清末度量衡划一改革失败的原因时指出，"一误于清廷固守祖制以致不善，不足折服全国。一误于人才缺乏，承办难得要领，除购置外器、翻译外法外，可谓终于无成"[2]。清末度量衡划一改革从拟订章程和方案到实际执行，时间跨度不过两三年，加之十九世纪末、二十世纪初清政府所面临的内忧外患，大厦将倾的清王朝不可能有更多的精力、财力、人力、物力来协同推进度量衡划一改革事务。清政府改革所采用的度量衡标准依旧秉承着"仍我朝纵黍尺之旧，以为制度之本"[3]的固有思想，对于当时海关度量衡也持"拟悉

---

[1]《会议政务处奏议覆农工商部等奏会拟画一度量权衡图说总表及推行章程折》·《东方杂志》，1908年，第10期。

[2]《工商部全国度量衡局度量衡检定人员养成所第一次报告书》·南京：中华印刷公司，1930年。

[3] 吴承洛《中国历代度量衡制度之变迁与其行政上之措施》·《工业标准与度量衡》，1934年8月，第1卷第2期。

仍其旧，惟与新器定一比较准数表，凡关尺关平与新制营造尺库平之比较"[1]的妥协、折衷态度，这些都注定了这项改革不可能全面彻底，"效果不甚理想，仅四川、江苏等省有一定成果以外，其他省大都毫无成效"[2]。

2. 进步意义

尽管如此，在当时的历史环境下，清末度量衡划一改革客观上也有一定的积极意义，归纳起来主要是：

（1）度量衡标准尽管承袭了清代的营造尺库平制，但是已经主动与万国权度通制进行接轨、比较、折合，并初步建立了较为固定的折算比例关系。

（2）商请国际权度局制作精密的度量衡原器、副原器，体现了清末度量衡划一改革向近代精密度量衡制度转化的尝试和努力。

（3）清末度量衡划一改革，是二十世纪以来，中国首次开展的度量衡划一尝试，尽管收效了了，但它毕竟为辛亥革命后中华民国建立肇始继续推动度量衡划一改革提供了借鉴和参考，尤其在度量衡标准确定、度量衡器具管理、度量衡机构设置以及度量衡划一程序和时间进度安排等方面为北京政府提供了有价值的经验和教训。

---

[1]《会议政务处奏议覆农工商部等奏会拟画一度量权衡图说总表及推行章程折》·《东方杂志》，1908年，第10期。

[2] 林勃《近代浙江划一度量衡初探》·《绍兴文理学院学报》，2020年5月，第40卷第5期，第69页。

# 第二章 1912年至1927年北京政府度量衡划一改革

## 第一节 民国肇始度量衡状况

鉴于鸦片战争后外国度量衡制度传入导致出现"海关度量衡"，清末度量衡划一改革未能彻底推进，加之时局动荡，各地官员对度量衡管理多持放任姑息的态度，以及民间制造、贩卖、使用度量衡器具无统一标准、各行其是等诸多复杂的因素交织在清末民初这个特殊的时代，其结果必然导致中国的度量衡制度、度量衡标准逐渐蜕变，混乱不堪，真可谓"地各异制，家各异器"[1]。对此，民国以来的各种相关史料均可见一斑，如1933年南京政府实业部全国度量衡局编制的《全国度量衡划一概况》、1937年吴承洛所著《划一全国度量衡之回顾与前瞻》以及1937年国民党中央党部国民经济计划委员会编制的《十年来之中国经济建设》等。

### 一、度器的混乱

度器的混乱主要表现在"尺"和"尺度"的混乱上。清末民初的"尺"主要有三种：一种是律尺，通常专司制乐；另一

---

[1] 吴承洛《划一全国度量衡之前瞻与回顾》·《工业标准与度量衡》，1937年，第3卷第8-9期。

种是营造尺；还有一种是布尺，也称裁尺，顾名思义主要用于量布和裁剪衣物所用。1933 年南京政府实业部全国度量衡局在《全国度量衡划一概况》中记录了民初各地 112 种尺及其不同的尺度标准，并折合成《度量衡法》中的市用制"尺"的标准进行比较。这 112 种尺中尺度标准有的甚至相差十几倍，具体举例见表 2-01。

表 2-01　民初民间用尺及其与市用制比较表

| 序号 | 尺（地名＋尺名） | 折合市用尺 | 序号 | 尺（地名＋尺名） | 折合市用尺 | 序号 | 尺（地名＋尺名） | 折合市用尺 |
|---|---|---|---|---|---|---|---|---|
| 1 | 吉林曲尺 | 0.578 | 18 | 上海大工尺 | 0.849 | 35 | 景县鲁班尺 | 0.920 |
| 2 | 福州木尺 | 0.598 | 19 | 清河鲁班尺 | 0.850 | 36 | 厦门裁尺 | 0.924 |
| 3 | 象山鲁班尺 | 0.604 | 20 | 厦门金属细尺 | 0.856 | 37 | 渠县工尺 | 0.925 |
| 4 | 象山关尺 | 0.695 | 21 | 象山营造尺 | 0.863 | 38 | 营口裁尺 | 0.928 |
| 5 | 苏州营造尺 | 0.728 | 22 | 厦门鲁班尺 | 0.882 | 39 | 旅顺裁尺 | 0.928 |
| 6 | 福州裁物尺 | 0.745 | 23 | 漳州染房尺 | 0.884 | 40 | 南宫木轻尺 | 0.930 |
| 7 | 南宫鞋尺 | 0.750 | 24 | 汕头木尺 | 0.899 | 41 | 遵化营造尺 | 0.930 |
| 8 | 淮阴曲尺 | 0.760 | 25 | 赵县木匠尺 | 0.900 | 42 | 曲阳土金尺 | 0.932 |
| 9 | 平坝商尺 | 0.796 | 26 | 青岛小贩竹尺 | 0.900 | 43 | 漳州木商尺 | 0.933 |
| 10 | 怀来木尺 | 0.816 | 27 | 厦门夏裁尺 | 0.900 | 44 | 多伦鲁班尺 | 0.937 |
| 11 | 穆棱河杆尺 | 0.828 | 28 | 天镇裁尺 | 0.902 | 45 | 雄县鲁班尺 | 0.940 |
| 12 | 镇海家常尺 | 0.834 | 29 | 热河杆尺 | 0.902 | 46 | 邱县步工尺 | 0.942 |
| 13 | 崇明木尺 | 0.840 | 30 | 通县鲁班尺 | 0.905 | 47 | 北京木厂用尺 | 0.942 |
| 14 | 杭州鲁班尺 | 0.840 | 31 | 万全裁物尺 | 0.906 | 48 | 太原营造尺 | 0.948 |
| 15 | 兴义尺 | 0.840 | 32 | 涿县工尺 | 0.912 | 49 | 大荔木尺 | 0.948 |
| 16 | 上海木尺 | 0.843 | 33 | 平鲁裁尺 | 0.912 | 50 | 开封木轻尺 | 0.948 |
| 17 | 靖江石尺 | 0.846 | 34 | 杭州鲁班尺 | 0.913 | 51 | 丹阳木尺 | 0.951 |

续表

| 序号 | 尺（地名+尺名） | 折合市用尺 | 序号 | 尺（地名+尺名） | 折合市用尺 | 序号 | 尺（地名+尺名） | 折合市用尺 |
|---|---|---|---|---|---|---|---|---|
| 52 | 兰西木尺 | 0.951 | 73 | 太原裁尺 | 1.037 | 93 | 上海造船尺 | 1.201 |
| 53 | 泰安工尺 | 0.954 | 74 | 安泽裁尺 | 1.037 | 94 | 成都裁尺 | 1.235 |
| 54 | 锦州木尺 | 0.955 | 75 | 巴彦裁尺 | 1.046 | 95 | 思明沪尺 | 1.378 |
| 55 | 富平营造尺 | 0.957 | 76 | 东光裁尺 | 1.050 | 96 | 丰县白布尺 | 1.442 |
| 56 | 南京鲁班尺 | 0.960 | 77 | 青岛家用裁尺 | 1.050 | 97 | 邢台土布尺 | 1.499 |
| 57 | 镇江营造尺 | 0.960 | 78 | 开封裁尺 | 1.052 | 98 | 聊城白布尺 | 1.536 |
| 58 | 万县营造尺 | 0.960 | 79 | 南昌尺 | 1.530 | 99 | 安国土布尺 | 1.600 |
| 59 | 泸县营造尺 | 0.960 | 80 | 河津裁尺 | 1.560 | 100 | 开封白布尺 | 1.685 |
| 60 | 镇宁营造尺 | 0.960 | 81 | 烟台裁尺 | 1.058 | 101 | 热河大尺 | 1.806 |
| 61 | 天津木尺 | 0.974 | 82 | 广西九五尺 | 1.057 | 102 | 遵化布尺 | 1.750 |
| 62 | 阳高裁尺 | 0.979 | 83 | 汉口木尺 | 1.057 | 103 | 朝城白布尺 | 1.785 |
| 63 | 汉口九五尺 | 0.996 | 84 | 上海海尺 | 1.065 | 104 | 清河大尺 | 1.802 |
| 64 | 汉口街上零买尺 | 0.999 | 85 | 无锡裁尺 | 1.074 | 105 | 营口大尺 | 1.888 |
| 65 | 济宁尺 | 1.000 | 86 | 青岛广尺 | 1.086 | 106 | 南宫粗布尺 | 2.000 |
| 66 | 济南九六尺 | 1.002 | 87 | 蓬莱海关尺 | 1.100 | 107 | 迁安布尺 | 2.600 |
| 67 | 上海苏尺 | 1.011 | 88 | 贵溪木尺 | 1.110 | 108 | 清河土布尺 | 3.090 |
| 68 | 上海九六滩尺 | 1.014 | 89 | 汉口乐平尺 | 1.120 | 109 | 济阳粗布尺 | 3.360 |
| 69 | 巴中裁尺 | 1.015 | 90 | 广州直尺 | 1.122 | 110 | 郑县尺桿 | 5.610 |
| 70 | 南皮布尺 | 1.020 | 91 | 上海京货尺 | 1.168 | 111 | 济阳五尺竹弹 | 5.640 |
| 71 | 天津布尺 | 1.031 | 92 | 厦门夏尺 | 1.181 | 112 | 武邑大杆 | 8.520 |
| 72 | 杭州苏尺 | 1.032 | | | | | | |

说明：上述数据四舍五入保留三位小数。

数据来源：南京政府实业部全国度量衡局《全国度量衡划一概况》·南京：国民书局印刷部，1933年，第130-159页。

## 二、量器的混乱

量器的混乱主要表现在"升""斗""斛"等器具以及其量值上的混乱。其实,清末时"升"的标准量值与万国权度通制中"公升"的量值比较仅仅略大一点,但是民间实际使用的升、斗、斛之类的容器,其量值则大相径庭,有的甚至相差十几倍。1933年南京政府实业部全国度量衡局在《全国度量衡划一概况》中记录了民初各地92种升、斗、斛之类的容器,并将它们折合成《度量衡法》中的市用制"升"的标准进行比较,具体举例见表2-02。

表2-02　民初民间量器及其与市用制比较表

| 序号 | 量器（地名+量器名） | 折合市升 | 序号 | 量器（地名+量器名） | 折合市升 | 序号 | 量器（地名+量器名） | 折合市升 |
|---|---|---|---|---|---|---|---|---|
| 1 | 启东升 | 0.741 | 13 | 沛县夏镇斗 | 1.034 | 25 | 上海庙斛 | 1.075 |
| 2 | 藁城杂粮斗 | 0.571 | 14 | 泉关仓斗 | 1.035 | 26 | 厦门鼓形斗 | 1.077 |
| 3 | 淮阴米升 | 1.000 | 15 | 北平仓斗 | 1.035 | 27 | 新化河斗 | 1.081 |
| 4 | 石柱县粮食升 | 1.000 | 16 | 万县升 | 1.035 | 28 | 交河县衡斛斗 | 1.083 |
| 5 | 福州米升 | 0.915 | 17 | 晋县斗 | 1.036 | 29 | 上海海斛 | 1.099 |
| 6 | 万全县十八桶官斗 | 0.846 | 18 | 通县营造斗 | 1.036 | 30 | 延庆市斗 | 1.100 |
| 7 | 丰县升 | 0.968 | 19 | 淮安南门升 | 1.048 | 31 | 南皮最小斗 | 1.120 |
| 8 | 南昌升 | 0.920 | 20 | 杭州杭升 | 1.053 | 32 | 六合县雷官集米斗 | 1.122 |
| 9 | 苏州斛 | 1.006 | 21 | 杭州墅斛 | 1.054 | 33 | 丹阳城区通用斗 | 1.132 |
| 10 | 镇海平斛 | 1.009 | 22 | 杭州公斗 | 1.056 | 34 | 贺县通用斗 | 0.476 |
| 11 | 吉林斛 | 1.032 | 23 | 靖江半升 | 1.065 | 35 | 济南粮行筒 | 0.547 |
| 12 | 汉口公斛 | 1.034 | 24 | 南京河斛斗 | 1.067 | 36 | 凤凰市斗 | 1.170 |

| 序号 | 量器<br>（地名＋<br>量器名） | 折合<br>市升 | 序号 | 量器<br>（地名＋<br>量器名） | 折合<br>市升 | 序号 | 量器<br>（地名＋<br>量器名） | 折合<br>市升 |
|---|---|---|---|---|---|---|---|---|
| 37 | 潮州官斗 | 1.170 | 56 | 黎城官斗 | 1.643 | 75 | 汉口圆斛 | 2.723 |
| 38 | 威县二十桶斗 | 1.176 | 57 | 保德官斗 | 1.657 | 76 | 兰西斗 | 2.760 |
| 39 | 镇江南行斗 | 1.227 | 58 | 青岛升 | 1.730 | 77 | 长沙圆斛 | 2.795 |
| 40 | 镇江西行斗 | 1.239 | 59 | 崇明升 | 1.752 | 78 | 吴县方斗 | 2.833 |
| 41 | 长治官斗 | 1.243 | 60 | 海龙斗 | 1.803 | 79 | 通化斗 | 3.013 |
| 42 | 宿迁邵伯斗 | 1.283 | 61 | 景县衡斛 | 1.810 | 80 | 巴彦斗 | 2.976 |
| 43 | 陵川官斗 | 1.294 | 62 | 热河斗 | 1.856 | 81 | 永顺杂粮斗 | 3.146 |
| 44 | 无锡南门斛 | 1.321 | 63 | 太谷官斗 | 2.029 | 82 | 安东斗 | 3.167 |
| 45 | 长沙斛 | 1.325 | 64 | 多伦本地升 | 2.100 | 83 | 成都斗 | 3.200 |
| 46 | 衡水斗 | 1.362 | 65 | 成都斗 | 2.200 | 84 | 平路县官斗 | 3.417 |
| 47 | 沧县本城斗 | 1.399 | 66 | 抚顺斗 | 2.345 | 85 | 穆棱河斗 | 3.842 |
| 48 | 厦门夏升 | 1.430 | 67 | 太原官斗 | 2.029 | 86 | 丰县官斗 | 4.000 |
| 49 | 开封斗 | 1.450 | 68 | 诸城县斗 | 2.463 | 87 | 平泉斗 | 4.315 |
| 50 | 河间旧斗之二 | 1.486 | 69 | 绥化斗 | 2.525 | 88 | 广州米斗 | 4.865 |
| 51 | 赵县升 | 1.500 | 70 | 朝城二十二筒斗 | 2.530 | 89 | 荣城厢升 | 8.000 |
| 52 | 石门十三五斗 | 1.515 | 71 | 本溪湖斗 | 2.616 | 90 | 清河二升半官斗 | 7.340 |
| 53 | 安国旧升 | 1.550 | 72 | 永顺行斗 | 2.614 | 91 | 清河五省官斗 | 6.500 |
| 54 | 南乐十七筒七斗 | 1.594 | 73 | 辽阳斗 | 2.652 | 92 | 兰州市升 | 8.400 |
| 55 | 大荔市升 | 1.638 | 74 | 万泉官斗 | 2.692 |  |  |  |

说明：上述数据四舍五入保留三位小数。

数据来源：南京政府实业部全国度量衡局《全国度量衡划一概况》·南京：国民书局印刷部，1933年，第162-176页。

### 三、衡器的混乱

民初民间所用衡制标准依然以营造尺库平制中的"库平两"为标准。但是，在实际生产、生活、贸易中，一个地方一个样、一个行业一个样，各行各业、各地区所用的秤可谓千差万别，甚至秤和秤之间每斤相差竟然可以达到8.6倍。1933年南京政府实业部全国度量衡局在《全国度量衡划一概况》中记录了民初各地105种衡器，并将它们折合成《度量衡法》中的市用制"斤"的标准进行比较，具体举例见表2-03。

表 2-03　民初民间衡器及其与市用制比较表

| 序号 | 衡器（地名+衡器名） | 折合市斤 | 序号 | 衡器（地名+衡器名） | 折合市斤 | 序号 | 衡器（地名+衡器名） | 折合市斤 |
|---|---|---|---|---|---|---|---|---|
| 1 | 杭州炭秤 | 0.570 | 16 | 崇明磅秤 | 0.895 | 31 | 巴彦秤 | 1.001 |
| 2 | 济南对合秤 | 0.578 | 17 | 汉口磅秤 | 0.880 | 32 | 朝阳秤 | 1.012 |
| 3 | 赤水秤 | 0.655 | 18 | 六合苏砝码 | 0.900 | 33 | 杭州会馆秤 | 1.026 |
| 4 | 上海磅法 | 0.704 | 19 | 福州磅秤 | 0.902 | 34 | 淮安十四两八秤 | 1.032 |
| 5 | 淮阴两秤 | 0.746 | 20 | 青岛二百八秤 | 0.906 | 35 | 辽宁法库秤 | 1.035 |
| 6 | 上海十两秤 | 0.750 | 21 | 北平水果秤 | 0.944 | 36 | 东明秤 | 1.044 |
| 7 | 江阴盘秤 | 0.792 | 22 | 宁波租秤 | 0.961 | 37 | 南京苏秤 | 1.056 |
| 8 | 清丰七五秤 | 0.814 | 23 | 上海磅秤 | 0.924 | 38 | 藁城杂货秤 | 1.059 |
| 9 | 上海七折秤 | 0.822 | 24 | 大荔等子 | 0.980 | 39 | 东阿秤 | 1.062 |
| 10 | 阜宁磅秤 | 0.871 | 25 | 榆林戥 | 0.990 | 40 | 河间旧斤之一 | 1.062 |
| 11 | 厦门夏秤 | 0.827 | 26 | 济宁秤 | 1.000 | 41 | 象山店秤 | 1.066 |
| 12 | 青岛二百八秤 | 0.844 | 27 | 赤城盘秤 | 1.000 | 42 | 南通秤 | 1.067 |
| 13 | 福州八八秤 | 0.854 | 28 | 平谷图秤 | 1.000 | 43 | 穆棱秤 | 1.072 |
| 14 | 上海七五秤 | 0.879 | 29 | 六合漕法秤 | 1.000 | 44 | 兰西秤 | 1.08 |
| 15 | 汉口十二两秤 | 0.880 | 30 | 镇海折秤 | 1.009 | 45 | 沔县天平秤 | 1.075 |

续表

| 序号 | 衡器（地名＋衡器名） | 折合市斤 | 序号 | 衡器（地名＋衡器名） | 折合市斤 | 序号 | 衡器（地名＋衡器名） | 折合市斤 |
|---|---|---|---|---|---|---|---|---|
| 46 | 营口秤 | 1.087 | 66 | 孝城普通秤 | 1.134 | 86 | 日照县秤 | 1.210 |
| 47 | 汉口苏秤 | 1.813 | 67 | 太仓秤 | 1.137 | 87 | 万全钱平 | 1.210 |
| 48 | 南乐平秤 | 1.093 | 68 | 丹阳漕秤 | 1.141 | 88 | 宁波纱麻秤 | 1.214 |
| 49 | 通化秤 | 1.095 | 69 | 西安秤 | 1.143 | 89 | 上海公秤 | 1.246 |
| 50 | 祁县钩秤 | 1.101 | 70 | 宿迁行秤 | 1.144 | 90 | 大荔棉花秤 | 1.316 |
| 51 | 汉口煤炭公议秤 | 1.100 | 71 | 长春砝码 | 1.145 | 91 | 正定棉花秤 | 1.413 |
| 52 | 乐宁盘秤 | 1.100 | 72 | 重庆砝码 | 1.145 | 92 | 江阴糖秤 | 1.536 |
| 53 | 永绥广秤 | 1.104 | 73 | 云南砝码 | 1.146 | 93 | 汉口三十二两秤 | 2.346 |
| 54 | 德清铜盘秤 | 1.104 | 74 | 新化盐秤 | 1.151 | 94 | 靖江二十四两秤 | 1.760 |
| 55 | 抚顺秤 | 1.110 | 75 | 贵州铲山秤 | 1.152 | 95 | 邯郸截半秤 | 1.518 |
| 56 | 开封平秤 | 1.110 | 76 | 泸县官秤 | 1.158 | 96 | 高淳漕平 | 1.400 |
| 57 | 右玉钩秤 | 1.115 | 77 | 渠县官秤 | 1.158 | 97 | 沁源钩秤 | 1.339 |
| 58 | 五台钩秤 | 1.116 | 78 | 南昌秤 | 1.163 | 98 | 北平天平 | 1.481 |
| 59 | 陵川钩秤 | 1.116 | 79 | 永顺盐秤 | 1.170 | 99 | 安泽钩秤 | 1.355 |
| 60 | 代县钩秤 | 1.116 | 80 | 保定金银平 | 1.170 | 100 | 象山街秤 | 1.313 |
| 61 | 乡宁钩秤 | 1.118 | 81 | 昆明杂心戥 | 1.173 | 101 | 桂阳合子秤 | 2.280 |
| 62 | 上海折秤 | 1.119 | 82 | 永绥秤 | 1.343 | 102 | 新乐线秤 | 2.250 |
| 63 | 北平京平 | 1.122 | 83 | 兰州金银平 | 1.200 | 103 | 正定线子秤 | 2.462 |
| 64 | 长沙双扣正秤 | 1.125 | 84 | 迪化金银平 | 1.200 | 104 | 德清双斤秤 | 2.386 |
| 65 | 淮安十六两秤 | 1.127 | 85 | 湘潭金银平 | 1.200 | 105 | 藁城线子秤 | 4.922 |

说明：上述数据四舍五入保留三位小数。

数据来源：南京政府实业部全国度量衡局《全国度量衡划一概况》·南京：国民书局印刷部，1933 年，第 177-203 页。

## 第二节　度量衡划一改革筹划

### 一、南京临时政府时期

1911 年 10 月，民族资产阶级革命派领导的武昌起义爆发，革命军占领了汉口、武昌和汉阳，一个月后中国南方十二个省相继脱离清王朝的统治，宣布独立，这就是著名的辛亥革命。辛亥革命使中国完成了从传统封建帝制到近代民主国家的初步转型，结束了中国两千多年的封建统治。中华民国成立后，各项建设百废待兴。1911 年 12 月 29 日，十七个省的代表在南京选举孙中山为中华民国临时大总统；1912 年 1 月 1 日，孙中山就任临时大总统。1912 年 1 月 2 日，孙中山以临时大总统名义通电全国改用阳历，以 1912 年 1 月 1 日为中华民国建元之始[1]，这也成了后来南京政府工商部拟订《权度标准方案》时建议采用"万国权度通制"的理由之一。1912 年 1 月 3 日，中华民国南京临时政府成立。南京临时政府成立后，一些有识之士纷纷向临时政府、向孙中山献言献策，陈述清末遗留下来的度量衡差异大，极其混乱，阻碍实业发展，也妨害国家行政统一，提出"希望阁下［孙中山］能向列强宣布革命政府将采取必要的措施统一币制和度量衡。这在满族政府下搞得很不规范，已经抑制着中国的贸易的发展"[2]。上述这些度量衡划一的建议得到了孙中山的重视，他为此也曾提出以万国权度通制作为中华民国的度量衡标准制度。

1912 年 1 月 2 日，南京临时政府公布《修正中华民国临时

---

[1] 邹鲁《中国国民党史编》·北京：中华书局，1960 年，第 915 页。

[2] 桑兵《各方致孙中山函电汇编（第 1 卷）》·北京：社会科学文献出版社，2012 年，第 249 页。

政府组织大纲》，大纲共四章二十一条，规定了临时政府设立包括实业部在内的九个部。《临时政府公报》第二号公布了《中华民国临时政府中央行政各部及其权限》，依据这个法令，实业部负责管理农工、商矿、渔林、牧猎及度量衡事务，监督所辖各官署[1]。1912 年 1 月 3 日，各省代表通过了临时政府各部总长名单，任命张謇［jiǎn］为实业部总长。1912 年 2 月，南京临时政府通电各省，指出实业部司理农工商及度量衡，事关国家经济命脉，应竭力办理[2]。1912 年 3 月 11 日，临时政府颁布带有宪法性质的《中华民国临时约法》，该约法的第三章"参议院职权"中有"议决全国之税法、币制及度量衡之准则"的规定[3]。1912 年 4 月 1 日，孙中山莅临参议院，宣告解职，辞去临时大总统职务，"据此各部总、次长当随南京临时政府之结束亦行解职"[4]。1912 年 4 月 2 日，参议院议决临时政府迁往北京；同年4 月 5 日参议院亦议决移驻北京办公[5]。由此可知，南京临时政府的实业部仅存在不足四个月，总长张謇也仅任职三个来月，许多政策、措施未及实践，孙中山提出的度量衡划一思想也不可能实实在在地马上付诸实践了。

## 二、北京政府时期

袁世凯于 1912 年 3 月 10 日在北京就任中华民国临时大总统。为了维护统治，增加财政收入，袁世凯曾提出，"民国成立，宜以实业为先务"[6]。要振兴实业，就要建立相应的经济制

---

［1］《近代史资料·辛亥革命资料》·北京：中华书局，1961 年，第 18-19 页。

［2］《南京实业部电》·《申报》，1912 年 2 月 4 日，第 1 张第 2 版。

［3］张宪文等《中华民国史（第 1 卷）》·南京：南京大学出版社，2013 年，第 97 页。

［4］刘寿林《辛亥以后十七年职官年表》·台北：文海出版社。

［5］张宪文等《中华民国史（第 1 卷）》·南京：南京大学出版社，2013 年，第 109 页。

［6］徐有朋《袁大总统书牍汇编》·新中国图书局，1931 年，第 3 页。

度和政策。统一的度量衡制度无疑是商品交易、贸易往来必要的前提条件。北京政府也认识到这一点，1912年5月14日，袁世凯在北京政府工商部拟订的矿律商律等呈文中指出，"中华地大物博，亟宜振兴工政、商政，以挽利权……而度量衡又为工商业日用所必需。仰工商总长从速……挈比古今中外度量权衡制度，筹订划一办法"[1]。袁世凯的这一道批示，客观上正式拉开了中华民国时期首次度量衡划一改革尝试的大幕。

## （一）工商部筹划度量衡划一改革

### 1. 成立工商部

1912年3月，北京临时政府成立工商部。工商部内设工务司，该司掌管事务的第九项即是"关于度量衡之制造、检查及推行事项"[2]。工商部遵照大总统指示，考虑到"吾国度量衡旧制无一定准则，紊乱错杂，自为风气……佥 [qiān] 以采用最新密达制[3]为利便"[4]，拟订了一套《推行度量衡新制案》。该方案计划全盘西化，直接移植万国权度通制。它完全摒弃了清末度量衡划一改革时提出的"恪守祖制，兼采西法"的宗旨。工商部的方案拟订后，遂提交国务院，准备在国务会议上予以讨论。

### 2. 工商部将《推行度量衡新制案》提交国务院

（1）工商部将拟订的《推行度量衡新制案》随着向国务院的咨呈报送国务院。《推行度量衡新制案》的核心理念就是废

---

[1]《大总统府秘书厅交工商部拟订矿律商律等文》·《政府公报》，1912年5月14日，第14号。

[2]《工商部官制》·《政府公报》，1912年8月9日，第101号。

[3] 陆尔奎等《辞源》·上海：商务印书馆，1915年，第767页。密达制是法国度量衡之制也，其制，以子午周四千万分之一，为度之单位，曰密达；以十密达之平方，为面积之单位，曰阿尔；以十分一密达之立方，为重量之单位，曰立脱耳；以百分一密达之立方，为体积之纯水之重，用为衡之单位，曰格阑姆。

[4]《工商会议报告录》·北京：共和印刷有限公司，1913年。

除度量衡旧制，全面采用万国权度通制，即"当挈比古今之定制，与商民之现情，知欲实行划一，非全废旧制不可；又当参观各国之成法及世界之大势，知欲重订新法，非采用万国通行之十分米［密］达制［万国权度通制］不可[1]"。国务院应工商部的请求，在召开国务会议讨论工商部所提交方案前，将《推行度量衡新制案》草案先行分发各部详加研讨。各部对于推动"度量衡划一"均表示赞同，但是对于方案中提出的直接采用万国权度通制及其单位的中文名称、发音及推行程序等存在较大分歧。如教育部指出方案中名称及发音不符合我国习惯并可能出现歧义，教育部建议，"以度量衡名称宜用本国音义，不欲袭因他国语言，则或别选简便易识之字，如丈、尺、斤、两等以为符号"[2]；交通部对方案拟"全盘西化"直接移植万国权度通制的做法提出了意见，建议工商部拿出一个变通办法，"一面规定密达制［万国权度通制］为法定制度，一面划一旧时度量衡器"，同时新器、旧器均依照国家制定的标本器制造，将来官方均用新器，民间准予新［器］、旧［器］并用，如此既合学理事实，又能顺民习惯[3]。工商部对各部提出的意见予以考虑并修订了《推行度量衡新制案》。

（2）1912年8月16日，国务院的国务会议正式讨论了工商部提交的《推行度量衡新制案》，并"经国务会议通过"[4]，但是参会各部对方案中新制度量衡具体单位名称、推行程序等内容

---

[1]　吴承洛《中国度量衡史》民国沪上初版图书复制版·上海：三联书店，2014年，第316页。

[2]　《改革度量衡事请先讨论：教育部说帖（1912年8月13日）》·台北：中研院近代史研究所档案馆藏，档案号：03-46-016-01-005。

[3]　《改革度量衡事请先讨论：交通部说帖（1912年8月13日）》·台北：中研院近代史研究所档案馆藏，档案号：03-46-016-01-005。

[4]　沈家五《张謇农商总长任期经济资料选编》·南京：南京大学出版社，1987年，第226页。

依然存在异议。

（3）1912 年 8 月 21 日，时任工商总长刘揆一（1912 年 8 月 2 日至 1913 年 7 月 18 日任工商总长[1]）邀集各部到工商部再次商洽《推行度量衡新制案》中新制度量衡单位中文名称和推行程序等内容。之后，将此次讨论修订完善的方案再次呈报国务院。国务院遂将工商部修订完善后的《推行度量衡新制案》提交临时参议院。

3.《推行度量衡新制案》提交临时参议院

1912 年 10 月 29 日，临时参议院举行会议对《推行度量衡新制案》进行讨论表决。提交表决的《推行度量衡新制案》主要由十二条构成，具体阐述了七个方面的内容，见文 2-01。

（1）拟采用万国权度通制，即方案第一条。因为涉及废除度量衡旧制改用度量衡新制，工商部经"反复讨论，揆之学理，按之事实"[2]、"主张直接采用万国通制 [ 万国权度通制 ]"[3]。并且在新制度量衡单位名称方面，鉴于"吾国固有之制度，因此不可不用吾国固有之名称"等原因，"此次工商部所提出之新制并不取万国权度通制单位名称的译音译义，而仍用升斗尺丈之旧名，惟冠以'新'字"[4]，比如，将万国权度通制中"kilogramme"的中文名称拟订为"新斤"等。

（2）拟订度量衡划一年限，即方案第二条。工商部鉴于"吾国幅员辽阔，人民之知识亦复杂"，将最初拟订的"八年"划一期限延长为"十年"，分为筹办期、试办期、推行期等三个

---

[ 1 ]　刘寿林《辛亥以后十七年职官年表》·台北：文海出版社。

[ 2 ]　《工商会议报告录》·北京：共和印刷有限公司，1913 年。

[ 3 ]　沈家五《张謇农商总长任期经济资料选编》·南京：南京大学出版社，1987 年，第 226 页。

[ 4 ]　《工商会议报告录》·北京：共和印刷有限公司，1913 年。

阶段[1]。

（3）拟订开展对度量衡的调查、宣传事务，即方案第三、四、六条。由工商部派员会同地方机构调查当时各省通行的度量衡旧器，并按照万国权度通制折合比例制成换算表格；然后将换算表及万国权度通制图广泛张贴并予以解说，以资向商民宣传利导；同时，还要另行调查清楚所有官署、局、所等机构应用新制度量衡器具所需的数量并报给工商部。

（4）拟订制造度量衡新器，即方案第五、六、七条。方案计划官、民均可设厂制造度量衡器具；由工商部设立官厂若干家，依照调查所得各地需用度量衡新器的数量，开工制造并且还要估计制成所需新制度量衡器具的期限，同时还要附设度量衡检查员养成所，以备实施对度量衡器的检查工作；商办和民办度量衡器具制造厂，须报请官方审查合格，注册给照，才可以制造，而且制造的度量衡器具必须经官方检查合格后才允许发售。

（5）拟订允许民间从事度量衡营业，即方案第七、八、九条。商、民经官方核准、注册并发给执照后，允许其从事度量衡器具制造、贩卖、修理等业务。

（6）拟订度量衡划一推行顺序，即方案第十条。分别从官用、民用、区域等方面拟订推行新制度量衡的先后次序。对于官用度量衡器具，首先从货币、银行等行业改用；对于民用的度量衡器具，则首先从售卖布帛、五谷、兑换金银的店铺、会社、公司、工场及牙行等改用；从区域上来讲新度量衡制度和度量衡器具，首先要在各省省城、各大商埠推行，再依次推行到各县、乡、镇等区域。

---

[1]《工商部改革度量衡年限名称说贴（附推行办法）（1912 年 9 月 14）》·台北：中研院近代史研究所档案馆藏，档案号：03-46-016-01-007。

（7）拟订改用新器的年限，即方案第十一、十二条。对于首先改用新制度量衡器具的官用领域，货币、银行等行业要在新制度量衡器具颁到之后三个月内改定，其余的官用领域则可在一年内改定；官用度量衡器具改定后，允许商、民同时并用新制和旧制度量衡器具，对于需要首先改定新制度量衡的民用领域，要在官用度量衡器具改定后一年内通用新制度量衡器具，其余不属于首先改定新制度量衡的民用领域则可在全国通行期限十年内改定。

文 2-01《推行度量衡新制案》[1]

1912 年 10 月

第一条　中华民国度量衡法全采用密达制。

第二条　采用密达制自参议院议决后，大总统颁发命令之日起，期以十年通行全国。

第三条　先由部派员至各省与行政长官及自治机关、商会协同体察地方情形，将该地通行之度量衡器按照密达折合比例造表颁发各处。

第四条　将比较表附以密达图说，由部派员会同各该省自治机关及商会，邀集商民详细解说并随处张贴以资利导。

第五条　制造度量衡厂由部酌设数处外，亦准由商民承办专制各地方官民应用之新器，但官厂酌量附设检查员养成所以备检查新器之用。

第六条　第三条所举之部派员应会同各省长官，将所有官署局所应用新器之数查明报部，转饬部设制造厂，估计制成期限颁发应用。

第七条　商办制造厂须呈请该省长官咨商本部核明，果符定章即予注册给照，准其制造，并须经官检查之后方准发售。

第八条　商民有愿贩卖及修理度量衡器者，须由地方长官核准，报部注册给照方准营业。

---

[1]《工商会议报告录》·北京：共和印刷有限公司，1913 年。

第九条　旧有制造度量衡器之店，自新制颁发后第五年起一律令其停造，自第九年起一律禁其发售。

第十条　推行之期限宜区别官、商、区域，各有先后。（甲）官用之先后，如田赋、厘税、货币、银行，有关财政者由本部咨商财政部首先改定，以次推及其他（但税则、亩制暂仍旧制，其改革之方俟新制通行全国后即按照比例折算）；（乙）民用之先后，凡售卖布帛、五谷、兑换金银之店铺、会社、公司、工场及代客买卖之牙行均宜先用新器，以次推及其他；（丙）区域之先后，各省先由省城、商埠办起，以次推及各县、乡、镇。

第十一条　上条所言之官用器应先改定者，当于新器颁到后三月改定，余者一年内改定。

第十二条　官器改定后，即准商民同时并用新器以资练习（但十条乙项所举应先改用者，当于改定后一年通用新器，余者悉于第二条所定全国通行期限内改定）。

参议院会议讨论后，最终对《推行度量衡新制案》的表决结果是 56 人投反对票，15 人投赞成票，该方案归于特别审查[1]。此后，该方案"迄于国会成立，并未议决"[2]，未能切实批准执行。

### 4. 全国临时工商会议再议《推行度量衡新制案》

工商部于 1912 年 10 月 15 日至 1912 年 11 月 15 日召开全国临时工商会议。会上，工商部将《推行度量衡新制案》作为会议议案提出，供与会人员进一步讨论。工商部向与会的 150 多名工商界代表介绍，"吾国度量衡旧制无一定准则，混乱错杂，自为风气，承其弊者数千年"，同时阐明"民国新立，为根本改

[1]《北京电：参议院审议新度量衡议案》·《申报》，1912 年 10 月 30 日，第 2 版。
[2] 沈家五《张謇农商总长任期经济资料选编》·南京：南京大学出版社，1987 年，第 226 页。

革绝好时机"。与会代表对于度量衡混乱局面给中国社会造成的
不利影响深有感触，希望尽早完成中国度量衡制度的划一；与
会代表对工商部的《推行度量衡新制案》"无有不赞成者"，但
是代表们也同样对度量衡新制单位的中文名称和施行时间等问
题有不同意见。时任工商总长的刘揆一在临时工商会议的闭幕
式上指出，"决议各案，如度量衡、如商会法、如商事裁判所、
如裁厘加税数事，皆极重要……本总长必积极地负执行之责
任"[1]。

5. 派员出国考察度量衡制度

自 1913 年起，工商部陆续派陈承修、郑礼明等赴欧洲，考
察法国、荷兰、意大利、奥地利等国的度量衡制度；派张英
绪、钱汉阳等前往日本等国考察度量衡制度及度量衡器具制造
方法等；同时，工商部以中国政府外交部驻外使领馆为纽带，
商请驻外使领馆帮助收集、翻译驻在国度量衡制度及划一方案
等。值得一提的是，当陈承修、郑礼明赴法国考察度量衡制度
时，正值第五次万国权度会议在法国召开，工商部趁机指派郑
礼明参加此次会议。当时，中国虽不是国际权度委员会的成员
国，郑礼明尽管也不是正式会议代表，但郑礼明却成为了中国
第一位参加万国权度会议的人。总的来说，工商部派员出国考
察度量衡制度"各有报告，比清季之调查又进一筹矣"[2]。另外，
1919 年中国派出的赴欧美的教育考察团也曾专门考察了美国华
盛顿的"中央度量衡局"及有关实验室[3]。

---

[1]《工商会议报告录》·北京：共和印刷有限公司，1913 年。

[2] 吴承洛《中国度量衡史》民国沪上初版图书复制版·上海：三联书店，2014 年，
第 316 页。

[3]《八年欧美考察教育团报告》中《华盛顿中央度量衡局》·上海：商务印书馆，
1920 年，第 10 章，第 7 页。

## （二）农商部筹划度量衡划一改革

### 1. 成立农商部

1913年12月18日，张謇（1913年9月11日至1913年12月24日任工商总长兼农林总长，1913年12月24日至1915年4月27日任农商总长[1]）以工商总长兼农林总长身份拟订《解散农林工商两部组合农商部复国务院文》，阐明合并农林部和工商部为农商部的必要性。1913年12月23日，北京政府公布《农商部官制》，规定农商部设立矿政局、农林司、工商司、渔牧司等司局，其中工商司掌管"关于度量衡之制造检查及推行事务"。1914年7月10日，北京政府公布《修正农商部官制》，修订后的官制与1913年12月的官制比较，依然由工商司负责"关于度量衡之制造检查及推行事项"。[2]

### 2. 呈《拟订度量衡制度经过给大总统呈函》

1914年2月6日，农商部总长张謇向大总统呈递《拟订度量衡制度经过给大总统呈函》，将"度量衡划一事宜"再次提上议事日程，见文2-02。张謇在呈函中指出，我国传统度量衡制度"黄钟之律不足征，太谷之黍不足据"。他简要回顾了清末以来划一度量衡的基本情况以及法、德、英、美、俄、日等国的度量衡制度，认为要改革中国的度量衡制度，"外之须明世界日新之学说，内之须审本国习惯之民情，不顺民情，则农田市物价格之争，必扰及相安之生计，不参学说，则地球经线准据之用，无以希进化之大同"。张謇认为，万国权度通制的"新尺"过长、"新斤"过重，如果完全废除营造尺库平制，不太合乎我国沿袭数千年的民情习俗，难以推行，因此提出中国的度量衡

---

[1] 刘寿林《辛亥以后十七年职官年表》·台北：文海出版社。

[2] 沈家五《张謇农商总长任期经济资料选编》·南京：南京大学出版社，1987年，第1-7页。

划一改革应暂保留两种制度且"当先行编定度量衡条例"。张謇所说的两种制度，第一，"一当保存旧制之一种，以万国度量衡通制［万国权度通制］为折合之标准也"，保留的这种"旧制"即应采用"营造尺库平制"，原因是"营造尺库平既经纂入官书，官民共守……加之原器已成，取用较便，当此过渡时代，自应按照旧有名称，明白厘定，先求划一，其折合之数，亦按照前农工商部［指清末农工商部］所定，与万国度量衡通制［万国权度通制］，确定比较，庶归简易"；第二，"一当并采万国度量衡通制［万国权度通制］，为法定之制度也"。张謇认为，"自当以通制与旧制相辅而行，庶数年后，风气大开，科学日进，该从通制，推行自易"。大总统旋即批准了该呈函并指出，"据呈已悉。应准照办，即由该部（农商部）迅速编定度量衡条例，呈核公布"[1]。同时，张謇还建议借外资二百万元用于筹办度量衡划一事宜，他说，"……惟有举债之一法……大致承接总额二百万元，利息为常年五厘五或至六厘……偿还期限为十年……吾财用缺乏，则取资于外国……吾即利用其资本学术以集吾事，为行政计，似无便于此……"[2]。

文 2-02《拟订度量衡制度经过给大总统呈函》[3]

1914 年 2 月

敬启者，查改革度量一事，发端于前清季年，由前农工部博考古今中外之制，议定以营造尺为度之标准，漕斛为量之标准，库平为衡之标准。当时承历代兵燹［xiǎn］之后，部库祖器，荡然无存，乃取前

---

[1] 沈家五《张謇农商总长任期经济资料选编》·南京：南京大学出版社，1987 年，第 226-227 页。

[2] 张怡祖《张季子九录·政闻录》·台北：文海出版社有限公司，1983 年，第 455-458 页。

[3] 沈家五《张謇农商总长任期经济资料选编》·南京：南京大学出版社，1987 年，第 226-227 页。

仓场衙门所存康熙年间之铁斗，与律吕正义之尺图，互相印证，因得一营造尺等于万国度量衡通制三十二新分之比较。祇以阅时无多，时效未睹。前工商部继续筹备，荏苒经年，其间主张直接采用万国通制，节经拟具说明书，经国务会议通过，提交前临时参议院核议，迄于国会成立，并未议决。一面派员前赴东西各国调查，推行制造检定事项各在案。农商部成立以来，赴外调查专员陆续回国。复经赍督饬各员，反复讨论，佥以兹事体大，不厌求详，外之须明世界日新之学说，内之须审本国习惯之民情，不顺民情，则农田市物价格之争，必扰及相安之生计，不参学说，则地球经线准据之用，无以希进化之大同。论者谓伊古以来，黄钟之律不足征，太谷之黍不足据，似也。然以为规随法德，可以强制演文明国之式，又何解于英，彼亦有人，胡宁不省，是宜有通变化裁之术，庶渐收革当亡悔之功。兹将拟订大纲，先行呈报，一当保存旧制之一种，以万国度量衡通制为折合之标准也。旧制种类，极为繁多，顾此失彼，时虞不及，大抵承多年所习用，未经法定。其经国家法律及国际条约所规定者，厥惟营造尺库平与关尺关平二种，关尺关平虽亦制有定式，存放海关，然折合之数，不能密合。与前农工商部所定营造尺库平相较，亦不能符。此在旧制已紊之时，海禁初开之会，取便核算，原属权宜，营造尺库平既经纂入官书，官民共守，而各国所希冀于我者，宜祇求我之划一，并非强以从同，现当修改商约之时，正可由我提议，改正关尺关平合于营造尺库平之数。加以原器已成，取用较便，当此过渡时代，自应按照旧有名称，明白厘定，先求划一，其折合之数，亦按照前农工商部所定，与万国度量衡通制，确定比较，庶归简易，一当并采万国度量衡通制，为法定之制度也。此制创始于法国，而德、意、奥、瑞各国继之，其以本国旧制与通制并用者，英、美、俄、日诸国，近数十年，各国政府组织万国度量衡公会，常川设局，董理其事。前农工商部定制之时，曾由该会代制原器，条陈办法。吾国学校、工厂、邮政、铁路、军队及一切科学事业。多有习用此制者，即关尺关平亦曾有确定之比较，现在厘定法规，自当以通制与旧制相辅而行，庶数年后，风气大开，科学日进，改从通制，推行自易。盖此制所长，在量衡俱由度出，俱以十进，视我之量衡出于度，而计算得数，奇零复杂，为更精整也。现拟一并规定，由主管官署按照事务性质，分别指定行用。以上各节，俱经详细研究，平实可行，如蒙允准，即当先行编定度量衡条例，呈请公布。所有农商部拟订度量衡制度缘由，理合呈报大总统签核，批示祗遵。谨呈。

### 3. 公布《权度条例》

1914 年 3 月 31 日，北京政府公布《权度条例》。该条例确定中国度量衡制度采用"营造尺库平制"和"万国权度通制"并行，规定了推行度量衡新制的各项事宜，具体包括：度量衡单位中文名称及定位；度量衡原器与副原器；度量衡器具的保管、制造、检定、营业等；违反度量衡制度的处罚办法以及设立权度检定所和权度制造所等事宜。一直以来争议不断的万国权度通制单位中文名称的问题，在该条例中仍采用了民初原工商部的改革方案，即在中国旧有度量衡名称前加上"新"字。

### 4. 公布《权度法》

1915 年 1 月 6 日，北京政府将原《权度条例》升格为《权度法》并予以发布。《权度法》全文共二十三条，规定中国的度量衡制度采用甲制〔营造尺库平制〕和乙制〔万国权度通制〕并行；规定了甲制、乙制的单位名称和定位；规定了度量衡原器、副原器、标准器以及度量衡检定、检查、营业、处罚和度量衡机构等内容。将《权度法》与一年前发布的《权度条例》相比较，应该说法律规格有所提高且内容有所调整。内容上的调整主要是：《权度法》中删除了《权度条例》规定的"凡输入权度器具，经制造地之国家检定附有印证者，得免其检定"一条，该条的删减彰显了政府维护全国度量衡制度统一性的用意;《权度法》将《权度条例》中乙制单位名称的"新"字改为了"公"字——现代汉语中仍然习用的"公斤""公尺""公升""公分"等名词大抵源于此;其余内容与《权度条例》基本一致。《权度条例》与《权度法》的比较见表 2-04。

表 2-04　《权度条例》与《权度法》的比较

| 序号 | 《权度条例》对应表述 | 《权度法》对应表述 | 差异 |
|---|---|---|---|
| 1 | 第一条权度以国际权度局所制铂铱新尺、新斤原器为标准 | 第一条权度以国际权度局所制铂铱公尺、公斤原器为标准 | 《权度法》将"新尺""新斤"等名称改为"公尺""公斤" |
| 2 | 第七条农商部应依原器制造副原器二份,以一份存农商部,专供制造各种标准器之用,以一份存教育部 | 第七条农商部应依原器制造副原器四份,以一份存农商部,余三份分存内务部、财政部、教育部 | 《权度法》将副原器由"二份"改为"四份",保存单位由二部门改为四部门 |
| 3 | 第八条农商部应依副原器制造地方标准器,颁发各地方,供检查制造之用 | 第八条农商部应依副原器制造地方标准器,颁发各地方,供检定制造之用 | 《权度法》将"检查"改为"检定" |
| 4 | 第十五条凡输入权度器具,经制造地之国家检定,附有印证者,得免其检定 | — | 《权度法》删除了该条表述 |
| 5 | 第十六条人民愿制造权度器具者,须呈由该官署转呈农商总长核准。人民愿贩卖或修理权度器具者,须呈由该管官署核准 | 第十五条人民欲以制造权度器具为业者,须禀请农商部特许。人民欲以贩卖或修理权度器具为业者,须禀请该管地方官署特许 | 《权度法》将"核准"改为"特许" |

数据来源:沈家五《张謇农商总长任期经济资料选编》·南京:南京大学出版社,1987 年,第 227-242 页。

5. 学术教育界对万国权度通制单位中文名称的讨论

对于万国权度通制［乙制］单位的中文名称虽然从国家法律的角度，以《权度法》的正式公布为标志，已经予以明确和确定。但是，同时期国内学术界、教育界并没有停止对万国权度通制单位中文名称的讨论。学术界、教育界比较有代表性的讨论意见主要是 1915 年和 1919 年的两次意见。

（1）第一次意见，以中国科学社（1915 年 10 月 25 日正式成立[1]）发表在《科学》杂志 1915 年第 1 卷第 2 号上的《权度新名商榷》一文为代表。该文指出，要研究确定万国权度通制单位的中文名称，应先将万国权度通制单位中的主单位"Metre""Gramme""Litre"分别翻译成"米""克""立特"后，再在主单位"米""克""立特"前加上"厘""分""十""百""千"等字。这个意见基本符合当时万国权度通制"明确主单位"和"一量一名"的单位制原则。上述意见受到当时中国国内学术界和教育界的普遍欢迎[2]。

（2）第二次意见，是 1919 年中国科学社受科学名词审查会（1916 年 8 月 7 日正式成立[3]）的委托，起草包括万国权度通制单位中文名称在内的《物理学名词》时提出的。中国科学社研究认为，对于万国权度通制单位的中文名称可借鉴起源于日本的度量衡单位名词，即"粁""粨""籵""粆""粉""糎""粍""竏"等，并把其中的"粆"改为"米突"。这个意见可使万国权度通制单位中文

---

［1］《中国科学社概况》·南京生物馆、上海明复图书馆开幕纪念刊物，1931 年 1 月，第 1 页。

［2］ 温昌斌《民国时期关于国际权度单位中文名称的讨论》·《中国计量》，2004 年，第 7 期，第 43 页。

［3］《科学名词审查会第一次化学名词审定本》·《东方杂志》，1920 年 4 月，第 17 卷，第 7 号。

名称相对整齐划一，同时也符合万国权度通制单位"一量一名"的理念，科学名词审查会审议同意了上述意见。[1] 万国权度通制单位中文命名的不同意见汇总见表 2-05。

表 2-05　万国权度通制单位中文命名的不同意见

| 万国权度通制单位英文名称 | | 法定乙制中文名称 | | 学术界、教育界讨论的乙制中文名称 | |
|---|---|---|---|---|---|
| | | 《权度条例》 | 《权度法》 | 《权度新名商榷》 | 《物理学名词》 |
| 长度 | Kilometer | 新里 | 公里 | 千米 | 粁（读千米） |
| | Hectometre | 新引 | 公引 | 百米 | 粨（读百米） |
| | Decametre | 新丈 | 公丈 | 十米 | 粩（读十米） |
| | Metre | 新尺 | 公尺 | 米 | 米突（简称米） |
| | Decimetre | 新寸 | 公寸 | 分米 | 粉（读分米） |
| | Centimetre | 新分 | 公分 | 厘米 | 糎（读厘米） |
| | Millimetre | 新厘 | 公厘 | 毫米 | 粍（读毫米） |
| 容量 | Kilolitre | 新秉 | 公秉 | 千立特 | 竏（读千立） |
| | Hectolitre | 新石 | 公石 | 百立特 | 竡（读百立） |
| | Decalitre | 新斗 | 公斗 | 十立特 | 竍（读十立） |
| | Litre | 新升 | 公升 | 立特 | 立特（简称立） |
| | Decilitre | 新合 | 公合 | 百立厘米 | 兝（读分立） |
| | Centilitre | 新勺 | 公勺 | 十立厘米 | 竰（读厘立） |
| | Millilitre | 新撮 | 公撮 | 立厘米 | 竓（读毫立） |

---

[1]　温昌斌《民国时期关于国际权度单位中文名称的讨论》·《中国计量》，2004 年，第 7 期，第 43 页。

| 万国权度通制单位英文名称 | | 法定乙制中文名称 | | 学术界、教育界讨论的乙制中文名称 | |
|---|---|---|---|---|---|
| | | 《权度条例》 | 《权度法》 | 《权度新名商榷》 | 《物理学名词》 |
| 质量 | Kilogramme | 新斤 | 公斤 | 千克 | 兛（读千克） |
| | Hectogramme | 新两 | 公两 | 百克 | 兡（读百克） |
| | Decagramme | 新钱 | 公钱 | 十克 | 兣（读十克） |
| | Gramme | 新分 | 公分 | 克 | 格阑姆（简称克） |
| | Decigramme | 新厘 | 公厘 | 分克 | 兞（读分克） |
| | Centigramme | 新毫 | 公毫 | 厘克 | 兝（读厘克） |
| | Milligramme | 新丝 | 公丝 | 毫克 | 兙（读毫克） |

数据来源：温昌斌《民国时期关于国际权度单位中文名称的讨论》·《中国计量》，2004 年，第 7 期，第 43 页。

6. 公布《权度法施行细则》等配套法规制度

1915 年 1 月至 1915 年 2 月，北京政府和农商部相继公布了《权度营业特许法》《权度法施行细则》以及《官用权度器具颁发条例》等《权度法》的配套法规制度。它们是对《权度法》中法定内容的细化和延伸，特别是《权度法施行细则》。该细则共六十一条，详细规定了度量衡器具制造［种类、材质、式样、公差、感量等］、检定［鉴印、收费、程序等］、检查［鉴印、程序等］、营业［制造、修理、贩卖等］、推行、统计、度量衡机构以及违反度量衡制度的处理措施等内容。

7. 组织权度委员会

随着《权度法》《权度营业特许法》《权度法施行细则》以及《官用权度器具颁发条例》等相继公布实施，1915 年 3 月

19 日，农商总长张謇向大总统呈报《为组织权度委员会给大总统呈文》。呈文中阐述了组织权度委员会的必要性、紧迫性、重要性以及对委员会人员构成的考虑，即"权度法、权度营业特许法、权度法施行细则、官用权度器具颁发条例等，均经先后公布在案……此时筹备手续，至极纷繁，非特别组织委员会，集思广益，审慎研求，不足以策进行，而期完备。惟统一权度事宜范围，所关甚广，所有关系各主管部署，允宜联同一致，首先提倡利用推行。故该会组织，特于专任委员名誉委员之外，另设兼任委员，由本部咨请各该部署，派员兼充，藉收指臂相维之效"[1]。同日，大总统批准了农商部呈递的文件和所附《权度委员会章程》，"如呈备案，摺存，此批"[2]。权度委员会遂于一个月以后的 1915 年 4 月 21 日正式成立。

8. 设立权度制造所和权度检定所

（1）1915 年 4 月，农商部将清末设立的度量衡制造所改为权度制造所，作为制造度量衡标准器具的官方机构，并责成权度制造所制备官用标准器，赶制民用度量衡器，同时择地开设新器贩卖所，以满足商民的需要。

（2）1915 年 4 月 6 日，农商部设立权度检定所，选用北京工业专门学校第一期毕业生中的 16 人任检定员，从事调查旧制度量衡器具状况，编制新、旧度量衡器折算图表，对权度制造所所制造的度量衡器具及民用度量衡器具实施检定等工作[3]。1916 年在农商部会同内务部拟订《北京权度检查执行规则》之

---

[1]　沈家五《张謇农商总长任期经济资料选编》·南京：南京大学出版社，1987 年，第 261 页。

[2]　沈家五《张謇农商总长任期经济资料选编》·南京：南京大学出版社，1987 年，第 261 页。

[3]　史慧佳《民初北京政府划一度量衡的制度建设与实践》·《近代史学刊》，2018 年，第 1 期第 19 辑，第 160 页。

时，为扩大度量衡检查范围，还拟于天津、上海、汉口、广州等地增设四处权度检定所，负责四地附近大城市的度量衡推行工作。同时，计划派遣经过培训的检定人员先进行北京地区度量衡划一事宜，待北京地区度量衡划一后再调赴天津、上海、汉口、广州，进而调赴其他省市推行新制度量衡。

截至1916年，北京政府度量衡划一的筹划、准备工作基本就绪。

## 第三节　北京政府度量衡划一改革制度和措施

### 一、《权度法》及配套法规制度

#### （一）《权度法》

北京政府于1914年公布了《权度条例》，又于1915年将《权度条例》升格为《权度法》。

1. 乙制的标准

《权度法》正式将万国权度通制作为法定度量衡标准制度的乙制。长度以1公尺为单位；1公尺等于公尺原器在百度寒暑表零摄氏度时，首尾两标点间之长；容量以1立方公寸为1公升；重量以1公斤为单位；1公斤等于公斤原器之重；在百度寒暑表4摄氏度时1立方公寸纯水之重量为1公斤。

2. 甲制的标准

当然《权度法》也没有完全摒弃传统的营造尺库平制，将其作为法定的另一种度量衡标准制度即甲制，其标准是长度以营造尺1尺为单位；营造尺1尺等于公尺原器在百度寒暑表零摄氏度时，首尾两标点间百分之三十二；容量以31.6立方寸为

1升；重量以库平两1两为单位，库平1两等于公斤原器百万分之三七三〇一，在百度寒暑表4摄氏度时1立方寸纯水之重量为 0.878 475 两。

### 3. 度量衡标准器

《权度法》（见文2-03）对度量衡标准器也做出了明确规定，即以国际权度局所制定的铂铱合金公尺、公斤原器为原器；副原器由农商部依原器制造；副原器每十年须与原器对照检定一次；农商部依副原器制造地方标准器，颁发给各地方，供各地检定、制造之用；地方标准器每五年须与副原器对照检定一次。

《权度法》还就甲、乙二制的相互折算问题予以明确，同时也就度量衡的检定、检查、营业、处罚及有关度量衡机构做出了原则性的规定。

文 2-03《权度法》[1]

1915 年 1 月

第一条　权度以国际权度局所制定铂铱公尺、公斤原器为标准。

第二条　权度分为下列二种：

甲、营造尺库平制；长度以营造尺一尺为单位，重量以库平一两为单位。营造尺一尺，等于公尺原器在百度寒暑表零度时，首尾两标点间百分之三二，库平一两，等于公斤原器百万分之三七三〇一。

乙、万国权度通制：长度以一公尺为单位，重量以一公斤为单位。一公尺等于公尺原器在百度寒暑表零度时，首尾两标点间之长，一公斤等于公斤原器之重。

第三条　权度之名称及定位如下：

甲、营造尺库平制：

---

[1]《权度法》·沈家五《张謇农商总长任期经济资料选编》·南京：南京大学出版社，1987 年，第 235-242 页。

长度：毫 0.000 1 尺、厘 0.001 尺（10 毫）、分 0.01 尺（10 厘）、寸 0.1 尺（10 分）、尺单位、步五尺、丈 10 尺（2 步）、引 100 尺（10 丈）、里 1 800 尺（180 丈）。

地积：毫 0.001 亩、厘 0.01 亩（10 毫）、分 0.1 亩（10 厘）、亩单位（6 000 方尺）、顷 100 亩。

容量：勺 0.01 升、合 0.1 升（10 勺）、升单位、斗 10 升、斛 50 升（5 斗）、石 100 升（10 斗），31.6 立方寸为一升。

重量：毫 0.000 1 两、厘 0.001 两（10 毫）、分 0.01 两（10 厘）、钱 0.1 两（10 分）、两单位、斤 16 两，在百度寒暑表四度时之纯水，一立方寸之重量为 0.878 475 两。

乙、万国权度通制：

长度：公厘 0.001 公尺、公分 0.01 公尺（10 公厘）、公寸 0.1 公尺（10 公分）、公尺单位、公丈 10 公尺、公引 100 公尺（10 公丈）、公里 1 000 公尺（10 公引）。

地积：公厘 0.01 公亩、公亩单位（100 方公尺）、公顷 100 公亩。

容量：公撮 0.001 公升、公勺 0.01 公升（10 公撮）、公升单位、公斗 10 公升、公石 100 公升（10 公斗）、公秉 1 000 公升（10 公石），一立方公寸为一公升。

重量：公丝 0.000 001 公斤、公毫 0.000 01 公斤（10 公丝）、公厘 0.000 1 公斤（10 公毫）、公分 0.001 公斤（10 公厘）、公钱 0.01 公斤（10 公分）、公两 0.1 公斤（10 公钱）、公斤单位、公衡 10 公斤、公石 100 公斤（10 公衡）、公吨 1 000 公斤（10 公石），在百度寒暑表四度时之纯水，一立方公寸之重量为一公斤。

第四条　第二条甲乙两制之比较，依附表第一号所定。

第五条　万国权度通制之名称，依附表第二号对照之。

第六条　权度原器由农商部保管之。

第七条　农商部应依原器制造副原器四份，以一份存农商部，余三份分存内务部、财政部、教育部。

第八条　农商部应依副原器制造地方标准器，颁发各地方，供检定制造之用。前项应行颁发之地方，由农商部定之。

第九条　副原器每届十年须与原器检定一次，地方标准器每届五年须与副原器检定一次。

第十条　各部得就主管事务，依第二条所规定之权度，指定一种，分别应用。

第十一条　第二条甲种之权度，于必要时，得由农商部限制行用之范围。

第十二条　公私交易、售卖、购买、契约、字据及一切文告所列之权度，不得用第三条所规定之外名称。

第十三条　因划一权度之必要，得设权度检定所及权度制造所，隶于农商部，其组织以官制定之。

第十四条　全国公私用之权度器具，非依法令检定后，附有印证者，不得贩卖使用。前项检定之程序，以教令定之。

第十五条　人民欲以制造权度器具为业者，须禀请农商部特许。人民欲以贩卖或修理权度器具为业者，须禀请该管地方官署特许。权度营业之特许，别以法律定之。

第十六条　凡营业上使用之权度器具，须受检查。前项检查之程序，以教令定之。

第十七条　权度器具之种类、式样、物质、公差及使用之限制，以教令定之。

第十八条　凡经特许制造贩卖或修理权度器具之营业者，有违背本法之行为时，该管官署得取消或停止其营业。

第十九条　权度器具有下列情事之一者，不得行用，但法令有特别规定者，不在此限。（一）无检定印证者；（二）修理后未受检查或检查后认为不合格者；（三）违反第十七条之规定者。

第二十条　违反第十六条之规定，拒绝检查者，处以百元以下之罚金。

第二十一条　违反第十二条之规定者，处以五十元以下之罚金。

第二十二条　除本法之罚则外，关于权度器具之制造、贩卖修理及使用之犯罪，依刑律之规定处罚。

第二十三条　本法之施行日期，以教令定之。

附表第一号　营造尺库平制与万国权度通制比较表

附表第二号　万国权度通制名称对照表

表 2-06 为《权度法》附表第一号和附表第二号综合汇总表。

表 2-06　《权度法》附表第一号和附表第二号综合汇总表

| | 万国权度通制名称 | | 乙（万国权度通制） | 甲（营造尺库平制） |
|---|---|---|---|---|
| 长度 | Kilometer | 公里 | 公里：3 125 尺<br>公里：1.736 111 里 | 里：576 公尺<br>里：0.576 公里 |
| | Hectometre | 公引 | 公引：312.5 尺<br>公引：3.125 引 | 引：32 公尺<br>引：0.32 公引 |
| | Decametre | 公丈 | 公丈：31.25 尺<br>公丈：3.125 丈 | 丈：3.2 公尺<br>丈：0.32 公丈<br>步：1.6 公尺 |
| | Metre | 公尺 | 公尺：3.125 尺 | 尺：0.32 公尺 |
| | Decimetre | 公寸 | 公寸：0.312 5 尺<br>公寸：3.125 寸 | 寸：0.032 公尺<br>寸：0.32 公寸 |
| | Centimetre | 公分 | 公分：0.031 25 尺<br>公分：3.125 分 | 分：0.003 2 公尺<br>分：0.32 公分 |
| | Millimetre | 公厘 | 公厘：0.003 125 尺<br>公厘：3.125 厘 | 厘：0.000 32 公尺<br>厘：0.32 公厘<br>毫：0.000 032 公尺<br>毫：0.032 公厘 |

续表

| 万国权度通制名称 | | | 乙（万国权度通制） | 甲（营造尺库平制） |
|---|---|---|---|---|
| 地积 | Centiare | 公厘 | 公厘：0.001 627 6 亩<br>公厘：0.162 760 4 厘 | 毫：0.006 144 公亩<br>毫：0.614 4 公厘<br>厘：0.061 44 公亩<br>厘：6.144 公厘<br>分：0.614 4 公亩 |
| | Are | 公亩 | 公亩：0.162 760 4 亩 | 亩：6.144 公亩 |
| | Hectare | 公顷 | 公顷：1.627 604 17 亩<br>公顷：0.162 760 4 顷 | 顷：61.44 公亩<br>顷：6.144 公顷 |
| 容量 | Kilolitre | 公秉 | 公秉：965.746 143 升<br>公秉：9.657 461 4 石 | |
| | Hectolitre | 公石 | 公石：96.574 614 升<br>公石：0.965 746 1 石 | 石：103.546 88 公升<br>石：1.035 468 8 公石 |
| | Decalitre | 公斗 | 公斗：9.657 461 升<br>公斗：0.965 746 1 斗 | 斛：51.773 44 公升<br>斛：5.177 344 公斗<br>斗：10.354 688 公升<br>斗：1.035 468 8 公斗 |
| | Litre | 公升 | 公升：0.965 746 1 升 | 升：1.035 468 8 公升 |
| | Decilitre | 公合 | 公合：0.096 574 6 升<br>公合：0.965 746 1 合 | 合：0.103 546 9 公升<br>合：1.035 468 8 公合 |
| | Centilitre | 公勺 | 公勺：0.009 657 5 升<br>公勺：0.965 746 1 勺 | 勺：0.013 574 公升<br>勺：1.035 468 8 公勺 |
| | Millilitre | 公撮 | 公撮：0.000 965 7 升<br>公撮：0.096 574 61 勺 | |
| 重量 | Gonne，Millier | 公吨 | 公吨：1 675.558 29 斤 | |
| | Quintal | 公石 | 公石：167.555 829 斤 | |
| | Myriagramme | 公衡 | 公衡：16.755 582 9 斤 | |

| 万国权度通制名称 | | | 乙（万国权度通制） | 甲（营造尺库平制） |
|---|---|---|---|---|
| 重量 | Kilogramme | 公斤 | 公斤：26.808 932 7 两<br>公斤：1.675 558 3 斤 | 斤：596.816 公分<br>斤：0.596 816 公斤 |
| | Hectogramme | 公两 | 公两：2.680 893 3 两 | 两：37.301 公分<br>两：0.373 01 公两 |
| | Decagramme | 公钱 | 公钱：0.268 089 3 两<br>公钱：2.680 893 3 钱 | 钱：3.730 1 公分<br>钱：0.373 01 公钱 |
| | Gramme | 公分 | 公分：0.026 808 9 两<br>公分：2.680 893 3 分 | 分：0.373 01 公分 |
| | Decigramme | 公厘 | 公厘：0.002 680 9 两<br>公厘：2.680 893 3 厘 | 厘：0.037 301 公分<br>厘：0.373 01 公厘 |
| | Centigramme | 公毫 | 公毫：0.000 268 1 两<br>公毫：2.680 893 3 毫 | 毫：0.003 730 1 公分<br>毫：0.373 01 公毫 |
| | Milligramme | 公丝 | 公丝：0.000 026 8 两<br>公丝：0.268 089 33 毫 | |

数据来源：沈家五《张謇农商总长任期经济资料选编》·南京：南京大学出版社，1987 年，第 239-242 页。

### （二）《权度法》的配套法规制度

《权度法》公布后，北京政府和农商部围绕着它制定了《权度营业特许法》《权度法施行细则》《官用权度器具颁发条例》《权度制造所招商代理分售权度器具规则》《北京市权度检查执行规则》等十几部法规制度。这些法规制度的制定和颁布是对《权度法》的细化和延伸，是北京政府推进度量衡划一改革必不可少的制度准备。表 2-07 为《权度法》及部分配套法规制度表。

表 2-07　《权度法》及部分配套法规制度表

| 序号 | 法律法规制度办法名称 | 公布机关 | 公布日期 | 备注说明 |
|---|---|---|---|---|
| 1 | 《权度法》 | 北京政府 | 1915 年 1 月 | 1915 年 9 月 1 日于京师区域施行 |
| 2 | 《权度营业特许法》 | 北京政府 | 1915 年 1 月 | 1915 年 9 月 1 日于京师区域施行 |
| 3 | 《权度制造所章程》 | 农商部 | 1914 年 8 月 | 1917 年 11 月修订 |
| 4 | 《权度制造所工厂管理规则》 | 农商部 | 1915 年 1 月 | |
| 5 | 《权度法施行细则》 | 农商部 | 1915 年 2 月 | 1915 年 9 月 1 日于京师区域施行 |
| 6 | 《官用权度器具颁发条例》 | 农商部 | 1915 年 2 月 | 1915 年 9 月 1 日于京师区域施行 |
| 7 | 《权度委员会章程》 | 农商部 | 1915 年 3 月 | |
| 8 | 《权度法及其附属法令施行日期令》 | 农商部 | 1915 年 6 月 | |
| 9 | 《权度制造所招商代理分售权度器具规则》 | 农商部 | 1915 年 8 月 | |
| 10 | 《权度检定所章程》 | 农商部 | 1915 年 11 月 | 1917 年 11 月修订 |
| 11 | 《北京市权度检查执行规则》 | 内政部农商部 | 1917 年 8 月 | 1915 年 12 月呈文 |

## 二、度量衡机构和人员

### （一）中央机构

#### 1. 实业部

1912 年 1 月至 1912 年 3 月，南京临时政府设立实业部，张謇为实业总长。《临时政府公报》第 2 号公布《中华民国临时政府中央行政各部及其权限》，依据这个法令，实业部负责管理农工、商矿、渔林、牧猎及度量衡事务，监督所辖各官署[1]。1912 年 3 月 30 日，临时政府又将实业部分设为农林部、工商部，农林总长为宋教仁，工商总长为陈其美［未实际到任］。

#### 2. 工商部

1912 年 8 月至 1913 年 7 月，刘揆一任工商总长。1912 年 8 月 8 日《工商部官制》公布，该官制规定工商部设立工务司、商务司、矿务司，其中工务司职责有十项，第九项职责是"关于度量衡之制造检查及推行事项"[2]。

#### 3. 农商部

1913 年 9 月 11 日至 1913 年 12 月 24 日，张謇任工商总长兼农林总长。1913 年 12 月 24 日，农林部与工商部合并为农商部；1913 年 12 月 24 日至 1915 年 4 月 27 日，张謇任农商部首任总长。1913 年 12 月 22 日公布《农商部官制》，1914 年 7 月 10 日予以修订。两次公布的《农商部官制》中均指出，农商部设立矿政局［修订后的官制中规定为矿政司］、农林司、工商司、渔牧司等司局，其中工商司承担的十一项职责中第七项是"关于度量衡之制造检查及推行事项"[3]。根据 1914 年 1 月《农

---

[1]《近代史资料·辛亥革命资料》·北京：中华书局，1961 年，第 18-19 页。

[2]《民国三年世界年鉴》·上海：神州编译社，1914 年。

[3]《修正农商部官制》·沈家五《张謇农商总长任期经济资料选编》·南京：南京大学出版社，1987 年，第 41-42 页。

商部分科规则》[1914 年 7 月修订，1916 年 10 月重新制定]的
规定，工商司设立五个科，其中第三科负责"关于权度之制造检
查及推行事项"[1]。农商部自 1913 年 12 月成立后，直到 1927 年
6 月机构调整，共存续了十四年多。1927 年 6 月农商部取消，增
设农工部、实业部两个部门[2]，但这一设置仅存在了两个多月，未
见开展任何实际的工作，北京政府就随着北伐的胜利而垮台了。

### （二）权度委员会

经农商部申请，大总统核批，1915 年 3 月农商部公布了
《权度委员会章程》（见文 2-04），同年 4 月 21 日正式成立权度
委员会。权度委员会的主要职责是"研究关于权度一切重要事
项"，具体来讲包括：研究拟订度量衡推行区域和推行方法等事
项；编订度量衡附属法规事项；各部署协同推行度量衡划一事
项；编制各种度量衡比较图表事项；筹设权度检定所事项；处
置原器及校准副原器事项以及准备加入国际权度局事项等等。
该委员会由专任委员、兼任委员和名誉委员等组成。

1915 年 5 月 5 日，权度委员会召开第一次会议，主要讨
论度量衡划一推行区域的问题，会议提出"先以北京为试办之
区，以次推及汉口、上海等商务较盛之区及各省会、内地，以
渐图全国之普及是也"，最终第一次会议的参会委员经过公决赞
成以北京为度量衡划一试办区的推行办法。1915 年 5 月 12 日至
1915 年 5 月 26 日，权度委员会先后又召开了第二、三、四次会
议，会议主要研究讨论了官署提倡推行新制度量衡问题，会议
决议：官署间往来的公文所用度量衡名称一律要改用《权度法》
的法定名称；要求教育部通饬将教科书中所有度量衡名词统一
改为《权度法》的法定名词；同时还要求各地通俗演讲社要及

---

[1]《农商部分科规则》·农商部参事厅编《农商法规汇编》，1918 年 3 月。
[2] 刘寿林《辛亥以后十七年职官年表》·台北：文海出版社。

时向民众演讲、宣传度量衡新制之利和度量衡旧制之弊等。[1]

文 2-04《权度委员会章程》[2]

1915 年 3 月

第一条　农商部设立权度委员会，研究关于权度一切重要事项。权度委员会应行研究之事项如左［此处"如左"是因原文为竖排，方向自右向左，在此处实为"如下"之意，余同］：（一）关于推行事项：甲、推行区域，乙、推行方法；（二）关于编订附属法规事项；（三）关于编制各种比较图表事项；（四）关于各部署协同推行划一事项；（五）关于筹设检定所事项；（六）关于处置原器及较［校］准复原器事项；（七）关于准备加入国际权度局事项。

第二条　权度委员会委员分为下列各种：（一）专任委员；（二）兼任委员；（三）名誉委员。

第三条　专任委员定额六人，由农商总长于部员或附属机关职员中选派兼充。兼任委员，由农商部咨请有关系各部署，每处派员一人充之。名誉委员，以曾经办理权度事宜富有经验及推行权度时，必须聘请助理者充之，由农商部聘任。

第四条　权度委员会设委员一人，由农商总长于专任委员中指充。

第五条　权度委员会设办事员二人，常川驻会办理一切庶务，由农商部员兼充。

第六条　权度委员会设录事数人，办理缮写印刷事项。

第七条　权度委员会议事章程另定之。

第八条　本章程自呈奉大总统核准之日施行。

## （三）权度制造所

《权度法》第十三条规定，"因划一权度之必要，得设权

[1]　史慧佳《民初北京政府划一度量衡的制度建设与实践》·《近代史学刊》，2018 年，第 1 期第 19 辑，第 159 页。

[2]　《权度委员章程》·沈家五《张謇农商总长任期经济资料选编》·南京：南京大学出版社，1987 年，第 262-263 页。

度检定所及权度制造所，隶于农商部，其组织以官制定之"。
1915 年 4 月，农商部将清末设立的度量衡制造所改为权度制造
所，作为制造度量衡器具的官方机构，并责成该所制备官用度
量衡标准器具、赶制民用度量衡器具、择地开设新制度量衡器
具贩卖所等，以满足商、民对度量衡器具的需求。权度制造所
开办后，经费经常捉襟见肘，遇到经费不足时则由农商部设法
垫付，以维持正常的运转[1]。按照 1914 年 8 月公布的《权度制
造所章程》（见文 2-05）[1917 年 11 月 23 日修订] 的有关规
定，权度制造所直接隶属于农商部，掌管制造各种法定度量衡
器具的事务。权度制造所设所长、技术员、事务员等岗位，分
总务股和工务股两个内设机构；同时权度制造所还设置有工厂
和"权度器具标本"陈列室，工厂由工务股管理，"权度器具标
本"陈列室由所长派人兼管。

文 2-05《权度制造所章程》[2]

1917 年 11 月修订

第一条　权度制造所隶属于农商部，掌制造各种法定权度器具事务。

第二条　权度制造所置职员如左：（一）所长；（二）技术员；
（三）事务员。

第三条　所长承农商总长之命，综理全所事务，监督所属职员。

第四条　技术员承所长之命，分理技术事务。

第五条　事务员承所长之命，分理文牍、会计及庶务。

第六条　技术员、事务员之员额由所长酌拟呈部核定。

第七条　权度制造所分设左列 [此处"左列"是因原文为竖排，
方向自右向左，在此处实为"下列"之意，余同] 各股：（一）总务
股；（二）工务股。

第八条　总务股职掌如左：（一）关于收发、撰拟文件，保管卷宗

---

[1]　关增建等《中国近现代计量史稿》·济南：山东教育出版社，2005 年，第 75 页。

[2]　《权度制造所章程》·农商部参事厅《农商法规汇编》，1918 年 3 月。

及典守关防事项；（二）关于编制统计报告及填写表册事项；（三）关于收支款项及编制预算、决算事项；（四）关于购买原料及其验收储存事项；（五）关于制成品之颁发、贩卖及储存事项；（六）关于保管官有物产、约束仆役及其他一切庶务事项。

第九条　工务股职掌如左：（一）关于材料之验收、整理及一切制造设备事项；（二）关于工务之分配及监查工匠事项；（三）关于制成品之检验事项；（四）关于电镀油漆及装饰事项；（五）关于工场卫生及工场管理事项；（六）关于簿记、绘图及其他一切技术事项。

第十条　各股置股长一人，股员若干人，由所长派技术员或事务员充之。

第十一条　权度制造所任用职员时，由所长呈部核准。

第十二条　权度制造所因事务之必要，得置检验生、书记及其他雇员，但其员额须由所长酌拟呈部核准。

第十三条　权度制造所得附设权度器具标本陈列室，由所长派员兼管之。

第十四条　权度制造所每月应将工人工资、制品、售品及材料之数额与其他一切事务详细报部，以资考核。

第十五条　权度制造所每月应将其上月支出计算书连同凭证单据呈部汇送审计院审查。

第十六条　权度制造所办事细则、售品规则、采买规则及工场管理规则另定之。

第十七条　本章程自公布日施行。

《国民》杂志调查股曾经撰写并刊登过一篇名为《农商部权度制造所调查报告》的文章。该文阐述，开办于前清宣统元年的权衡度量局在民国始建时改名为度量衡制造所，后又改名为权度制造所。权度制造所以统一本国度量衡为主，以国际权度局制定的铂铱公尺、公斤原器为准则，该权度制造所制造的度量衡器具经农商部颁发给中央部门和地方官署即为标准器。截至 1919 年年初，农商部权度制造所已经初具规模，已发展成为拥有七大工场，155 人的规模［不含锅炉室、电镀室、干燥室、锯木室、收品库等处工徒人数］，其中案工场 39 人、机工场 13 人、木工场 13 人、锻工场 11 人、铸工场 4 人、鈹［pī］工场 66 人、油工场 9 人。权度制造所每年预算约为 10 万元。该所能制造的权度器具约有 36 类，其中度器包括各种木制、竹制直尺等 10 种，量器包括木制斛、圆木概等 6 种，砝码包括钢制一百两、二百两、五百两等 5 种；衡器包括 800 斤台秤、甲制和乙制天平等 13 种，以及甲制和乙制平板测量仪器等 2 种[1]。权度制造所担负着制造度量衡标准器具、民用度量衡器具的职责和任务，该所曾对民国三年（1914 年）、民国四年（1915 年）国内各地区通行的度量衡器具进行过调查、征集，并将调查、征集来的度量衡器具与新制度量衡进行比较折算。其实，权度制造所开展的这些调查和征集工作，在民国初年工商部 1912 年 10 月提交参议院审议的《推行度量衡新制案》中第三条就有所考虑，即"先由部派员至各省与行政长官及自治机关商会协同体察地方情形，将该地通行之度量衡器按照密达［万国权度通制］折合比例造表"。表 2-08 为 1914 年权度制造所征集国内各通行量器与新制比较表。表 2-09 为 1914 年权度制造所征集国内各通行衡器与新制比较表。表 2-10 为 1915 年权度制造所征集国内各通行度器与新制比较表。

表 2-08　1914 年权度制造所征集国内各通行量器与新制比较表

| 地点<br>器名 | 康熙四十三年<br>铁制户部仓斛 | 乾隆四十年制<br>户部仓斛 | 苏州<br>糧斛 | 杭州 | 汉口 | 河南 | 吉林 |
|---|---|---|---|---|---|---|---|
| 与公升比较 | 1.050 | 1.030 | 1.006 | 1.067 | 1.047 | 1.450 | 1.033 |
| 数据来源：何松龄《日用百科全书补编》·上海：商务印书馆，1926 年，第 1 132 页。 | | | | | | | |

［1］《农商部权度制造所调查报告》·《国民》，1919 年，第 1 卷第 1 号。

表 2-09 1914 年权度制造所征集国内各通行衡器与新制比较表

| 各砝码每两 | 户部砝码 | 京平 | 司平 | 苏市平 | 杭市平 | 公砝 | 重庆砝码 |
|---|---|---|---|---|---|---|---|
| 与公分比较 | 37.6570 | 35.0970 | 37.5170 | 36.6800 | 37.6570 | 36.0600 | 35.8150 |

说明：表中"公分"即"克"。
数据来源：何松龄《日用百科全书补编》·上海：商务印书馆，1926 年，第 1 132 页。

表 2-10 1915 年权度制造所征集国内各通行度器与新制比较表

| 地点 | 北京（第二列为北京高乡） | | | | 上海 | 长春 | | 吉林 | | 沈阳 | 太原 | | 河南 |
|---|---|---|---|---|---|---|---|---|---|---|---|---|---|
| 尺名 | 京尺 | 通用 | 木尺 | 市营造 | 申尺 | 裁尺 | 木尺 | 裁尺 | 货尺 | 工尺 | 木尺 | 裁尺 | |
| 与公分比 | 34.2 | 35.1 | 31.4 | 31.2 | 34.2 | 35.1 | 35.6 | 35.0 | 34.3 | 31.4 | 31.6 | 35.0 | 33.3 |

| 地点 | 湖南 | 广州 | 汕头 | | 烟台 | | 厦门 | | | | | | |
|---|---|---|---|---|---|---|---|---|---|---|---|---|---|
| 尺名 | 通行 | | 广尺 | 府尺 | 裁尺 | 官尺 | 文公尺 | 子司尺 | 裁尺 | 布尺 | 鲁班尺 | 海关尺 | |
| 与公分比 | 34.3 | 37.5 | 37.1 | 36.4 | 32.3 | 35.1 | 32.1 | 42.3 | 37.6 | 30.8 | 30.7 | 39.5 | 35.8 |

说明：表中"公分"即"厘米"。
数据来源：何松龄《日用百科全书补编》·上海：商务印书馆，1926 年，第 1 132 页。

　　经农商部核准，为加快度量衡器具的销售，满足推行度量衡划一工作和商、民所需，权度制造所于1915年8月10日公布《权度制造所招商代理分售权度器具规则》（见文2-06），由权度制造所在北京地区设立六处招商代理机构。这六处代理机构计划分设于北京的东单、西单、鼓楼、菜市口、三里河及前门大街。取得代理权的商铺须缴纳保证金并按照权度制造所确定的度量衡器具售价进行销售，代理机构如果擅自加价则将被取消代理资格并没收保证金。保证金按代理机构每次领取的度量衡器具价值的四分之一缴纳，每次领取的代售度量衡器具总价值不得少于一百元但也不得多于五百元，代理机构的收益是每次代销度量衡器具售价的百分之十五。

文2-06《权度制造所招商代理分售权度器具规则》[1]

1915年8月

第一条　权度制造所设总批发处于本所，并于京师内外城设分售所六处招商代理。内城分东西北各一处，须在东、西单牌楼附近及鼓楼附近；外城分东西中各一处，须在菜市口、三里河、前门大街。

第二条　代理分售所售出物品应按照本所所定价目不得加昂，如有加价情节经本所查出者除取消其代理权外并将其保证金充公。

第三条　代理分售所经手售出物品，应得所售品价百分之十五之代售费。

第四条　代理分售所每次领出物品，不得逾五百元，亦不得少于百元。

第五条　代理分售所应缴每次领出物品价值四分之一之保证金，并须具有切实之铺保。

第六条　代理分售所与本所来往账目应每次领品时一结算或每月一结算，但代理分售所售品流水账簿应受本所稽查。

---

[1]《权度制造所招商代理分售权度器具规则》·《中华民国法令大全补编》·上海：商务印书馆，1917年。

第七条　代理分售所领出物品所有运费概由该代理分售所担任，本所一概不管，至领出物品后如有损坏不得退还。

第八条　凡殷实商号愿代理分售所者，应于八月十六日起至二十一日止，填写愿书，连同铺保水印亲送本所，以便本所考核该商号及铺保之等第暨所认每次领出物品之数目。于八月二十五日上午十二时在本所当众宣布，中选商号六家，并中选后补者六家。未经中选之商号得即日将愿书领回。中选之商号应于二十六日早十一时以前将物品陈列铺中开始售卖，逾期未缴保证金即传后补者顶补。

第九条　本规则由权度制造所详请农商部核准施行。

第十条　本规则有未尽善之处得由权度制造所详部修改。

## （四）权度检定所

农商总长张謇曾指出，"度量衡用旧制、通制〔万国权度通制〕并行……查各国划一度量衡之法，盖有二种。一为专卖制，一为检定制……专卖非先筹有巨资不办，费用多而管理难，各国行之者甚鲜，似宜采用检定制"[1]；《权度法》第十三条规定，"因划一权度之必要，得设权度检定所及权度制造所，隶于农商部，其组织以官制定之"。为此，农商部于 1915 年 4 月 6 日设立权度检定所，1915 年 11 月公布《权度检定所章程》（见文 2-07）〔1917 年 11 月 23 日修订〕。权度检定所成立之初，为了解决专业人员缺乏问题，选择国立北京工业专门学校第一期毕业生进行培训，主持度量衡必备专业课程培训的是曾赴欧洲考察度量衡制度的郑礼明。第一期毕业生参加培训后，经过考试抽选了其中的 16 名成绩优异者到农商部权度检定所任职，主要从事旧制度量衡器具状况的调查、新制和旧制度量衡器具折算图表的

---

[1]　张怡祖《张季子九录·政闻录》·台北：文海出版社有限公司，1983 年，第 455 页。

编制、对权度制造所所造度量衡器具及民用度量衡器具实施检定等工作[1]。

按照《权度检定所章程》的规定，权度检定所直接隶属于农商部，掌管检定及查验各种度量衡器具的事务；权度检定所设有所长、检定员、事务员等岗位；检定员的职责主要是"关于副原器、标准器之检定、查验及鉴印事项"和"关于官用、民用权度器具之检定、查验及鉴印事项"。在人员身份上，权度检定所与权度制造所有所差异，权度检定所的所长、检定员、事务员"得以部员兼充之"[2]，而权度制造所的所长、技术员、事务员等并无此人员身份的要求。农商部设立了权度检定所后，原计划还要在天津、上海、汉口、广州等地再增设四个权度检定所，目的是"同时举办，藉收速效"[3]，并拟将济南、烟台、开封、奉天等城市的度量衡事务划归天津权度检定所办理；拟将南京、芜湖、苏州、杭州等城市的度量衡事务划归上海权度检定所办理；拟将南昌、九江、岳州、长沙等城市的度量衡事务划归汉口权度检定所办理；拟将汕头、厦门、福州等城市的度量衡事务划归广州权度检定所办理。不过，后来因时局动荡，军阀混战，财政困难以及度量衡划一"推行政令各省未能切实奉行"[4]等原因，以至于原计划设在天津、上海、汉口、广州的四个权度检定所都没能正式成立，所拟计划也归于流产。

---

[1] 史慧佳《民初北京政府划一度量衡的制度建设与实践》·《近代史学刊》，2018年，第1期第19辑，第160页。

[2]《权度检定所章程》·农商部参事厅《农商法规汇编》，1918年3月。

[3] 吴承洛《中国度量衡史》民国沪上初版图书复制版·上海：三联书店，2014年，第322页。

[4] 吴承洛《中国度量衡史》民国沪上初版图书复制版·上海：三联书店，2014年，第323页。

文 2-07《权度检定所章程》[1]

1917 年 11 月修订

第一条　权度检定所隶于农商部，掌检定及查验各种权度器具事务。

第二条　权度检定所置职员如左：（一）所长；（二）检定员；（三）事务员。前项职员得以部员兼充之。

第三条　所长承农商总长之命综理全所事务，监督所属职员。

第四条　检定员承所长之命分理事务如左：（一）关于副原器、标准器之检定、查验及鏨印事项；（二）关于官用、民用权度器具之检定、查验及鏨印事项。

第五条　事务员承所长之命分理事务如左：（一）关于收发、撰拟文件，保管卷宗及典守关防事项；（二）关于编制统计报告及填写表册事项；（三）关于收支款项及编制预算、决算事项；（四）关于管束仆役及其他一切庶务事项。

第六条　检定员、事务员之员额由所长酌拟呈部核准。

第七条　权度检定所任用职员时由所长呈部核准。

第八条　权度检定所因事务之必要得置检定生、书记及其他雇员，其员额由所长酌拟呈部核定。

第九条　权度检定所每月须将所办事务详细报部以资考核。

第十条　权度检定所每月应将其上月支出计算书连同凭证单据呈部汇送审计院审查。

第十一条　权度检定所办事细则另定之。

第十二条　本章程自公布日施行。


## 三、度量衡管理措施

### （一）度量衡制造

度量衡器具一般分为两种，第一种是各类度量衡标准器具，

---

[1]《权度检定所章程》·农商部参事厅《农商法规汇编》，1918 年 3 月。

主要是官用、公用度量衡器具，包括原器、副原器以及检定、检查、制造等所用器具，这些器具均由官方制造，具体来说就是农商部的权度制造所承担制造任务；第二种是商、民所用各类度量衡器具，经政府核发特许执照的非官方机构也可以制造这类度量衡器具。《权度法》和《权度法施行细则》对度量衡器具的种类、样式、材质、公差、感量等均做出了规定。

1.《权度法》中关于度量衡器具制造的有关规定

《权度法》中关于度量衡器具制造的有关规定如下[1]：

第七条　农商部应依原器制造副原器四份，以一份存农商部，余三份分存内务部、财政部、教育部。

第八条　农商部应依副原器制造地方标准器，颁发各地方供检定、制造之用。

第十五条　人民欲以制造权度器具为业者，须禀请农商部特许。

第十七条　权度器具之种类、式样、物质、公差及使用之限制，以教令定之。

2.《权度法施行细则》中关于度量衡器具制造的有关规定

《权度法施行细则》中第一条至第三十三条对度量衡器具的种类、样式、材质、公差、感量等给出了标准和规定（见文2-08）。不过《权度法施行细则》自1915年公布后，直到北京政府倒台并未进行过修订，其关于度量衡器具制造的有关规定在实践中还是遭到了质疑，如权度制造所在实践中曾就《权度法施行细则》第二十一条、第二十七条的规定提出过修订意见。《权度法施行细则》第二十一条规定，"杆秤感量为秤量二百分之一以下"，为此权度制造所制造称量为三十斤至二两且分度大于三分的杆秤若干并详加试验后认为，杆秤除量程细微

[1]《权度法》·沈家五《张謇农商总长任期经济资料选编》·南京：南京大学出版社，1987年，第235-242页。

的戥秤外，其感量可在秤量的五十分之一以下；另外《权度法施行细则》第二十七条规定，"秤纽至多不得过二个，有两个秤纽者，应分置杆秤上下，其悬钩或悬盘，应具有移转反对方向之构造"，权度制造所为此制造称量三十斤至二两杆秤若干并详加试验后认为，杆秤"若用绳纽则其悬钩或悬盘定难具有移转反对方向之构造"。后来，农商部接受了权度制造所的上述建议，于1916年9月23日发布《检定绳纽杆秤准将权度法施行细则变通办理》的训令。该训令称，"……检定杆秤应将权度法施行细则第二十一条所定杆秤感量为秤量二百分之一以下一项改为五十分之一以下，其第二十七条所定应具有移转反对方向之构造……准予变通办理"。[1]后来南京政府（1931年）颁布的《度量衡法施行细则》第二十五条沿用了《权度法施行细则》的第二十一条，第三十一条也基本沿用了《权度法施行细则》的第二十七条，仅加了"三十市斤以下之秤称不在此限"的规定。

文 2-08《权度法施行细则》部分条款[2]

第一条　权度器具之种类物质式样如下：

| | 种类 | 物质 | 式样 |
|---|---|---|---|
| 度器 | 直尺 | 金属、象牙、骨、木、竹 | 直形 |
| | 曲尺 | 金属、木 | 直角形 |
| | 折尺 | 金属、象牙、骨、木、竹 | 折叠形 |
| | 卷尺 | 麻、布、钢 | 带形、绳形 |
| | 链尺 | 金属 | 链形 |
| 量器 | 一勺至二斗<br>一公勺至二公斗 | 木、金属 | 圆柱形 |
| | 一合至二斗 | 木 | 方形 |
| | 一公勺至二公升 | 玻璃、窖瓷 | 圆柱形、圆锥形 |
| | 一斛 | 木 | 方锥形 |

[1]《检定绳纽杆秤准将权度法施行细则变通办理》·《新编实业法令》，1924年5月，第158页。

[2]《权度法施行细则》·《中华民国法令大全补编》·上海：商务印书馆，1917年。

续表

| 种类 | | 物质 | 式样 |
|---|---|---|---|
| 概 | 概 | 金属、木 | |
| 衡器 | 天平、台秤、杆秤 | 金属、木、骨 | |
| 锤 | 杆秤、台秤 | 金属 | |
| 砝码 | 一毫、二毫、五毫、一公丝、二公丝、五公丝 | 铂、金、银、铝 | |
| | 一厘至二分<br>一公厘至五公厘 | 铂、金、银、铝、镍、黄铜、白铜 | 四角片形 |
| | 五分至五两<br>一公分至一公斤 | 铂、金、银、镍、黄铜、白铜、玻璃、窑器、玉石 | 圆立体 |
| | 五两至五百两<br>一公两至二十公斤 | 镍、黄铜、白铜、铸铁 | 圆立体、方立体 |

第二条　度器之分度，除缩尺外，应依权度法第三条长度名称之一倍、二倍、五倍，并此倍数之十分之一、百分之一、千分之一制之。

第三条　量器之全量，应依权度法第三条容量名称之一倍、二倍、五倍制之。

第四条　量器有分度之分量，应依权度法第三条容量名称之一倍、二倍、五倍，并此倍数之十分之一、百分之一、千分之一制之。

第五条　砝码及衡杆分度所当之重量，应依权度法第三条重量名称之一倍、二倍、五倍，并此倍数之十倍、百倍、千倍及十分之一、百分之一制之。但用甲种斤之名称者，得取其四分之一、八分之一、十六分之一制之。

第六条　权度器具之记名，应依权度法第三条权度名称记之。但乙种名称，得依权度法附表第二号西文首列字母记之。

第七条　权度器具之分度及记名，以明显不易磨灭为主。

第八条　权度器具所用之材料，以不易损伤伸缩者为限，本质应完全干燥，金属易起化学变化者，须以油漆类涂之。

　　第九条　权度器具须留适当地位，以便錾盖检定、检查图印，凡不易錾印之物质，应附以便于錾印之金属。前项所附之金属，须与本体结合，不使易于脱离。

　　第十条　竹木制折尺，每节之长，在半尺或一公寸以下者，其厚应在 1.5 公厘以上，在一尺或二公寸以下者，其厚应在二公厘以上。

　　第十一条　麻制卷尺，其全长十六尺及五公尺以上者，其每十六尺及五公尺之距离，应加以重量十八公两之绷力，其伸张之长，不能过一公分。

　　第十二条　量器为金属制圆柱形者，其内径与深应相等，或深倍于径，但得以一公厘半加减之。

　　第十三条　量器为木质制圆柱形者，其内径与深应相等，或倍于径，但得以三公厘加减之。

　　第十四条　量器为木质制方柱形者，其方柱形之内边，应依下列定限，但得以三公厘加减之。

| 种类 | 内方边之长度（公厘） |
| --- | --- |
| 一合 | 56 |
| 二合 | 72 |
| 五合 | 100 |
| 一升 | 128 |
| 二升 | 160 |
| 五升 | 210 |
| 一斗 | 256 |
| 二斗 | 290 |

　　第十五条　量器为木质制方锥形者，其内扣方边及内底方边，应依下列之定限，但得以四公厘加减之。

| 种类 | 内口方边之长度 | 内底方边之长度 |
|------|---------------|---------------|
| 一斛 | 212 | 512 |

第十六条　概之长度，在较所配用量器之口、长五公分以上。

第十七条　木制量器一升及一公升以上者，口边及四周，应依适当方法，附以金属。

第十八条　有分度之玻璃、窑瓷量器，须用耐热之物质。

第十九条　玻璃、窑瓷量器最高分度与底之距离，不得小于其内径。

第二十条　衡器之刃及与刃触及之部分，应具有适当之坚硬平滑，其材料以钢铁、玻璃、玉石为限。

第二十一条　衡器之感量，应依下列之限制：天平感量为秤量千分之一以下；台秤感量为秤量五百分之一以下；杆秤感量为秤量二百分之一以下。

第二十二条　衡器分度所当之重量，不得小于感量。

第二十三条　天平应于适当地位，表明其秤量与感量；台秤、杆秤应于适当地位，表明其秤量。

第二十四条　试验衡器之法，应先验其秤量，再以感量或最小分度之重量加减之，其所得结果，应合下列之定限：一、天平及台秤之有标针者，其标针移动，应在 1.5 公厘以上。二、台秤，其杆之末端升降，应在三公厘以上。三、杆秤，其杆之末端升降，应为自支点至末端距离之三十分之一以上。

第二十五条　杆秤上支点、重点之部分，应用适当坚度之金属。

第二十六条　杆秤秤纽，应用金属革丝线、麻线、棉线等物质。

第二十七条　秤纽至多不得过二个，有两个秤纽者，应分置秤杆上下，其悬钩或悬盘，应具有移转反对方向之构造。

第二十八条　秤锤用铸铁制者，应于适当位置留孔填嵌便于錾印之金属，并使便于加减其重量。

第二十九条　木杆秤秤锤之重量，不得小于秤量三十分之一。

第三十条　木杆秤秤杆之长度如下：

| 秤量 | 秤杆之长度（自重点至秤量分度） |
|---|---|
| 三百斤以上 | 144 公分以上 |
| 一百斤以上 | 112 公分以上 |
| 五十斤以上 | 96 公分以上 |
| 三十斤以上 | 64 公分以上 |
| 十五斤以上 | 48 公分以上 |
| 十斤以上 | 40 公分以上 |
| 五斤以上 | 32 公分以上 |
| 五斤以下 | 28 公分以上 |

第三十一条　权度器具之公差如下：

（一）度器公差：

| 名称 | 类别 | | 公差 |
|---|---|---|---|
| 直尺曲尺 | 甲种分度二厘及大于二厘者 | | 长度之二千分之一加五毫 |
| | 乙种分度二分之一公厘及大于二分之一公厘者 | | 长度之二千分之一加四分之一公厘 |
| 折尺 | 甲种分度小于二厘者及为缩尺者 | | 长度之四千分之一加四分之一厘 |
| | 乙种分度小于二分之一公厘者及为缩尺者 | | 长度之四千分之一加八分之一公厘 |
| 链尺 | 甲种 | | 长度之二千分之三加五厘 |
| | 乙种 | | 长度之二千分之三加二公厘 |
| 卷尺 | 非钢铁制者 | 甲种 | 长度之二千分之三加五厘 |
| | | 乙种 | 长度之二千分之三加二公厘 |
| | 钢铁制者 | 甲种 | 长度之一万分之三加一厘 |
| | | 乙种 | 长度之一万分之三加五公毫 |

（二）量器公差：

| 名称 | 类别 | | 公差 |
|---|---|---|---|
| 全量 | 二勺以下 / 二公勺以下 | | 容量之五十分之一 |
| | 五勺至一勺 / 五公勺至一公合 | | 容量之一百分之一 |
| | 二合至一升 / 二公合至一公升 | | 容量之一百五十分之一 |
| | 二升以上 / 二公升以上 | | 容量之二百五十分之一 |
| 有分度之分量 | 十分之二勺以下 / 二公撮以下 | | 容量之二十分之一 |
| | 二勺以下 / 二公勺以下 | | 容量之五十分之一 |
| | 一合以下 / 一公合以下 | | 容量之一百分之一 |
| | 大于一合者 / 大于一公合者 | | 容量之一百五十分之一 |

（三）砝码公差：

| 甲种重量 | 公差（毫） | 乙种重量 | 公差（公丝） |
|---|---|---|---|
| 五毫以下 | 0.1 | 五公丝以下 | 0.1 |
| 二厘以下 | 0.2 | 二公毫以下 | 0.2 |
| 五厘以下 | 0.3 | 五公毫以下 | 0.3 |
| 一分 | 0.4 | 一公厘 | 0.4 |
| 二分 | 0.6 | 二公厘 | 0.6 |
| 五分 | 1.0 | 五公厘 | 1.0 |
| 一钱 | 2.0 | 一公分 | 2.0 |
| 二钱 | 3.0 | 二公分 | 3.0 |
| 五钱 | 5.0 | 五公分 | 5.0 |
| 准是一两以上，每三个为一组，其重量各以十倍进，其公差各以五倍进。 | | 准是一公分以上，每三个为一组，其重量各以十倍进，其公差各以五倍进。 | |

第三十二条　凡合于第一条至第三十一条之权度器具，为合格之权度器具。

第三十三条　各地方自奉到颁发地方标准器，满四个月后，不得再行制造或贩卖不合于权度法及本细则所规定之权度器具。

## （二）度量衡检定

《权度法》和《权度法施行细则》对度量衡器具的检定均有规定，主要是制造的度量衡器具必须接受检定，未经检定合格的度量衡器具无论公用还是民用均不得贩卖、使用；度量衡的副原器、标准器也均须接受检定，副原器要每十年检定一次，标准器要每五年检定一次；不同的度量衡器具接受检定时均要提交申请书并缴纳额度不等的检定费用；检定合格的度量衡器具由实施检定的机构予以錾印或颁发证书。

1.《权度法》中关于度量衡器具检定的有关规定

《权度法》中关于度量衡器具检定的有关规定如下[1]：

第九条　副原器每届十年，须与原器检定一次；地方标准器，每届五年，须与副原器检定一次。

第十四条　全国公私用之权度器具，非依法令检定后附有印证者，不得贩卖、使用。

2.《权度法施行细则》中关于度量衡器具检定的有关规定

《权度法施行细则》中关于度量衡器具检定的有关规定如下[2]：

第三十七条　各种权度器具制造后，应受权度检定所或办理权度事务之官署检定。

第三十八条　应受检定之权度器具，须具禀请书，连同权

---

[1]《权度法》·沈家五《张謇农商总长任期经济资料选编》·南京：南京大学出版社，1987年，第235-242页。
[2]《权度法施行细则》·《中华民国法令大全补编》·上海：商务印书馆，1917年。

度器具送请权度检定所或办理权度事务之官署检定。前项禀请书之程式，由农商部定之。

第三十九条　权度检定所或办理权度事务之官署，接受前条禀请书后，应依权度法及本细则之规定。

第四十条　权度器具检定后，认为合格者，应由原检定之官署鏊盖图印，其不能鏊印者，则给予证书。

第四十一条　受检定之权度器具，应缴纳检定费。前项检定费因特别事故，经农商部核准，得减少或免之。

第四十二条　检定时所用图印或证书之式样，由农商部定之。

3. 检定收费

《权度法施行细则》规定，度量衡器具接受检定，应缴纳检定费。检定收费标准因度量衡器具的不同而不同。首先要区分甲制度量衡器具和乙制度量衡器具；其次要区分度量衡器具中度器、量器、衡器；再次度器中要区分竹木、金属、牙骨、麻、钢铁等不同材质，量器中要区分量干体用的量器和量液体用的量器，而且量液体用的量器还要区分有无分度；衡器中要区分为天平、台秤、杆秤、砝码等不同类别。

（1）度器检定收费标准。根据《权度法施行细则》规定，无论甲制还是乙制，同规格的金属、牙骨、麻、钢铁等材质的度器检定费是同规格竹木材质度器检定费的两倍。具体收费标准见表2-11。

表2-11　度器检定收费标准

| 序号 | 材质 | 甲制度器 | | 乙制度器 | |
|---|---|---|---|---|---|
| | | 种类 | 收费（元/件） | 种类 | 收费（元/件） |
| 1 | 竹木 | 二丈 | 0.12 | 一公丈 | 0.12 |
| 2 | | 一丈 | 0.06 | 五公尺 | 0.06 |
| 3 | | 五尺 | 0.03 | 二公尺 | 0.03 |

续表

| 序号 | 材质 | 甲制度器 | | 乙制度器 | |
|------|------|----------|----------|----------|----------|
| | | 种类 | 收费（元/件） | 种类 | 收费（元/件） |
| 4 | 竹木 | 二尺 | 0.01 | 一公尺 | 0.01 |
| 5 | | 一尺 | 0.005 | 五公寸 | 0.005 |
| 6 | | 一尺以下 | 0.005 | 五公寸以下 | 0.005 |
| 7 | 金属牙骨麻钢铁 | 一引以上 | 1.50 | 五公丈以上 | 1.50 |
| 8 | | 一引 | 0.90 | 五公丈 | 0.90 |
| 9 | | 五丈 | 0.50 | 二公丈 | 0.50 |
| 10 | | 二丈 | 0.24 | 一公丈 | 0.24 |
| 11 | | 一丈 | 0.12 | 五公尺 | 0.12 |
| 12 | | 五尺 | 0.06 | 二公尺 | 0.06 |
| 13 | | 二尺 | 0.02 | 一公尺 | 0.02 |
| 14 | | 一尺 | 0.01 | 五公寸 | 0.01 |
| 15 | | 五寸 | 0.005 | 二公寸 | 0.005 |
| 16 | | 五寸以下 | 0.005 | 二公寸以下 | 0.005 |

数据来源：《权度法施行细则》·《中华民国法令大全补编》·上海：商务印书馆，1917 年。

（2）量器检定收费标准。根据《权度法施行细则》规定，有分度的量液体量器只有乙制器具，但量干体及量液体无分度的量器则区分为甲制量器和乙制量器。具体收费标准见表 2-12。

表2-12 量器检定收费标准

| 序号 | 类别 | 甲制量器 | | 乙制量器 | |
|---|---|---|---|---|---|
| | | 种类 | 收费（元/件） | 种类 | 收费（元/件） |
| 1 | 量干体或无分度量液体量器 | 一斛 | 0.20 | 五公斗 | 0.20 |
| 2 | | 二斗 | 0.15 | 二公斗 | 0.15 |
| 3 | | 一斗 | 0.08 | 一公斗 | 0.08 |
| 4 | | 五升 | 0.04 | 五公升 | 0.04 |
| 5 | | 二升 | 0.02 | 二公升 | 0.02 |
| 6 | | 一升 | 0.01 | 一公升 | 0.01 |
| 7 | | 一升以下 | 0.005 | 一公升以下 | 0.005 |
| 8 | | 概 | 0.01 | | |
| 9 | 有分度量液体量器 | | | 二公升 | 0.80 |
| 10 | | | | 一公升 | 0.60 |
| 11 | | | | 五公合 | 0.50 |
| 12 | | | | 二公合 | 0.40 |
| 13 | | | | 一公合 | 0.30 |
| 14 | | | | 五公勺 | 0.20 |
| 15 | | | | 二公勺 | 0.20 |
| 16 | | | | 一公勺 | 0.10 |
| 17 | | | | 一公勺以下 | 0.05 |

数据来源：《权度法施行细则》·《中华民国法令大全补编》·上海：商务印书馆，1917年。

（3）衡器检定收费标准。根据《权度法施行细则》规定，衡器区分为天平、台秤、杆秤以及砝码等不同种类。具体收费标准见表2-13。

表 2-13　衡器检定收费标准

| 序号 | 类别 | 甲制衡器 | | 乙制衡器 | |
|---|---|---|---|---|---|
| | | 种类 | 收费（元／件） | 种类 | 收费（元／件） |
| 1 | 天平 | 一百斤以上 | 2.00 | 五公斤以上 | 1.50 |
| 2 | | 一百斤以下至五十斤 | 1.50 | 五十公斤以下至十公斤 | 1.00 |
| 3 | | 五十斤以下至十斤 | 1.00 | 十公斤以下至一公斤 | 0.80 |
| 4 | | 十斤以下至一斤 | 0.80 | 一公斤以下 | 0.50 |
| 5 | | 一斤以下 | 0.50 | | |
| 6 | 台秤 | 五百斤以下 | 1.00 | 二百公斤以下 | 1.00 |
| 7 | | 一千斤以下至五百斤 | 1.20 | 五百公斤以下至二百公斤 | 1.20 |
| 8 | | 二千斤以下至一千斤 | 2.00 | 一千公斤以下至五百公斤 | 1.50 |
| 9 | | 二千斤以上每千斤加 | 0.50 | 一千公斤以上每千公斤加 | 0.08 |
| 10 | 杆秤 | 二千斤以下至一千斤 | 0.80 | 一千公斤以下至五百公斤 | 0.60 |
| 11 | | 一千斤以下至五百斤 | 0.60 | 五百公斤以下至二百公斤 | 0.40 |
| 12 | | 五百斤以下至二百斤 | 0.40 | 二百公斤以下至一百公斤 | 0.30 |
| 13 | | 二百斤以下至一百斤 | 0.30 | 一百公斤以下至五十公斤 | 0.20 |
| 14 | | 一百斤以下至五十斤 | 0.20 | 五十公斤以下至二十公斤 | 0.12 |
| 15 | | 五十斤以下至二十斤 | 0.12 | 二十公斤以下至十公斤 | 0.10 |
| 16 | | 二十斤以下至十斤 | 0.10 | 十公斤以下 | 0.08 |

续表

| 序号 | 类别 | 甲制衡器 | | 乙制衡器 | |
|---|---|---|---|---|---|
| | | 种类 | 收费（元/件） | 种类 | 收费（元/件） |
| 17 | 杆秤 | 十斤以下至一斤 | 0.08 | | |
| 18 | | 一斤以下 | 0.04 | | |
| 19 | | 锤 | 0.02 | | |
| 20 | 砝码 | 二十斤 | 0.15 | 二十公斤 | 0.15 |
| 21 | | 十斤 | 0.15 | 十公斤 | 0.15 |
| 22 | | 五斤 | 0.08 | 五公斤 | 0.08 |
| 23 | | 二斤 | 0.08 | 二公斤 | 0.08 |
| 24 | | 一斤 | 0.04 | 一公斤 | 0.04 |
| 25 | | 五百两 | 0.30 | 五百公分 | 0.04 |
| 26 | | 二百两 | 0.15 | 二百公分 | 0.04 |
| 27 | | 一百两 | 0.10 | 一百公分 | 0.04 |
| 28 | | 五十两 | 0.08 | 五十公分 | 0.04 |
| 29 | | 二十两 | 0.04 | 二十公分 | 0.03 |
| 30 | | 十两 | 0.04 | 十公分 | 0.02 |
| 31 | | 五量 | 0.04 | 五公分 | 0.01 |
| 32 | | 二两 | 0.04 | 二公分 | 0.005 |
| 33 | | 一两 | 0.04 | 一公分 | 0.002 |
| 34 | | 五钱 | 0.03 | 一公分以下 | 0.002 |
| 35 | | 二钱 | 0.02 | | |
| 36 | | 一钱 | 0.01 | | |
| 37 | | 五分 | 0.005 | | |
| 38 | | 二分 | 0.002 | | |
| 39 | | 一分以下 | 0.002 | | |

数据来源：《权度法施行细则》·《中华民国法令大全补编》·上海：商务印书馆，1917年。

### （三）度量衡检查

《权度法》《权度法施行细则》以及《官用权度器具颁发条例》等法律法规中均规定了对度量衡器具检查的条款。因北京政府确定在京师地区先行试办度量衡划一事务，所以又专门制定了适用于北京地区的以度量衡器具检查为主的法令——《北京市权度检查执行规则》。

综合上述各项法律法规中对度量衡器具检查的规定，归纳起来主要是：第一，官署使用的度量衡器具、公用度量衡器具以及营业上使用的度量衡器具，经检定合格后也均需要接受检查，但检查不收费。第二，如果经检查不合格的度量衡器具，要取消此前检定合格的图印或证书；检查不合格但可以修理的度量衡器具，允许修理后进行复检，复检合格的，再行加盖图印或发给证书，准予行用；检查时认为不堪修理或虽可以修理但复检仍不合格的度量衡器具，要加盖特别图记且不得再行使用。第三，北京地区的度量衡器具除特殊情况和第一次检查外，原则上每年定期施行一次检查。第四，遇有对度量衡器具临时检查的情况时，一般由权度检定所会同警察执行。第五，如果出现伪造或冒用检查图印的情况，则要处以十元以上五十元以下罚金；如果区域内已实施检查的各厂店、商铺再使用未经检查錾印的度量衡器具，则要处以五元以下罚金；如果营业上使用的度量衡器具拒绝接受检查的，则要处以百元以下罚金。

1.《权度法》中关于对度量衡器具检查的有关规定

《权度法》中关于对度量衡器具检查的有关规定如下[1]：

第十六条　凡营业上使用之权度器具，须受检查。前项检

---

[1]《权度法》·沈家五《张謇农商总长任期经济资料选编》·南京：南京大学出版社，1987年，第235-242页。

查之程序，以教令定之。

第二十条 违反第十六条之规定，拒绝检查者，处以百元以下之罚金。

2.《权度法施行细则》中关于对度量衡器具检查的有关规定

《权度法施行细则》中关于对度量衡器具检查的有关规定如下[1]：

第四十三条 检定合格之权度器具，除玻璃、窖瓷量器外，应定期或随时受权度检定所或办理权度事务之官署之检查。前项检查期限，由权度检定所或办理权度事务之官署拟订，详请农商部核准。

第四十四条 检查时认为不合格之权度器具，应将以前检定合格之图印或证书消灭或取消之。

第四十五条 前条之权度器具，应令于一定期限内修理完善，送请复查。前项期限，由权度检定所或办理权度事务之官署定之。

第四十六条 复查后认为合格者，再行加盖图印或改给证书，准其行用。

第四十七条 检查时认为不堪修理或复查后仍不合格者，应将该器加盖特别图记发还之。前项权度器具发还后，不得再行使用。特别图记之式样，由农商部定之。

第四十八条 检查时所用图印，由农商部颁定，于一定期限更易之。前项更易之期限，由农商部定之。

第四十九条 检查时所用检查器具，由农商部颁发。前项检查器具，应由权度检定所或办理权度事务之官署随时校准。

第五十条 农商部应会同内务部，拟订检查执行规则，并得就各地方特别情形，另定该地专用之检查规则，呈请大总统核定。

---

[1]《权度法施行细则》·《中华民国法令大全补编》·上海：商务印书馆，1917年。

第五十一条　权度法施行前，所用之权度器具，其种类名称，合于权度法第二条、第三条者，自权度法施行之日起，五年内，准其行用。但须由权度检定所或办理权度事务之官署检查，认定加盖特别图印，并受定期或临时之检查。前项期限届满时，即行废止，不得行用。第一项之特别图印，由农商部定之。

第五十二条　权度法施行前，所用之权度器具，全于权度法不合者，自权度法施行之日起，二年内，暂准行用，但须由权度检定所或办理权度事务之官署检查认定，加盖特别图印，并受定期或临时之检查。前条第二项、前三项之规定，于本条之情事适用。

第五十三条　前二条之权度器具检查时，认为不合格者，依第四十七条之规定办理。

第五十四条　第五十二条之权度器具，应依第四十五条之规定，送请复检。第四十六条、第四十七条之规定，于前项之复查准用之。

第五十六条　第五十二条之权度器具检查时，认为不堪改造者，准用第四十七条之规定办理之。

第五十七条　检查事务，由权度检定所或办理权度事务之官署，会同地方官署行之。前项事务，得由地方官署委托他之机关代行之，但须经农商部核准。

3.《北京市权度检查执行规则》的制定及具体条款

根据《权度法施行细则》第五十条，"农商部应会同内务部，拟订检查执行规则，并得就各地方特别情形，另定该地专用之检查规则……"的规定和《权度法及其附属法令施行日期令》中关于"权度法及其附属法令……自民国四年［1915年］九月一日于京师区域施行在案……所有权度器具，自应从事检查，以促进行而期划一……"的规定，北京政府内务部、农商部公布、执行《北京市权度检查执行规则》（见文2-09）。

文2-09《北京市权度检查执行规则》[1]

第一条　凡官、公用及营业用权度器具，应依本规则所定实行检查。前项规定，于各商场及门摊零售各小商业所用之权度器具，亦适用之。

第二条　权度器具之检查，每年定期施行一次，但于必要情事之临时检查及第一次之特别检查，不在此限。

第三条　应行检查之区域及其日期，由权度检定所会同警察官厅先期通告。

第四条　凡应检查之权度器具，由检查人员率同警察，于每日业务时间内亲往各户检查。

第五条　各该区域内已行检查后，新设或迁移之厂肆铺户等，应遵该区警察官厅之通知，将营业上应用之权度器具禀请补行检查。

第六条　第一次检查之特别图印，依照权度法施行细则第五十一条及第五十二条所定之年限，分别加盖篆书五字或一字之两种字样。

第七条　每年定期检查所用图印，依照年历加盖各该年分［份］之数目字样。

第八条　凡权度器具之检查，概不收费。

第九条　权度检定所应于每届年终，将本年检查情形及其结果详报农商部，其第一次特别检查竣事时亦同。

第十条　各该区域内已行检查之各厂肆铺户，不得使用未经检查盖印之权度器具。

第十一条　对于已经检定或检查盖有图印之权度器具疑有增损不合之情弊时，得由权度检定所会同警察执行临时检查。

第十二条　伪造检查所用图印或冒用伪造之检查图印者，处以十元以上五十元以下之罚金。

第十三条　违背第十条之规定者，处以五元以下之罚金。

第十四条　本规则自核准公布之日施行。

--------

[1]《北京市权度检查执行规则》·《中华民国法令大全补编》·上海：商务印书馆，1917年。

4. 检查图印的有关规定

《权度法施行细则》第五十一条规定，《权度法》施行前所用的度量衡器具，其种类名称等符合《权度法》规定的营造尺库平制［甲制］或万国权度通制［乙制］及相关名称和定位的，自《权度法》施行之日起五年内，准予行用；该细则第五十二条又规定，《权度法》施行前所用的度量衡器具不符合《权度法》规定的，自《权度法》施行之日起两年内，暂准行用。《权度法》实施前，符合《权度法》或不符合《权度法》的度量衡器具，均需要接受检查并加盖不同的图印。

（1）北京。根据上述规定，《北京市权度检查执行规则》第六条规定，在京师地区第一次实施对度量衡器具检查时，要分别对度量衡器具錾印篆书"五"字图样"Ⅹ"［关增建等《中国近现代计量史稿》第 75 页表述为"乂"；《说文解字》曰"Ⅹ""乂"均为"五"的异体字］和篆书"一"字图样［吴承洛《中国度量衡史》第 323 页和关增建等《中国近现代计量史稿》第 75 页均表述为"弌"；《说文解字》曰"弌"是"一"的异体字］。錾印"五"字图样的度量衡器具是符合《权度法施行细则》第五十一条规定的度量衡器具；錾印"一"字图样的度量衡器具是符合《权度法施行细则》第五十二条规定的度量衡器具。按第五十二条的规定，本应是"二年"，但北京地区被缩短一年，即"权度法施行细则第五十二条之权度器具之暂准行用期限于京师区域内得缩短为一年"[1]，所以为"一"字图印。除了第一次实施检查后錾盖的"五"和"一"字图印外，其他每年实施定期检查时所用的图印是《北京市权度检查执行规则》第七条所规定的"年历加錾各该年份之数目字样"图印。

---

[1]《权度法及其附属法令施行日期令》·《中华民国法令大全补编》·上海：商务印书馆，1917 年。

（2）山西。1919年7月，山西省公布《山西全省权度检查执行规则》。该规则规定"权度器具无论官用、公用还是营业用，都需要每年实施一次检查，检查后认为合格的錾盖'辰'字图记；不合格的或经修理复查后仍不合格的权度器具加盖'消'字图印，不准再行使用"[1]。

### （四）度量衡营业

度量衡营业指允许民间从事制造、贩卖、修理度量衡器具等业务。首任农商总长张謇曾指出，度量衡器具宜施行检定制，但是后来农商部曾一度试图对度量衡器具施行专卖制，即"本部办理统一权度事宜前，经酌拟采用丹麦、日本等专卖成法，并请将权度营业特许法从缓施行"；农商部计划北京区域推行度量衡划一事务由权度检定所负责筹备办理，同时还计划1916年1月起再增设天津、上海、汉口、广州等四处权度检定所以筹备办理京外推进度量衡划一的事务。但是，事与愿违，当时的现实情况是，第一，"权度制造所仅有北京一处"，对于推行度量衡划一所需的度量衡器具"恐供不应求"，已至使北京地区使用新制度量衡器具的期限被迫延长到1917年1月；第二，即使立即增办官方的权度制造厂，也因财力有限而不能马上建成。鉴于此，1916年11月农商部提出"目前增设官厂，公家财力既有弗胜，亟应因势利导仍许商民遵照权度营业特许法于北京市施行区域内设厂制造庶几新器日多，推行自易"[2]。可见，农商部的做法有些"搬起石头砸自己的脚"，从农商部呈文中所述"权度营业特许法虽已在北京市施行，而商民尚未有来部禀请设厂者"[3]，可以看出1915年9月本应在北京地区施行的《权度营业

---

[1]《山西全省权度检查执行规则》·《山西工商公报》，1929年1月，第1期。
[2]《新编实业法令》，1924年5月，第163-164页。
[3]《新编实业法令》，1924年5月，第163-164页。

特许法》，因官方秉承着"专卖"的想法，一时间并未切实努力地推进、施行。

《权度法》《权度法施行细则》以及《权度营业特许法》等均对度量衡营业有具体规定，主要内容包括：对度量衡器具制造、贩卖及修理等营业施行特许制，须缴纳保证金［申请从事贩卖度量衡器具的，不需要缴纳保证金］、领取特许执照、并购买相关度量衡标准器，执照有效期限通常为15年；制造、贩卖、使用的度量衡器具必须接受检定、检查；如果营业上使用的度量衡器具拒绝接受检查的，则要处以百元以下罚款；如果无特许执照，私自经营制造、贩卖或修理度量衡器具业务的，则要处以五百元以下罚金；如果度量衡营业涉及犯罪的，还要依照刑律予以处罚。

1.《权度法》中对度量衡营业的有关规定

《权度法》中对度量衡营业的有关规定如下[1]：

第十二条　公私交易、售卖、购买、契约、字据及一切文告所列之权度，不得用第三条所规定以外之名称。

第十四条　全国公私用之权度器具，非依法令检定后，附有印证者，不得贩卖使用。前项检定之程序，以教令定之。

第十五条　人民欲以制造权度器具为业者，须禀请农商部特许。人民欲以贩卖或修理权度器具为业者，须禀请该管地方官权度营业之特许，别以法律定之。

第十六条　凡营业上使用之权度器具，须受检查。前项检查之程序，以教令定之。

第十八条　凡经特许制造贩卖或修理权度器具之营业者，有违背本法之行为时，该管官署得取消或停止其营业。

第二十条　违反第十六条之规定，拒绝检查者，处以百元

---

[1]《权度法》·沈家五《张謇农商总长任期经济资料选编》·南京：南京大学出版社，1987年，第235-242页。

以下之罚金。

第二十一条　违反第十二条之规定者，处以五十元以下之罚金。

第二十二条　除本法之罚则外，关于权度器具之制造、贩卖、修理及使用之犯罪，依刑律之规定处罚。

2.《权度法施行细则》中对度量衡营业的有关规定

《权度法施行细则》中对度量衡营业的有关规定如下[1]：

第三十三条　各地方自奉到颁发地方标准器，满四个月后，不得再行制造或贩卖不合于权度法及本细则所规定之权度器具。

第三十七条　各种权度器具制造后，应受权度检定所或办理权度事务之官署之检定。

3.《权度营业特许法》的制定及具体条款

依据《权度法》第十五条，"……权度营业之特许，别以法律定之"的规定，北京政府于1915年1月7日公布了《权度营业特许法》（见文2-10）并决定于1915年9月1日起在京师地区施行。度量衡营业除了度量衡器具贩卖外，从事制造和修理度量衡器具的，均须缴纳保证金。从事度量衡器具修理的，无论修理何种度量衡器具，保证金一律30元。从事度量衡器具制造的保证金额度则要视制造度量衡器具的种类不同而有所不同。表2-14为权度营业特许管理一览表。

表2-14　权度营业特许管理一览表

| | | 度量衡器具制造 | 度量衡器具贩卖 | 度量衡器具修理 |
|---|---|---|---|---|
| 特许执照 | 核准 | 农商部 | 地方行政长官 | 地方行政长官 |
| | 颁发 | 农商部 | 农商部 | 农商部 |
| | 备案 | — | 农商部 | 农商部 |
| | 期限 | 15年 | 15年 | 15年 |

[1]《权度法施行细则》·《中华民国法令大全补编》·上海：商务印书馆，1917年。

续表

| | | 度量衡器具制造 | 度量衡器具贩卖 | 度量衡器具修理 |
|---|---|---|---|---|
| 特许执照 | 吊销 | "受四等有期徒刑以上之刑者；受破产之宣告者；依权度法第二十二条之规定受刑法之宣告者"；"取消其营业之特许者，并没收其保证金" | | |
| 特许营业保证金 | 度器 | 100 元 | — | 30 元 |
| | 量器 | 100 元 | — | |
| | 衡器 | 200 元 | — | |
| | 度、量、衡器 | 300 元 | — | |
| | 度、衡器 | 250 元 | — | |
| | 量、衡器 | 250 元 | — | |
| | 度、量器 | 150 元 | — | |
| 不予权度营业特许的情况 | | "受五等有期徒刑以上之刑执行尚未终了者；受破产之宣告者；褫夺公权者；依权度法第二十二条之规定受刑法之宣告自执行终了之日或免除执行之日起尚未经过一年者；依本法及权度法之规定受权度营业特许之取消处分后尚未经过一年者"等 | | |
| 对无权度营业特许而营业的处罚 | | "无特许执照私营制造贩卖或修理权度之业者处以五百圆以下之罚金" | | |
| 是否需要承领标准器 | | 是 | — | 是 |

文 2-10 《权度营业特许法》[1]

1915 年 1 月

　　第一条　制造权度之营业，须禀请农商部核准，发给特许执照。贩卖或修理权度之营业，须禀请地方行政长官核准，发给特许执照，

---

[1] 《权度营业特许法》·农商部参事厅《农商法规汇编》，1918 年 3 月。

并转达农商部备案。第二项之特许执照，由农商部颁发。

第二条 权度营业之特许，自发给特许执照之日起，满十五年为期。前项期满后，如顾继续营业者，须依第一条之规定办理。

第二条 受制造或修理权度营业之特许者，须依下列各款缴纳保证金后，方得开始营业。（一）制造度器者一百元；（二）制造量器者一百元；（三）制造衡器者二百元；（四）修理度量衡器者三十元。

第四条 兼营度量衡器制造业者，得依下列各款缴纳保证金。（一）制造度器、量器及衡器者三百元；（二）制造度器及衡器者二百五十元；（三）制造量器及衡器者二百五十元；（四）制造度器及量器者一百五十元。

第五条 前两条之保证金，得以国债票及农商部认定之有价证券充之。

第六条 保证金应于第二条特许期满或虽未届期满而自行停止营业时发还之，并附以每年三厘之利息。前项之利息，以缴纳现金者为限。

第七条 依本法或权度法之规定，取消其营业之特许者，并没收其保证金。

第八条 制造或修理权度营业之特许者，须备价承领标准器。

第九条 有下列各款情事之一者，不得受权度营业之特许。（一）受五等有期徒刑以上之刑，执行尚未终了者；（二）受破产之宣告者；（三）褫夺公权者；（四）依权度法第二十二条之规定，受刑法之宣告，自执行终了之日或免除执行之日起，尚未经过一年者；（五）依本法及权度法之规定，受权度营业特许之取消处分后，尚未经过一年者。未成年者或禁治产者，由法定代理人禀请权度营业特许者，其法定代理人，有前项各款情事之一时，亦依前项之规定办理。

第十条 已受权度营业之特许者，有下列各款情事之一时，应取消其特许。（一）受四等有期徒刑以上之刑者；（二）有前条第二款或第三款之情事者；（三）依权度法第二十二条之规定，受刑法之宣告者。

第十一条　无特许执照私营制造、贩卖或修理权度之业者，处以五百元以下之罚金。

第十二条　本法施行日期，以教令定之。

### （五）官用度量衡

为规范官用度量衡器具的管理，1915 年 2 月 15 日北京政府公布了《官用权度器具颁发条例》。该条例规定官用度量衡器具一律应由农商部颁发，并由使用机构照价购领；官用度量衡器具也均须接受检定和检查。

在《官用权度器具颁发条例》（见文 2-11）中专门提及了"牙行"及其所涉及的度量衡器具问题。"牙行"指"中国旧时为买卖双方说合交易并抽收佣金的居间商行。明清规定设立牙行须经官府批准，所领凭证为牙帖，领贴缴帖费，每年缴纳银，称牙税。通商港口经营对外贸易的商行也是牙行，宋有'牙侩[kuài]'、元有'舶牙'，清有'外洋行'"。牙行也可指"牙商的行会组织"[1]。明清时期，领有户部颁发牙帖者称为"官牙"，领有司帖、厅帖、县谕或仅有县给腰牌的牙商称为"私牙"。民国时期，牙行又有"行栈""货栈"等称呼，其牙帖由各省财政厅颁发，凡领有牙帖者称为"官牙"，未领有牙帖且私自"跑合"的被称为"私牙"。明清以前，涉及牙行的纠纷中，很大比重的纠纷就是有关度量衡问题的纠纷。因为那时，经常出现牙商私自制造斛、斗、秤、尺等度量衡器具并用其谋取利益的情况。到了明清时代，政府加强了对牙行私造度量衡器具的管控和惩戒，之后牙行的度量衡纠纷事件才逐步减少，如清末农工商部在其拟订的《推行画[划]一度量权衡制度暂行章程[四十条]》

---

[1] 夏征农《辞海（第 4 卷）》·上海：辞书出版社，2009 年，第 2 618 页。

中就曾指出，"各省颁部贴开设之牙行，均当领用度量权衡新器……如有代客买卖之货，均当以新器确实折合旧器之多少申算价值，如有故意混淆致商民不便者，查出严惩并吊销部贴以后不准再允牙行……"[1]。民国以后，北京政府也在《官用权度器具颁发条例》中专条强调"牙行"的度量衡器具问题，这应该有加强对牙行度量衡器具管理，杜绝私造度量衡器具的考虑。

文 2-11《官用权度器具颁发条例》[2]

1915 年 2 月

第一条　中央及地方官署，应以农商部颁发之权度器具为准则。

第二条　应行颁发权度器具之官署，由农商部咨询主管各部及地方最高行政长官定之。

第三条　前条各官署，应依农商部所定权度定价表，将价银解交国库，仍分报农商部、财政部。

第四条　农商部接到前条之报告时，应依请领之权度器具，即行颁发。

第五条　各官署所管事务，限于一部分者，得声叙理由，择定权度器具之种类及件数请领。

第六条　各官署之权度器具，应依权度法及权度法施行细则，受权度检定所或办理权度事务官署之检查。

第七条　依前条之规定，检查后认为不合格者，应缴由农商部饬令权度制造所修理。前项之权度器具，亦得由该官署自行交营修理权度器具业者修理，但修理后之覆［复］查，应依权度法施行细则之规定行之。

第八条　各官署之权度器具检查后，认为不堪修理或覆［复］查

---

［1］《会议政务处奏议覆农工商部等奏会拟画一度量权衡图说总表及推行章程折》·《东方杂志》，1908 年，第 10 期。

［2］《官用权度器具颁发条例》·《中华民国法令大全补编》·上海：商务印书馆，1917 年。

后，仍不合格者，应将该器具缴回农商部，再行请领同种之器具。依前项之规定，再行请领权度器具时，适用第三条至第六条之规定。

第九条　本条例施行前，中央及地方官署所存之权度器具，应一律送交农商部。前项权度器具之处置方法，由农商部定之。

第十条　本条例施行前，各省领有帖照之牙行所用权度器具，准该管地方官署用器论。前项牙行应领之权度器具，应禀由该管地方官署请领，依第三条至第六条之规定行之。

第十一条　牙行违反前条之规定者，应由该管地方官署撤销其贴照。

第十二条　本条例施行日期，别以教令定之。

# 第四节　北京政府度量衡划一改革的局部成效及改革失败的原因分析

## 一、度量衡划一改革的局部成效

北京政府的度量衡划一改革总体上说是以失败告终的。但是，客观地评价，其至少还有三点积极意义。第一，民国肇始，百废待兴，北京政府认为度量衡划一改革是谋求振兴实业的重要手段之一，应该说这个认识是正确的、积极的。如前文所述北京政府至少围绕《权度法》初步构建了度量衡划一改革法规制度的基本框架体系。其实不仅如此，北京政府在国家根本大法——宪法的制定上，也没有忘记度量衡，如"1922年8月草拟的《中华民国宪法草案》、1923年10月公布的《中华民国宪法》以及1925年起草的《中华民国宪法草案》中均在事权、立法权上规定度量衡属于国家"[1]。第二，民国初年度量衡划一改革，尽管未能在全国范围内全面、有效、切实地推行，但至少在北京、山西等地还是取得了一定的效果。第三，北京政府推进度量衡划一改革的实践，无论是成效、经验，还是教训、歧途，均为南京政府再次推进度量衡划一改革提供了非常重要的实践参考和借鉴。

## （一）北京地区

《权度法》公布以后，1915 年 6 月农商部呈报了《推行权度新制请先指定京师为试办区域酌拟进行方法并连同标准暨图样清单呈请训示施行》文，文中指出北京"……为首善之区，民智较为开通，警政尤称完备，宜首先提倡，树之风声，拟先指定为试办区域……"[2]。为此，北京政府要求农商部负责筹办北京地区划一度量衡推行的各项工作。农商部专门设立了"京师准行权度筹备处"，处长由农商部直接派员担任，并商由京师警察厅派员兼任该处副处长；同时选用调查人员，制造度量衡器具。按照 1915 年 6 月 24 日公布的《权度法及其附属法令施行日期令》规定，《权度法》《权度营业特许法》《权度法施行细则》及《官用权度器具颁发条例》自民国四年［1915 年］九月一日于京师区域施行；并且考虑到"惟京师区域较小，耳目易周"[3]，故将《权度法施行细则》中规定的旧制度量衡器具使用年限缩短一年，以期"早收统一整齐

---

[1]　吴承洛《度量衡在各国宪法上之地位》·《工业标准与度量衡》，1934 年，第 1 期。

[2]　《农商部呈推行权度新制请先指定京师为试办区域酌拟进行方法并连同标准暨图样清单呈请训示施行文》·《广东公报》，1915 年 7 月 6 日，第 894 号。

[3]　《农商部呈推行权度新制请先指定京师为试办区域酌拟进行方法并连同标准暨图样清单呈请训示施行文》·《广东公报》，1915 年 7 月 6 日，第 894 号。

之效"[1]，即 1916 年 9 月 1 日起禁止在北京地区使用旧制度量衡器具。为进一步落实和推动上述度量衡划一工作，1915 年 12 月农商部会同内务部还制定了《北京市权度检查执行规则》并实施。

当时至 1916 年 7 月北京地区旧制度量衡器具使用期限即将到期之时，京师内仍有不遵守规定的商贩，他们用肩挑手提的方式，走街串巷，贩卖私制的度量衡器具，"游行各处，踪迹无定，于权度推行，划一事宜大有妨碍"；而且商、民使用旧制度量衡器具的时日长久，已养成习惯，加上对新制度量衡器具的推广还不甚了解，"意存观望"者不少，眼看原计划 1916 年 9 月 1 日起北京地区禁止使用度量旧器的目标已经很难按期实现。为此，农商部采取了一定的应对措施：第一，农商部考虑到权度检定所虽设有稽查员一人，但一人稽查"实有不逮"，为有效查处私制或挑卖不法度量衡器具的情况，特请求京师警察厅转饬各区署警察严厉查处此项私制或挑卖权度器具者[2]。第二，为在商民中推行新制度量衡器具，增加商民对新制度量衡的了解，农商部权度检定所还借助京师警察厅的力量，广泛张贴布告，晓谕商民[3]。第三，为扭转商民使用旧制度量衡器具的顽习，农商部权度检定所曾"致函警察总监饬令各区署选派干警先往各铺劝告"，再由权度检定所"派员检查，以免误会"[4]。第四，农商部还不得不将北京地区允许使用旧制度量衡器具的时限顺延四个月至 1916 年 12 月 31 日。并且为了减少阻力，促使商、民使用度量衡新器，农商部随后又拟订办法允许用旧制

[1]《农商部呈推行权度新制请先指定京师为试办区域酌拟进行方法并连同标准暨图样清单呈请训示施行文》·《广东公报》，1915 年 7 月 6 日，第 894 号。

[2]《农商部致京师警察厅总监函》·《政府公报》，1916 年 11 月 23 日，第 319 号。

[3]《分期收集度量衡》·《晨报》，1917 年 1 月 5 日，第 7 版。

[4]《劝用新式权度》·《晨报》，1918 年 2 月 22 日，第 6 版。

度量衡器具换领新制度量衡器具，也就是说营业上使用的旧制度量衡器具，分出"度""量""衡"不同的旧器类别，自1917年1月起，度器一个月内、量器两个月内、衡器三个月内分别予以分类收集、换用。第五，考虑到北京市面的旧制度量衡器具种类繁多、大小各异，权度制造所还制定了新、旧制度量衡器具的折算表，自新制度量衡器具施行之日起均要对照该折算表折算进行交易。

经过几年的努力，北京地区市面上商铺所用的"度器"逐渐得到了划一，主动购买新制"量器"和新制"衡器"的商、民数也不断增多。不过，由于当时军阀混战、政局不稳，北京地区的度量衡划一改革并没有完全达到预期的效果。鉴于此，为继续推行北京地区的度量衡划一工作，1923年，农商部曾重新规划北京地区"量器"和"衡器"的划一工作，后经北京政府国务会议决定，将1923年5月1日定为北京地区施行划一"量器""衡器"的日期。应该说，自1915年至1923年，北京政府经过多年的努力，勉强实现了北京地区度器、量器、衡器的基本划一[1]。

## （二）山西地区

山西是商贾重地，其旧有的度量衡器具非常复杂，为了便于商业使用，贸易往来，亟待推进度量衡的划一工作。为了推进山西地区的度量衡划一，山西建立了推进度量衡划一的专门机构；制定了推行章程和办法并着手实施；编印了教材用以训练检定人员和度量衡器具制造工匠等专门人员；订购和制造了新制度量衡器具。具体来说主要是：第一，《权度法》公布后的第四年，山西省拟订了推行度量衡划一的各项章程，经农商

---

[1]　吴承洛《中国度量衡史》民国沪上初版图书复制版·上海：三联书店，2014年，第324页。

部核准，由山西省公署着手筹办。第二，商请农商部从所属权度检定所调用专业检定人员赴晋，并设立划一权度处"作为制造标准砝码、量端器、升、斗及统一全省权度的机关"[1]。第三，研究确定并公布了山西省度量衡划一的推行日期，将"度""量""衡"三项划一分别在1919年7月、1919年8月、1919年9月三个月依次推进。推行中，先行对各县旧制度量衡器具予以调查并做比较，摸清底数，呈报农商部颁发检定和制造用的度量衡标准器；对于新制度量衡器具的供给，则一方面向农商部权度制造所订购，一方面招商承造。第四，对于各县从事旧制秤业的秤工，饬令各县先后选派了100余名秤工送至权度制造所实习训练，实习期满考试合格后，送回原派各县专司修制各种衡器。第五，组织力量编制度量衡器具制造法的教材，作为各商号承造新制度量衡器具时参考学习之用的工具书。第六，为了满足度量衡器具检定的需要，还饬令各县选派一人到省，由省划一权度处编印讲义，分班授课，学习期满后，分派回原县作为专业检定员从事旧制度量衡器具的取缔、新制度量衡器具的推行及新、旧制度量衡器具折合等工作。第七，依据农商部法令要求，制定山西省的《推行权度办理程序》《权度营业特许暂行规则》《全省权度检查执行规则》《各县权度检定生办事细则》等法规制度并予以贯彻实施，使山西省各县在推行程序、取缔旧制度量衡器具、推行新制度量衡器具等步骤上基本协同一致。特别是对于度量衡器具的检查，无论公用还是营业用度量衡器具均须检查，检查不合格但可修理的，责成修理后复查，复查仍不合格或检查后直接认为不堪修理的度量衡器具则不得再使用。第八，新制度量衡依次推行后，山西省还

---

[1] 方伟《民国度量衡制度改革研究（博士论文）》·安徽大学，2017年1月，第60页。

组织专人严密考察各县是否能够遵章办理等。上述措施的实施，使山西省的度量衡划一工作继北京之后可谓"推行成绩，颇有可观"[1]。

### （三）其他地区

除了北京、山西等地区推行度量衡划一改革工作有一定的成效外，其余各省也做了一些工作。

#### 1. 广东

北京政府时期，国内政局并不稳定，南方各省与北京的中央政府时有冲突。至1915年年底，当袁世凯帝制活动达到高潮之时，各种反袁势力汇合成为一场声势浩大的护国战争。到1916年6月，已有云南、贵州、广西、广东、浙江、陕西、四川、湖南等省宣布独立[2]。这其中，广东作为孙中山革命活动的重要根据地，其地位尤显重要和特殊。1917年9月，以孙中山为大元帅的军政府在广州成立；1921年5月，孙中山在广州组建中华民国政府并就任非常大总统；之后孙中山进行整军，设立大本营及下属机构。1922年1月，公布的《大本营条例》规定，大本营是陆海军大元帅于战时执行最高统帅事务而设立的机构；1922年2月3日，孙中山以大元帅名义发布命令，出师北伐[3]。孙中山去世后，1925年7月1日，广东革命政府由大元帅府改组为国民政府[4]。

---

[1]　吴承洛《中国度量衡史》民国沪上初版图书复制版·上海：三联书店，2014年，第325-326页。

[2]　张宪文等《中华民国史（第1卷）》·南京：南京大学出版社，2013年，第167-229页。

[3]　张宪文等《中华民国史（第1卷）》·南京：南京大学出版社，2013年，第420-422页。

[4]　张宪文等《中华民国史（第1卷）》·南京：南京大学出版社，2013年，第537页。

广东的度量衡改革于 1924 年 2 月经大元帅批准，由大本营建设部以北京政府及农商部公布的《权度法》《权度营业特许法》《权度法施行细则》等法律法规为蓝本进行修订后公布实施，即"本部业经呈准大元帅明令，自本年六月一日起在广州市内实行民国四年［1915 年］公布之权度法及其附属法令，采用万国权度通制为标准，利便国际贸易，而习惯所用尺、寸、斗、斤、两诸名称，准仍其旧，以便使用，法善意美，有利无弊"。广东当时设有权度检定所，1924 年 4 月 5 日由大本营建设部公布《大本营建设部权度检定所暂行章程》（见文 2-12），以图推行度量衡的划一改革。权度检定所曾发布布告称"权度制造店应一律依新颁法规改制新器，以备六月一日起发售。其旧有各器，准照数申报，候本所派员检真刻印……并制便获尺标准器，以便各商店备价领用，以资模范……兹先给权度法规一本，仰制造店一体遵照……依法制造，以便发售"[1]。但是，鉴于时局变化，权度检定所设立不久就被裁撤了。

文 2-12《大本营建设部权度检定所暂行章程》[2]

1924 年 4 月

第一条　权度检定所隶属于建设部，掌检定及查验各种权度器具事务。

第二条　权度检定所置职员如左：（一）所长；（二）检定员；（三）事务员。前项职员得以部员充任之。

第三条　所长承建设部长之命综理全所事务，监督所属职员。

第四条　检定员承所长之命分理事务如左：（一）关于副原器、标准器之检定、查验及鉴印事项；（二）关于官用、民用权度器具之检

---

［1］《广州采用万国权度法》·《上海总商会月报》，1924 年 6 月，第 4 卷第 6 号，第 7-8 页。

［2］《大本营建设部权度检定所暂行章程》·《陆海军大元帅大本营公报》，1924 年 4 月，第 10 号。

定、查验及鉴印事项。

第五条　事务员承所长之命分理事务如左：（一）关于收发撰拟文件保管卷宗及典守关防事项；（二）关于编制统计报告及填写表册事项；（三）关于收支款项及编制预算、决算事项；（四）关于管束仆役及其他一切庶务事项。

第六条　检定员、事务之员额由所长酌拟呈部核定。

第七条　权度检定所任用职员时由所长呈部核准。

第八条　权度检定所因事务之必要，得置检定生、书记及其他雇员，其员额由所长酌拟呈部核定。

第九条　权度检定所每月须将所办事务详细报部以资考核。

第十条　权度检定所每月应将其上月支出计算书连同凭证单据呈部汇送审计局审查。

第十一条　权度检定所办事细则另定之。

第十二条　本章程自公布日施行。

1926年7月，广东省政府致函广州国民政府，提出以下申请：

第一，申请恢复度量衡检定等有关工作，在广东省实业厅内设立权度检定局，并拟订权度检定局分区表，拟将全省分为十三个区，每区设立一个权度检定局，再视条件依次建设。广东权度局分区表见表2-15。

表2-15　广东权度检定局分区表

| 十三区 | 所辖区域 | 设立权度检定局地点 |
|---|---|---|
| 省河 | 广州、番禺 | 广州 |
| 汕头 | 澄海、潮安、潮阳、揭阳、普宁、丰顺、饶平、大埔、梅县、镇平、兴宁、南澳、平远 | 汕头 |
| 上东江 | 惠阳、博罗、河源、海丰、陆丰、五华、永安、和平、连平、龙川 | 惠阳 |
| 佛山 | 南海、三水、四会、广宁 | 佛山 |

| 十三区 | 所辖区域 | 设立权度检定局地点 |
|---|---|---|
| 香顺 | 顺德、香山 | 陈村 |
| 下东江 | 东莞、增城、宝安、龙门 | 石龙 |
| 五邑 | 新会、台山、恩平、开平、赤溪 | 江门 |
| 两阳 | 阳江、阳春 | 阳江 |
| 西江 | 高要、新兴、鹤山、德庆、封川、开建、罗定、郁南、云浮 | 肇庆 |
| 高雷 | 电白、茂名、信宜、石城、徐闻、海康、遂溪 | 水东 |
| 钦廉 | 合浦、灵山、钦县、防城 | 北海 |
| 琼崖 | 全属（全境） | 海口 |
| 北江 | 南雄、始兴、连县、连山、阳山、乐昌、翁源、仁化、英德、清远、佛冈、花县、乳源、从化 | 韶州 |

数据来源：《中华民国史档案资料汇编（第4辑第2编）》·南京：江苏古籍出版社，1991年，第1 112-1 113页。

第二，关于设立权度检定局所需的经费，广东省政府申请在度量衡检定收入项下，提取四成收入用于开办权度检定局，其余六成依然上缴政府。

第三，拟订《广东实业厅权度检定分局章程》（见文 2-13）草案，申请批准。

文 2-13《广东实业厅权度检定分局章程》[1]

1926 年 7 月

第一条　权度检定分局，隶属于实业厅权度检定局，掌检定、查验所属各种权度器具事项。

---

[1]《中华民国史档案资料汇编（第4辑第2册）》·南京：江苏古籍出版社，1991年，第1 113-1 114页。

第二条 权度检定分局置职员如左:(一)分局长;(二)检定员;(三)事务员。

第三条 各权度检定分局分局长由权度检定局荐请实业厅长委任。

第四条 分局长承局长之命,综理全局事务,监督所属职员。

第五条 检定员承分局长之命分理事务如左:(一)关于副原器、标准器之检定、查验及鏊印事项;(二)关于官用、民用权度器具之检定、查验及鏊印事项。

第六条 事务员承分局长之命,分理局内收支款项,收发、撰拟文件,保管卷宗,编制预算、决算,统计报告,填写表册及其他一切庶务事项。

第七条 检定员、事务员之员额,由分局长酌定,呈由权度检定局核准,呈请实业厅加委。

第八条 权度检定分局,每月须将所办事务,详细报由权度检定局汇报实业厅,以资考核。

第九条 权度检定分局经费,由每月收入项下照章提成开支。

第十条 权度检定分局办事细则另定之。

第十一条 本章程自奉省政府核准之日施行,如有未尽事宜得随时修改呈请备案。

广州国民政府 1926 年 7 月以第 523 号批文批准广东省政府上述请求,即"呈悉。准如所请办理,仰即转饬知照。此批"。[1]

吴承洛对广东地区在北京政府时期的度量衡划一工作,曾在《中国度量衡史》中做出"毫无成绩"[2]的评价。南京政府成立后,吴承洛曾亲自赴广东等地视察过两次度量衡划一改革情况。第一次是 1929 年 10 月至 1929 年 11 月,吴承洛视察后

[1]《中华民国史档案资料汇编(第 4 辑第 2 册)》·南京:江苏古籍出版社,1991 年,第 1 114 页。

[2] 吴承洛《中国度量衡史》民国沪上初版图书复制版·上海:三联书店,2014 年,第 326 页。

认为，"[广东] 省府原设有权度检定局，正待中央新颁法律及推行办法，准备改行新制。权度检定局于国民革命进展时期采用北京政府之权度法进行，多未照章实施，检定流弊滋多"。第二次是 1934 年 10 月，吴承洛视察后认为，广东的度量衡划一工作 "1930 年间曾经开始进行，中因政变停顿，省方历次要办而限于西南政务委员会之不能核准，惟商人方面因邻省如广西、福建、湖南已推行，又与上海、天津来往亦多用新制，故希望迫切"。吴承洛要求，"拟具恢复度政切实办法，请省方务必排除障碍以期全国一致"[1]。

2. 广东以外的其他地区

除了广东以外，北京政府时期还有一些地区也做了一些度量衡划一工作，但收效甚微。举例如下：第一，云南。云南省在昆明及较为繁华的大县推行度量衡划一改革有一定的效果。该省在标准器颁发到省时曾经拟订有关颁发章程和《云南权度制造及检定规则》，按期分区依次推行。新制度量衡器具均由官办工厂制造，经云南省实业厅检查后发售。1918 年 12 月，云南省有关机构鉴于云南省度量衡 "官吏有缘此罔利营私，人民有因此口角滋事" 的混乱局面，曾建议云南省政府设局专司整理、划一本省度量衡事务[2]。第二，河北。河北省 1925 年才设立省权度检定所，还曾拟订过统一度量衡的规则。第三，河南。河南省在 1921 年拟订过度量衡划一的简章并计划设立权度制造所及权度检定所。第四，山东。山东省于 1927 年才在省实业厅内设立了统一度量衡筹备处，计划第一年开展调查、设所传习等工作，第二年开始制造和推行等工作。第五，浙江。浙江省

---

[1] 吴承洛《划一全国度量衡之前瞻与回顾》·《工业标准与度量衡》，1937 年，第 3 卷，第 8-9 页。

[2]《呈请云南省长公署设局整理滇省权度文》·《云南实业改进会季刊》，1919 年 3 月，第 1 卷。

1925年呈准设立了省检定传习所，还招考了100多人进行培训，但后因发生政变而夭折。第六，福建。福建省于1925年设立了本省划一权度处，专司推行度量衡划一事宜。

## 二、度量衡划一改革失败的原因分析

### （一）缺乏稳定环境

一项政策要想稳步地推行、实施、落地并取得实效，稳定的政治环境和社会环境是必不可少的，也是首当其冲的。民国初年即开始筹备、推进的度量衡划一改革，从后续的实践看，恰恰缺少的就是稳定的政治环境和社会环境，突出表现在以下方面。

1.政治扭曲、政权频迭

北京政府其实只是一个表面上、形式上统一的政府，它实际上是由军阀操纵，实行军事专制统治的工具。这种军阀专制统治，有时是由一个实力最强的军阀派系控制中央政权。有时则是由几个军阀派系共同控制中央政权，但最终还是转由一个更强的军阀派系独自控制局面。在这种情况下，共和政体的总统、国会、内阁、司法等职务和权力就不可避免地被扭曲。地方势力对中央政权也日益离心离德，并公开对中央政府的决策唱反调，打着"地方自治"的旗号，割据分权[1]。袁世凯死后，国家出现"直、皖、奉系军阀三雄鼎立、轮流执政，其他地方军阀偏安一隅，力求自保的局面"[2]。民国大总统［或代理大总统］先后更换过黎元洪、冯国璋、徐世昌、曹锟等四人，而实际掌握国家大权的还有段祺瑞和张作霖。政府内阁的更迭更是

---

[1]  张宪文等《中华民国史（第1卷）》·南京：南京大学出版社，2013年，第167-229页。

[2]  来新厦等《北洋军阀史（上册）》·上海：中国出版集团东方出版中心，2011年，第392页。

频繁，自 1912 年 3 月至 1928 年 6 月，先后有 30 多人出任过国务总理或国务卿。仅仅一个农商部自 1913 年至 1926 年一共就有 24 人次担任过总长[1]。国家政权、机构和部门领导人这样频繁地更迭，很难想象度量衡划一改革在这样的历史环境下能够被提升到什么重要的位置，度量衡划一改革的政策措施也难一以贯之。如 1920 年，农商部为推进度量衡划一改革，曾提出过四项措施，即"一是于各省实业厅下附设度量衡制造局，官督商办；二是限期废除旧有权度并先从牙行、商店入手；三是各地牙行、商店从旧有权度废止日始，一律行用度量衡制造局所生产的权度器具；四是重新严格制定取缔旧有权度及惩罚条例"[2]。但由于政权更迭、地方割据，各省并没有也不可能实实在在地贯彻农商部的上述四项措施。

2. 内战连绵、天灾不断

1912 年至 1927 年间，中国的内战连绵不断且战争规模不断升级，若以 1917 年内战的动员指数［即把国家武装力量由和平状态转入战时状态的有关指数］为 100 的话，那么 1918 年就上升到 181，而到了 1920 年已升为 218，1922 年继续升级为 409，到 1924 年则已经比 1917 年升级了近八倍达到 818，北京政府行将垮台前的 1926 年内战的动员指数更是飙升到 1 090。在内战不断的这个期间，天灾也接踵而来。据统计，全国共发生了122 省次自然灾害，平均每年有 7.6 个省区受灾，灾民总数超过1.2 亿，年平均灾民达到 763 万多人，死亡人数达到 3 000 万人以上[3]。不难想象，在如此严重的天灾人祸的影响下，政府怎么

---

［1］　方伟《民国度量衡制度改革研究（博士论文）》·安徽大学，2017 年 1 月，第64 页。

［2］　《统一度量衡之先声》·《申报》，1920 年 12 月 17 日。

［3］　张宪文等《中华民国史（第 1 卷）》·南京：南京大学出版社，2013 年，第467 页。

可能腾出较大的精力、物力、财力、人力去推动度量衡的划一改革呢？

### （二）缺乏资金支持

北京政府时期，军阀割据造成中央政府对全国的掌控能力大大下降。由于中央政府无法从地方取得上缴的财政收入，直接导致中央政府财政支出捉襟见肘，入不敷出。即使如此，中央政府有限的经费也多被用于军费支出和债务偿还。全国军队"1914 年为 45.7 万人，1918 年为 85 万人，1919 年为 138 万人，1923 年为 160 万人"[1]，军队扩张、战乱不断，导致军费开支占国家财政支出比重逐年攀升。面对军费等各项支出的严重加大，北京政府又不顾担保条件和偿还能力，长期仰赖借债度日，导致恶性循环、挖肉补疮。北京政府的财政状况乃是"楚歌之中，又起楚歌"[2]。表 2-16 为 1917 年至 1925 年北京政府主要支出表。

表 2-16　1917 年至 1925 年北京政府主要支出表

| 主要支出类别 | | 1917年 | 1918年 | 1919年 | 1920年 | 1921年 | 1922年 | 1923年 | 1924年 | 1925年 |
|---|---|---|---|---|---|---|---|---|---|---|
| 岁初总数（万元） | | 13 065 | 23 982 | 21 231 | 20 698 | 21 770 | 18 780 | 17 182 | 14 914 | 9 969 |
| 军费开支 | 额度 | 8 393 | 13 753 | 11 299 | 10 773 | 9 799 | 7 289 | 4 844 | 2 937 | 5 941 |
| | 百分比 | 64.2% | 57.3% | 53.2% | 52.1% | 45% | 38.8% | 28.2% | 19.7% | 59.6% |
| 偿债开支 | 额度 | — | 4 451 | 5 343 | 5 343 | 7 872 | 7 874 | 8 073 | 8 539 | — |
| | 百分比 | — | 18.6% | 25.2% | 25.8% | 36.2% | 41.9% | 47% | 57.3% | — |

[1]　杜恂诚《中国近代经济史概论》·上海：上海财经大学出版社，2011 年，第 223 页。

[2]　张宪文等《中华民国史（第 1 卷）》·南京：南京大学出版社，2013 年，第 438-439 页。

续表

| 主要支出类别 | | 1917年 | 1918年 | 1919年 | 1920年 | 1921年 | 1922年 | 1923年 | 1924年 | 1925年 |
|---|---|---|---|---|---|---|---|---|---|---|
| 政务费用 | 额度 | 4 672 | 5 778 | 4 589 | 4 581 | 4 099 | 3 617 | 4 265 | 3 438 | 4 029 |
| | 百分比 | 35.8% | 24.1% | 21.6% | 22.1% | 18.8% | 19.3% | 24.8% | 23.1% | 40.4% |

说明：政务费用在 1917 年和 1925 年数量及比例偏高是因为同期偿债开支统计阙如。

数据来源：贾士毅《民国续财政史（上册第 1 编）》·上海：商务印书馆，1934 年，第 111-114 页。

由此可知，主管度量衡划一改革的农商部及所属权度制造所等机构财政预算经费不可能充足，只能是左支右绌。1917 年至 1925 年农商部的经费预算分别是 109.4 万元、117.77 万元、119.2 万元、165.67 万元、163.55 万元、153.25 万元、141.98 万元、134.26 万元、116.9 万元[1]，这其中专门用于度量衡划一工作的经费估计少之又少了。如前文所述，制造新制度量衡器具、开展度量衡器具检定和检查等都是推进度量衡划一改革重要的工作步骤和环节，但是这些工作均因经费不足而不能彻底实施。如 1914 年 6 月，农商部曾在咨财政部的文中指出，"查权度制造所 1913 年度预算十五万七千余元，1914 年度预算四十一万七千余元，历来贵部所发该所之款不敷甚巨，每月由本部设法垫付，几不足维持现状"[2]。又如，1915 年农商部设立权度检定所后，曾计划在天津、上海、广州、汉口再设立四个检定分所，但"并未实行，则受制于经济问题"[3]。再如，北京地区 1915 年 9 月 1 日起施行新的《权度法》后，原本计划于 1916 年 8 月 31 日前，由权度制造所制造配齐所需新制度量衡器

[1] 齐海鹏等《中国财政史》·大连：东北财经大学出版社，2012 年，第 288 页。

[2] 《划一全国度量衡标准研究书》·《山东农矿厅公报》，1931 年 10 月。

[3] 《划一全国度量衡标准研究书》·《山东农矿厅公报》，1931 年 10 月。

具，废止全部旧制度量衡器具，但终因经费不足，不得不将废
止旧制度量衡器具、配齐新制度量衡器具的期限延展至 1917 年
1 月 1 日，这种情形正如农商部 1916 年 8 月在提案中所称，"因
本年二、三月以后，财政部于本部经费未能照发，该所［权度
制造所］制造之费因之减少。数月以来，虽经勉力支持，未至
停工，而成品之数已远在预算之下。现在酌量情形，业经呈请，
展期四个月至本年底为止，明年一月一日起再行废止旧器……
查该所预算每月应领八千三百余元，为数原属不多，成品［度
量衡器具］发售尚可陆续收回工本。且此项政务，系明定期限，
布告各行商家必须实行之事……徒以款绌器少，未能如期颁发，
实属憾事"[1]。

### （三）缺乏内生动力

北京政府推行度量衡划一改革，最终未能全面取得实效，
还有一个重要原因，就是推行度量衡划一改革的思路和方法失
当，专业技术人员相对匮乏，缺乏内生动力。

（1）北京政府推行度量衡划一改革，采取由北京地区先行
试验，再谋推广的方法，从后来的实践看这种方法并不得当。
度量衡是支撑生产、贸易、生活的手段和工具，试想若只有北
京地区采用度量衡新制，全国其他地区还使用度量衡旧制，那
么北京与其他地区如何进行便利的贸易往来呢？这无形中等于
将北京置于"孤岛"地位。

（2）《权度法》规定的甲制其实是完全沿袭了清末营造尺库
平制，虽然同时规定了万国权度通制也作为法定的乙制，但是
甲、乙两制之间的换算、折合非常复杂，不便应用，也不容易
记忆。

---

[1]《划一全国度量衡标准研究书》·《山东农矿厅公报》，1931 年 10 月。

（3）北京政府推行度量衡划一改革，对于所需要的专门人才准备并不充足，其只对国立北京工业专门学校的第一期毕业生进行必要培训后选取了 16 人作为度量衡检定员，他们与京师警察厅警察一同调查京师度量衡旧器、调查修理度量衡器具的店号，但这 16 人短期内无法满足全国度量衡划一的需要，甚至都很难满足北京地区的需要。

（4）既然是在北京地区先行先试度量衡划一改革，那么从所见的历史资料看，北京政府似乎并未在京外着力推进度量衡专门机构的建设，各种法律法规中涉及地方管理度量衡事务的机构，多数表述为"地方官署"或"办理权度事务之官署"或"地方官署委托的机关"。可见地方推行度量衡划一工作并没有各省一致的专门的机构。这样一来，度量衡划一改革的各项政令无法畅通，令行也不可能马上见效。即使是北京政府曾设想在天津、上海、汉口、广州设立的权度检定机构也因各种原因而流产。

上述情况，也正如吴承洛曾对北京政府度量衡划一改革的评价那样，"一误甲制标准沿用清室之旧。另一误是虽颇有划一的决心，而其计划都不是以全国为前提，只先以北京为试办区域，北京划一后，然后推广出去，再行划一津、沪、粤、汉四处。当时的检定员人数很少，只规定北京工专毕业生训练十数人，等到京师权度划一后，再调赴四埠，再等到四埠划一后，再行调赴他省，俟此省划一后，再行调赴另一省。这些方法都是错误，因为度量衡的器具是社会所公用，只求一部分的地区划一简直是等于不划一一样，所以方法不良，徒劳无效，至为可惜"[1]。曾任南京政府第二任全国度量衡局局长的成嶙也曾指

---

[1] 吴承洛《本所吴所长报告词》·《工商部全国度量衡局度量衡检定人员养成所第一次报告书》·南京：中华印刷公司，1930 年。

出北京政府度量衡划一改革失败的原因是政局混乱，方法失当，即"不料遇到袁世凯要想做大皇帝失败了，如是所有的计划全行搁置，从此以后，政治的局面一年不如一年，中央命令不出于都门，各省各自为政，故自民四［1915年］以至于民十七［1928年］，中间相隔十三年，划一度量衡终无找到适当的办法"[1]。

［1］ 成嶙《度量衡行政人员应有之认识》·《工商部全国度量衡局度量衡检定人员养成所第一次报告书》·南京：中华印刷公司，1930年。

# 第三章 1927年至1937年南京政府 度量衡划一改革

## 第一节 南京政府肇始度量衡状况

### 一、北京政府度量衡划一改革遗留的状况

二十世纪初，清政府组织的度量衡划一改革，非但没有实现度量衡的统一，反而因政权更迭，外强凌辱等原因，使得中国这一时期度量衡的混乱状况愈演愈烈。民国伊始，面对"各地的度量衡器具，匪独省与省异，县与县殊，即东家之尺较之西邻，有若十指之不齐"[1]的局面，社会各界和民众对度量衡划一的愿望非常强烈。自1912年3月起，北京政府着手开始谋划度量衡划一改革。民国三年［1914年］、民国四年［1915年］先后公布了《权度条例》《权度法》，确定了"甲""乙"二制，既引入了当时世界上为各国已逐渐接受并通行的万国权度通制，也结合中国当时的国情兼顾了旧有之营造尺库平制。围绕《权度法》的贯彻实施，北京政府还配套出台了《权度法施行细则》以及度量衡器具制造、贩卖、使用、检定、检查等一系列配套措施，在度量衡标准确定以及度量衡原器、副原器、标准器制作等方面也做出了一定的尝试。北京、山西等地的度量衡划一

---

[1] 吴承洛《划一全国度量衡之前瞻与回顾》·《工业标准与度量衡》，1937年，第3卷第8-9期。

实践也有一定的收效。上述这些实践，都为南京政府再次谋划度量衡划一改革奠定了一定的基础，也"做了很好地铺垫"[1]。但是，北京政府执政时期，时局动荡、军阀混战、财政拮据、政府机构和人员更替极其频繁，国家根本无暇、无力持续推进度量衡划一改革，"《权度法》渐渐成为一纸空文，统一全国度量衡的目标成为泡影"[2]。从实际效果看，北京政府留下的度量衡改革的成果是不彻底、不全面的，当然也绝谈不上全国范围内度量衡的完全统一，此可谓"迁延十余年……而全国度量衡之混乱也如故"[3]。

## 二、各界对度量衡划一改革的呼吁

随着北伐的节节胜利，国民党独占了北伐的胜利果实，并于1927年4月18日在南京成立国民政府。南京政府成立之初，为了"一可以立民信、二可以求统一、三可以求统计之精确、四可以奠科学之基础"[4]，社会各界"对于划一度量衡，殊有迫切需要"[5]。不少省市、部门以及商会等组织纷纷呼吁要求推进度量衡划一改革，统一度量衡标准和制度。如陕西省政府曾向国民政府呈文请求拟订并公布统一的度量衡制度，安徽省安庆市政府也曾呈文请求划一安庆市度量衡标准；再如，福建省政府在未向国民政府行文请示的情况下，直接将北京政府农商部

［1］　关增建等《中国近现代计量史稿》·济南：山东教育出版社，2005年，第77页。

［2］　关增建等《中国近现代计量史稿》·济南：山东教育出版社，2005年，第78页。

［3］　吴承洛《历代度量衡制度之变迁与其行政上的措施》·《工业标准与度量衡》，1934年，第2期。

［4］　吴承洛《历代度量衡制度之变迁与其行政上的措施》·《工业标准与度量衡》，1934年，第2期。

［5］　吴承洛《划一全国度量衡之前瞻与回顾》·《工业标准与度量衡》，1937年，第3卷第8-9期。

公布的涉及度量衡划一的法规制度修改后直接在省内予以推行，虽然办事程序上未请示国民政府，但可见地方政府推行度量衡划一的急切心态和诉求；还有上海市发生米业"轻斛"事件后，围绕度量衡问题激起较大风潮，上海的敦和鱼业公所、商民协会茶叶分会、蔬菜业公所、水果业公所以及商民协会米业分会等各有关商民团体都主动要求设法进行度量衡划一，并请求"菜摊用秤、绸布用尺所关民生者尤切，亦应一律先行整顿"。除了地方有度量衡划一的愿望和呼吁外，当时国民政府中央层面也不敢掉以轻心。第一，1928 年 5 月 15 日至 1928 年 5 月 27 日，在教育部召集的第一次教育会议上就提出了《请中央通令全国实行万国权度通制案》及《请通令全国教育界及学术界推行万国权度通制案》等议案。第二，1928 年 6 月 20 日至 1928 年 6 月 30 日，在上海举行的全国经济会议上也形成了关于尽早进行度量衡划一改革的议案，比如会议上形成了由天津总商会牵头提出的《宜统一度量衡以平贸易案》以及《拟请政府划一全国度量衡制度案》等议案。第三，1927 年秋，中国工程学会还组织度量衡标准委员会会同中国科学社、上海市公用局及农工商局共同研讨度量衡划一标准的问题。第四，南京政府工商部成立后，曾有徐善祥、吴承洛等人拟订的《采用以万国公制为标准之单一制并同时兼顾国民习惯与心理以划一全国度量衡意见书》《关于统一权度程序之商榷》等方案。第五，当时也曾有朱姓的国民党中央执行委员指出，"我国度量衡制之不划一，弊窦丛生，不独国家岁收受莫大影响，不肖官吏及奸宄〔guǐ〕之徒，复从中舞弊，出纳无常，国民经济受无穷亏损，又不独学术界及国家之统计有莫大困难，且妨建设事业之发展……"等[1]。

---

[1]《划一全国度量衡标准研究书》·《山东农矿厅公报》，1931 年 5 月。

### 三、度量衡不统一状态未显著改善

前文已述，北京政府的度量衡划一改革并没有能够彻底推进，仅在北京、山西等地做了尝试并勉强实现度量衡的初步划一。但就全国来讲，度量衡的混乱状态依然不容乐观，当时"中国旧日所用度量衡器具，大小轻重之间至为紊乱"[1]，"不但各省各县不同，就是同一地方、同一行业，也都相差很大"[2]。表 3-01 举例可说明单就度量衡器具的不统一，已足见南京政府成立之初度量衡的混乱程度。举例中度器量值的差别达到 15 倍之多，量器量值的差别达到 16 倍之多，衡器量值的差别也达到 8 倍之多。

表 3-01　南京政府初期度量衡器具不统一情况略表

| 分类 | 度量衡器具名称 | 折合万国权度通制（公分、公斗、公斤） |
|---|---|---|
| 度器 | 福州木尺 | 一尺合 19.916 73 公分 |
| | 北平公尺（部尺） | 一尺合 31.461 84 公分 |
| | 上海京尺 | 一尺合 33.566 4 公分 |
| | 海关尺 | 一尺合 35.767 53 公分 |
| | 河北武邑大杆 | 一尺合 283.716 公分 |
| 量器 | 广西贺县通行斗 | 一斗合 0.467 公斗 |
| | 汉口仙斛 | 每斛合 2.950 3 公斗 |
| | 广州米斗 | 一斗合 4.868 54 公斗 |
| | 山东荣城厢斗 | 一斗合 8.000 公斗 |

[1]《十年来之中国经济建设》·南京：南京扶轮日报社，1937 年，第 153 页。
[2] 王绍进《划一度量衡与国民经济建设运动》·《广东经济建设》，1937 年 4 月，第 124 页。

| 分类 | 度量衡器具名称 | 折合万国权度通制（公分、公斗、公斤） |
|------|------|------|
| 衡器 | 杭州炭秤 | 一斤合 0.285 公斤 |
| | 上海十两秤 | 一斤合 0.374 84 公斤 |
| | 上海八折秤 | 一斤合 0.457 14 公斤 |
| | 宁波福州秤 | 一斤合 0.535 公斤 |
| | 云南昆明十分戥 | 一斤合 0.588 公斤 |
| | 咸丰条约海关斤 | 一斤合 0.604 789 9 公斤 |
| | 河北藁城线子秤 | 一斤合 2.460 公斤 |

数据来源：王绍进《划一度量衡与国民经济建设运动》·《广东经济建设（月刊）》，1937 年 4 月，第 124-125 页。

## 第二节　南京政府度量衡划一改革筹划

### 一、《权度标准方案》

#### （一）度量衡标准讨论

南京政府成立之初，各界对度量衡标准讨论的热情很高。当时对度量衡标准讨论所形成的有代表性的观点归纳起来主要有以下几点[1]：

1.以费德朗、刘晋钰、陈儆庸等为代表，建议采用万国权度通制，也称 ABC 制

（1）尺度标准。1 正尺 =32.689 公分 =12 又 7/8 英寸，理由

---

[1]《划一全国度量衡标准研究书》·《山东农矿厅公报》，1931 年 5 月。

即"长度以三二·六八九公分为一正尺，计合英尺十二寸又八分之七寸，近于英尺之长，以十进"。

（2）地积标准。1正亩＝6 000平方正尺＝6.141 14公亩，理由即"地积以六千平方正尺为一正亩，等于六·一四一一四公亩"。

（3）容量标准。1釜＝1立方正尺＝34.930 56立方公寸，1盏＝1立方正寸＝34.930 56立方公分，1升＝3/100立方正尺＝1.047 9公升，理由即"容量以一立方正尺为单位称为一釜，合三四·九三零五六立方公寸，又称一立方为盏，合三四·九三零五六立方公分，此外一升定为百分之三立方尺，合一·零四七九公升"。

（4）重量标准。1正两＝34.929 6公分，1磅＝349.296公分，理由即"重量以三四·九二九六公分为一正两，三四九·二九六公分为一磅"。

2. 以钱汉阳、周铭、施孔怀等为代表，建议采用万国权度通制，但要在过渡期设立辅制

（1）尺度标准。1尺＝32公分＝1营造尺，理由即"度制即为旧部制一尺等于三二公分，即一公尺等于三·一二五尺，尺与公尺为八与二十五之比"。

（2）地积标准。1亩＝6 000平方尺＝1营造亩，理由即"亩制即为旧部制以六千方尺为一亩，即以十六亩二分七厘六毫，合一万方公尺，民国十六年［1927年］八月国民政府财政部曾训令各省市测量土地以公尺为标准之折合"。

（3）容量标准。1升＝1.035 468 8公升＝1营造升，理由即"量制旧部制营造升一升原等于一·零三五四六八八公升，今即以此为过渡单位与公升较，只少百分之三·五"。

（4）重量标准。1两＝37.5公分，1斤＝600公分，理由即"衡制我国出纳款项向以库秤为准，一两等于三七·三

零一公分，海关收税载在条约以关秤为准，一两等于三七·七八三一二五公分，因取二者平均约数为过渡衡制单位，计一两等于三七·五公分，一斤合十六两等于六百公分，斤与公斤为六与十之比"。

3. 以阮志明等为代表，建议采用万国权度通制，但以光速来简化过渡期旧制与万国权度通制的折算

（1）尺度标准。1尺=30公分=光速系数（光速≈3×10$^{10}$公分/秒），理由即"长度以光之速度系数为准，规定三公分为一寸，三零公分为一尺"。

（2）重量标准。1两=27公分=国（银）币一圆的重量（即7钱2分4厘），理由即"质量根据水之密度等于一以计算，以二十七（三之三乘方即为容积）公分为一两，等于银币一圆之重即七钱二分四厘，人人可有代用之标准"。

4. 以范宗熙等为代表，建议以标准大气压为基准创造新度量衡制

（1）尺度标准。1中山尺=1/2水银柱上升之高=28公分。理由即"长度以用科学方法试验大气在海水平面上所受标准压力，其水银柱上升之高度为七十六生的米突约为三十英寸，拟即以七十六生的米突之半即三十八生的米突为长度之标准，单位定为一尺之长称曰中山尺或中尺"。

（2）容量标准。1中山升=（76/8）$^3$立方公分=857.375立方公分，理由即"容量以七十六生的米突之八分之一（即九·五生的米突约为三·七五三英寸）……为容量之标准，单位定为一升之量，称曰中山升或中升"。

（3）重量标准。1中山斤=以中山升之容量盛百度表温度4摄氏度时之清水权得之重，理由即"重量即以中山升之容量暨百度表温度四摄氏度时之清水权得之重为重量之标准，单位定为一斤之重，称曰中山斤或中斤"。

（4）地积标准。1中山步=（2×76）$^2$平方公分=23 104平方公分，理由即"地积以二倍七十六生的米突之平方为一方步，以定测量地积之标准，单位称曰中山步或中步"。

5. 以徐善祥、吴承洛等为代表，建议采用万国权度通制并辅以按"一二三"折合的市用制

（1）尺度标准。1市尺=1/3公尺=33.333 3公分=1.041 7营造尺，理由即"长度以公尺之三分一长为我国之过渡尺，则一过渡时期之通用尺等于一·零四一七营造尺，其长度乃介于旧部营造尺与海关尺之间，苟以公尺折之为三，即为一过渡通用尺"。

（2）重量标准。1市斤=1/2公斤=500公分=13.41库平两，理由即"重量以公斤二分之一重为过渡通用斤，合一三·四一库平两，其重量介于英镑与槽秤之间，以十分之一斤为一两，即一过渡通用两等于五十公分，一斤等于五百公分"，此时徐善祥、吴承洛曾提出市用制1斤=10两，建议改变中国传统的1斤=16两的衡制。

（3）容量标准。1市升=1公升=0.965 7营造升，理由即"容量即以一公升为单位，与旧营造升相差至为几微"。

（4）地积标准。1市亩=6 000平方市尺=6.667公亩=1.085 069营造亩，理由即"地积以六千平方过渡通用尺为一亩，即以公亩合百分之十五过渡通用亩，而旧亩与新亩之比率为一六二八与一五零零"。

6. 以吴健、刘荫茀等为代表，赞同徐善祥、吴承洛的建议，但尺度和地积标准略有变化

（1）尺度标准。1新尺=1/4公尺=25公分，理由即"长度以公尺之四分之一为一新尺折算更为便利，即一新尺等于二十五公分，且中国最短之尺亦有等于二十四公分者，又法国亦有以公尺四分之一为便宜尺者"。

（2）地积标准。1 新亩 =10 000 平方新尺，理由即"亩制中国一亩原合六一四·四平方公尺，即为二四·七之平方积数，即约等于二五之平方积数，今新尺既以二十五公分为一尺，则以一万平方新尺为一新亩，与旧亩之面积相差至为几微，又系完全与十进制相符"。

7. 以高梦旦、段育华等为代表，赞同徐善祥、吴承洛的建议并认为市用尺名称应改为暂用尺，以表示非永久性

他们的理由即"极端赞同徐善祥、吴承洛之建议，以为所拟与旧习惯既略相近，与公制［万国权度通制］又有最简单之比例，极易记忆，此制果能实现，无形养成米突制之观念，推行自易且后来改用米突制时度量衡用具不必更张，于经济上亦大有关系，并提及日本正在满街张贴推行米突制之图书文告，又计亩方法以六千平方尺为宜，每公顷等于十五新亩，所差亦至几微，至于新里应为一千五百尺，即一公里等于二新里。又新制既系暂用，似可称为暂用尺或临时尺，以示无永久性质"。

8. 以陈微庸等为代表，建议采用以万国权度通制为整数折合之比，同时建议新制需较长或较大

（1）尺度标准。1 新尺 =40 公分，理由即"度器以新尺等于四十公分为单位，与营造尺比较长五分之一，与裁尺比较长十分之一，用以折合物价只须加一计算……里制采用公制［万国权度通制］，即以公里计，合二千五百尺"。

（2）地积标准。1 新亩 =4 800 平方新尺，理由即"亩制旧亩制以六千方尺为一亩，今以新尺计算合四千八百方尺为一亩，即以此数为亩之单位，可免折合之繁"。

（3）容量标准。1 新升 =1 公升，理由即"容量采公升之容量为新升之单位"。

（4）重量标准。1 新两 =40 公分，1 新斤 =400 公分，理由

即"衡器按旧衡器以两为单位，并非以斤为单位，今拟以新两等于四十公分，较槽秤两大十分之一，取十进制，以四百公分为一斤，较秤斤小四两四钱，以之折合物价亦颇便利"。

9. 以钱理等为代表，反对采用万国权度通制，主张度、量、衡 3 种单位制度的联贯

（1）尺度标准。1 新尺 =0.400 054 23 公尺 =1.25 旧部尺，理由即"长度拟以最近测定地球子午线一亿分之一为度之单位，子午线为四零零零三四二三公尺，今以零·四零零零三四二三公尺即合旧部尺一·二五尺为一新尺"。

（2）地积标准。地积面积 =10 000 平方尺 =16.000 27 公亩 =2.605 旧亩，理由即"地积以百尺之平方即以万方丈为地积单位，合一六·零零二七公亩即旧亩制二·六零五亩"。

（3）容量标准。容量单位 =1 立方尺 =64.017 公升 =6.182 4 旧漕斛斗，理由即"容量以一立方尺为量数单位，合六四·零一七公升，即旧漕斛六·一八二四斗"。

（4）重量标准。重量单位 =1 立方寸纯水于 4 摄氏度时在赤道上真空中所含之重 =64.17 公分 =1.716 旧库平两，理由即"重量以十分一尺之立方，即一立方寸纯水于摄氏表四度时在赤道上真空中之重量为衡数单位，合公制［万国权度通制］六四·一七公分即旧库平一·七一六两"。

10. 国际权度局基郁姆提出了三个供选择的方案

（1）第一方案，1 尺 =30 公分，1 升 =1 公升，1 斤 =500 公分。

（2）第二方案，1 尺 =30 公分，1 升 =9/10 公升，1 斤 =600 公分。

（3）第三方案，1 尺 =35 公分，1 升 =9/10 公升，1 斤 =600 公分。

除上述讨论的建议方案外，还有以曾厚章等为代表的，主张"保存中国旧制，取法赤道周，以在天一度在地二百里计，积三百六十度为计算权度之标准，得环球七万二千里以为纲，

十尺为丈、十丈为引计，积十八引成里以为目"[1]等。

### （二）工商部拟订度量衡标准

#### 1. 工商部提出度量衡标准方案

南京政府工商部认为清末、民初度量衡划一改革均未能取得实质性成效的主要症结之一，就是所确定的度量衡标准不适用。因此，结合各界对度量衡标准讨论的多种不同方案，工商部考虑新的度量衡标准至少应符合四个基本要求，即"应有最准确而不易变化之标准，应合世界大同为国际上互谋便利，应近于民间习惯，应便于科学输进"[2]。工商部遂任命吴健、徐善祥、吴承洛、寿景伟、刘荫茀等人对各界提出的度量衡标准建议再予以"悉心研究、详加讨论、博采周咨"[3]。经过全面、慎重的讨论和研究，工商部向南京政府提交了度量衡标准的"1+2"方案。所谓"1"指的是拟在全国通行万国权度通制，其他各种度量衡制度一律废除；所谓"2"指的是鉴于"惟若政府之意，以为公制［万国权度通制］之尺过长，公制［万国权度通制］之斤过重，遂行更改，恐不便于民间习惯，则惟有于公尺、公斤之外，同时设一市用之制，暂行通用，惟此过渡制必须与标准制有极简单之比率，庶折算便易，而将来废止时，不致发生困难"[4]的考虑，拟订两套过渡期间度量衡辅制，以备采用。

（1）"1"方案。工商部认为，中国度量衡制度应采用经国际权度局所议决的万国权度通制，其他各种度量衡制度则一概

［1］关增建等《中国近现代计量史稿》·济南：山东教育出版社，2005 年，第 82 页。

［2］吴承洛《划一全国度量衡之前瞻与回顾》·《工业标准与度量衡》，1937 年，第 3 卷第 8-9 期。

［3］《划一全国度量衡标准研究书》·《山东农矿厅公报》，1931 年 6 月。

［4］《划一全国度量衡标准研究书》·《山东农矿厅公报》，1931 年 5 月。

废除。工商部这项主张的理由主要有十二条，即"第一，科学界已完全采用公制［万国权度通制］，学科大同为万国权度大同之先声。第二，工程上已采用公制［万国权度通制］，不能因英美两国之积重难返，我国亦退缩不前以致阻碍工程之大同，且英美对于公制［万国权度通制］，工程上亦有用者。第三，我国已毅然放弃阴历而采用大同之阳历，权度之刷新亦应采取此种革命手段。第四，万国公制［万国权度通制］之采用，曾经民国二年［1913年］工商部全国工商会议所议决。第五，民国四年［1915年］农商部所颁布之权度法亦已列万国公制［万国权度通制］为中国权度之乙制，定名为公尺、公升、公斤等，民间多已能认诚。第六，邮政局在中国最为普遍，早已采公用制［万国权度通制］，铁路亦已完全通用公里、公斤，民间对于公制［万国权度通制］未始，无相当之观念。第七，军事训练各机关对于远近之推测，枪炮口径之记载均已早用公制［万国权度通制］。第八，丈量土地，去岁国民政府曾经训令采用公亩，惟注明折合旧营造亩若干。第九，十七年［1928年］五月大学院召集全国教育会议亦已议决由教育界首先推行万国公制［万国权度通制］。第十，世界上完全采用公制［万国权度通制］者，已有五十国之多，其准用公制［万国权度通制］而尚不能即时废除本国制度者亦有二十余国，故万国公制［万国权度通制］在国际上已占重要位置。第十一，我国如不采用公制［万国权度通制］而另创他制，则于国际文化之输入及国际商业之贸易上均将发生绝大困难。第十二，理想的新制在未经世界学者慎重研究认为确有价值之前不宜率而采用。"[1]

（2）"2"套过渡性方案。方案一，即"定万国公制［万国权度通制］为标准制，凡公立机关、官营事业及学校、法团等

---

[1]《划一全国度量衡标准研究书》·《山东农矿厅公报》，1931年5月。

皆用之；此外，另以合于民众习惯且与标准制有简单之比率者为市用制，其容量以一标升［公升］为市升，重量以标斤［公斤］之二分一为市斤（十两为一斤），长度以标尺［公尺］之三分一为市尺（一千五百市尺为一里，六千平方市尺为一亩）"。方案二，其容量、重量与第一方案相同，惟长度"以标尺［公尺］之四分一为市尺（二千市尺为一里，一万平方市尺为一亩）"。[1]上述两个方案的主要区别在于尺度标准取公尺的三分之一还是四分之一为市用尺尺度。无论市用尺尺度取公尺的三分之一还是四分之一，均有利有弊。如果取公尺的三分之一作为市用尺尺度，其长度与当时国内通行的尺度比较接近，但是"三分之一"的比例无法除尽；如果取公尺的四分之一为市用尺尺度，尽管"四分之一"完全可以除尽，但是公尺四分之一的尺度与当时国内通行的尺度比较起来显得过短，恐怕在民间使用起来会造成不便。还有一点需要着重说明的是，工商部提出的这两套过渡性方案中，重量标准都以公斤的二分之一为一市斤，且均规定一斤为十两。工商部试图借此次度量衡标准确定之机，彻底改变中国两千多年来"一斤为十六两"的传统衡制。

2. 权度审查委员会对度量衡标准方案的审议

工商部向南京政府提交度量衡标准的"1+2"方案后，南京政府第七十二次委员会议决定推选蔡元培、孔祥熙、钮永建、王世杰、薛笃弼等组成权度审查委员会，审查工商部提交的度量衡标准方案。

（1）第一次审查会议。权度审查委员会于1928年6月21日举行第一次审查会议。会议主要形成三项决议：第一，确定万国权度通制作为中国度量衡的标准制度，同时采用一个适宜的辅制，作为过渡性制度使用。第二，确定"亩"与"里"直接

---

[1]《划一全国度量衡标准研究书》·《山东农矿厅公报》，1931年6月。

用公尺测量计算，不用市尺测量计算。第三，关于衡制中采用"十六两为一斤"还是采用"十两为一斤"的问题，交下一次审查会议再研究确定。

（2）第二次审查会议。权度审查委员会于 1928 年 7 月 3 日举行第二次审查会议，吴承洛作为会议的特邀代表列席会议并介绍了"一二三制"方案。这次会议主要形成了四项决议，其中有三项决议实际上确定了标准制与市用制之间"一二三"的折算关系，即 1 公尺 =3 市尺、1 公斤 =2 市斤、1 公升 =1 市升。茅以升先生曾对此评价说，"实乃简便易行之创建"[1]。第二次审查会议的四项决议具体是：第一，确定度制中以公尺三分之一为一市尺。第二，确定衡制中以公斤二分之一为一市斤，其中关于斤两问题，决定采用十进制，一斤为十两，惟中医开方时可以暂用旧制。第三，确定容量以一公升为一市升。第四，确定以一千五百市尺为一里（等于一公里二分之一），测量地积时以六千平方市尺为一亩，九亩为一井，一井等于六千平方公尺。

《权度标准方案审议案》相关决议见文 3-01。

文 3-01《权度标准方案审议案》相关决议[2]

一、标准制，定万国公制为中华民国之标准。长度，以一公尺为标尺；容量，以一公升为标升；重量，以一公斤为标斤。

二、市用制，以与标准制有最简单之比率而与民间习惯相近者为市用制。长度，以标尺三分之一为一市尺，一千五百市尺为里（等于一公里二分之一），计算地积时以六千平方市尺为亩，九亩为井（一井即等于六千平方标尺）；容量，即以一标升为升；重量，以标斤二分之一为市斤（即五百格阑姆），一斤为十两（每两等于五十格阑姆），惟

[1] 吴淼《中国近代化进程中吴承洛贡献之研究（博士论文）》·上海交通大学，2009 年 2 月，第 22 页。
[2]《划一全国度量衡标准研究书》·《山东农矿厅公报》，1931 年 6 月。

中医配方暂时得兼用旧制。

### （三）公布《权度标准方案》

1928 年 7 月 18 日，南京政府发布国民政府令，正式公布了《权度标准方案》。正式公布的方案中以万国权度通制为标准，称为标准制，并规定所有标准制中文名称均用"公"字。尽管这个"公"字被赋予了"天下为公"之意，但事实上，它基本沿袭了民国四年［1915 年］《权度法》中乙制的中文名称，理由有三条，主要是"名称延用已久的，能用则用，如公尺、公斤等；名称不甚通俗的，能不用则不用，如米突、格阑姆、立特等；已经原农商部公布的名称，如无较妥的名词代替，则暂时保留，如公尺、公升、公斤等"[1]。正式方案中市用制因其长短、大小和轻重很适合民间使用，所有市用制单位名称前面均加"市"字，表示是市场上交易使用的，有"日中为市"之意[2]。曾任南京政府第二任全国度量衡局局长的成嶙曾就市用制问题指出，"至于为什么要采用市用制，我们须得要十分明白，其重大的理由，因为市尺与公尺，有最简单……之比例，并有最简单……的折合，且同时能兼顾民间习惯心理；次则如市斤等于公斤二分之一，又等于十六市两，亦因兼顾民间习惯与心理之故，致有此辅制之产生"[3]。需要说明的是，南京政府确定使用市用制，并非削足适履迁就万国权度通制，而是因为市尺、市升、市斤的长度、容量、重量可以代表民间用尺、升、斤的

---

[1]　温昌斌《民国时期关于国际权度单位中文名称的讨论》·《中国计量》，2004 年，第 7 期，第 43 页。

[2]　彭必蕾《南京政府度政改革研究（1927—1935 年）（硕士论文）》·华中师范大学，2011 年 5 月，第 33 页。

[3]　成嶙《度量衡行政人员应有之认识》·《工商部全国度量衡局度量衡检定人员养成所第一次报告书》·南京：中华印刷公司，1930 年。

折中数，实际是万国权度通制的一种应用方法而已[1]。

南京政府正式公布的方案对工商部原提交的方案做了修改。工商部原拟订的方案中将一市斤定为十两，为的是保证衡制一以贯之使用十进制，但是南京政府召开会议审议时，认为"市用制属于过渡的辅制，不如迁就民间习惯，仍用一斤为十六两"[2]、"唯通过之案，系仍以十六两为一斤，较更合乎习惯，而洛〔吴承洛〕等之原议，则绝对采用十进制，为不同耳"[3]。因此，南京政府将工商部原拟订方案中"重量，以标准斤二分之一为市斤，一斤分为十两，惟中医配方暂时得兼用旧制"修改为"重量，以标准斤二分之一为市斤，一斤为十六两"[4]。正式公布的方案，仍沿用一斤为十六两的旧习惯，不能不说是一个遗憾。直到1959年6月25日中华人民共和国国务院发布《关于统一计量制度的命令》，才正式规定"市制原定十六两为一斤……应当一律改为十两为一斤"，市制衡制标准至此才被法定为"十两为一斤"。

《权度标准方案》相关决议见文3-02。

文3-02《权度标准方案》相关决议[5]

1928年7月

一、标准制，定万国公制为中华民国度量之标准。长度以一公尺（即一米突尺）为标准尺；容量以一公升（即一立特或一千立方生的米突）为标准升；重量以一公斤（即一千格阑姆）为标准斤。

二、市用制，以与标准制有最简单之比率而与民间习惯相近者为市用制。长度以一标准尺三分之一为一市尺，计算地积时以六千平方市尺为亩；容量即以一标准升为升；重量以标准斤二分之一为市斤（即五百格阑姆），一斤为十六两（每两等于三十一格阑姆又四分之一）。

1928 年 7 月正式公布的《权度标准方案》，可谓是南京政府度量衡划一改革的"发令枪"。

## 二、《度量衡法》

### （一）公布《度量衡法》

1928 年 9 月，工商部根据《权度标准方案》拟订了《权度法草案》并呈请南京政府审议。南京政府法制局审议《权度法草案》后提出，"拟甚相宜。惟名称一节，应改作度量衡，以期与刑法上所定名称一律"[1]。据此，工商部再次提出修正案，将原拟订的《权度法草案》中的"权度"改用"度量衡"，正式定名为《度量衡法》并获得审议通过。1929 年 2 月 16 日，南京政府正式公布《度量衡法》，该法共二十一条，它的颁布是对《权度标准方案》的进一步法定化，它是南京政府在全国推行度量衡划一改革最重要的基本法。

1. 标准制和市用制

《度量衡法》规定中华民国度量衡制度以万国权度通制为标准制，同时暂设市用制作为辅制，规定了标准制和市用制的单位名称及定位。

（1）标准制长度以一公尺为标准尺，一公尺等于公尺原器在百度寒暑表零摄氏度时首尾两标点间之距离；容量以一公升

---

[1] 谢振民《中华民国立法史（上）》·北京：中国政法大学出版社，2000 年，第619 页。

为标准升，一公升等于一公斤纯水在其最高密度七百六十分厘气压时的容积；重量以一公斤为标准斤，一公斤等于公斤原器之重量。

（2）市用制长度以公尺三分之一为市尺，一千五百市尺定为一里，计算地积以六千平方市尺为亩；重量以公斤二分之一为市斤，一市斤为十六两，每两等于三十一又四分之一公分；容量以公升为市升；为了顺应沿袭的传统和民间习惯，市用制中保留了"一千五百""六千"和"十六"等非十进制的进位关系。

（3）市用制与标准制之间按照"一二三制"进行折合，即一市升等于一公升、二市斤等于一公斤、三市尺等于一公尺。《度量衡法》所规定的"标准制"和"市用制"与民国四年［1915年］《权度法》所规定的"甲制"和"乙制"有本质上的区别。《权度法》的甲制是营造尺库平制，乙制是万国权度通制，甲、乙二制是同时并行的两种度量衡制度。而《度量衡法》虽规定有标准制和市用制，但说到底只是标准制一种制度。市用制并不是与标准制并列的独立制度，仅是对标准制暂时变通的用法而已。这正如吴承洛发表《长度的标准问题》演讲时所提到的，《度量衡法》是"以万国公制［万国权度通制］为标准的单一制为目标，而以市用制为过渡的辅制，使人民便于依习惯来折合就是了"[1]。

2.原器、副原器和标准器

《度量衡法》规定度量衡原器为国际权度局所制定的铂铱合金公尺、公斤原器，原器由南京政府工商部保管。工商部依原器制造副原器，分别存于南京政府各院部会、各省政府及各特

---

［1］　吴承洛《长度的标准问题》·《工商部全国度量衡局度量衡检定人员养成所第一次报告书》·南京：中华印刷公司，1930年。

别市政府；工商部依副原器制造地方标准器，经由各省及各特别市颁发给各县、各普通市作为地方检定或制造之用。各类标准器由工商部设立的度量衡制造所制造。各类标准器须按一定周期接受检定，如副原器每十年检定一次，地方标准器每五年检定一次。

3. 检定、检查和营业

《度量衡法》（见文 3-03）规定各类度量衡器具均须接受检查、检定；以制造、贩卖、修理度量衡器具为业的经营者必须经政府及有关主管部门许可、发证后方可营业。

文 3-03《度量衡法》[1]

1929 年 2 月

第一条　中华民国度量衡，以国际权度局所制定铂铱公尺公斤原器为标准。

第二条　中华民国度量衡采用"万国公制"为"标准制"，并暂设辅制，称曰"市用制"。

第三条　标准制长度以公尺为单位，重量以公斤为单位，容量以公升为单位；一公尺等于公尺原器在百度寒暑表零度时首尾两标点间之距离，一公斤等于公斤原器之重量，一公升等于一公斤纯水在其最高密度七百六十分厘气压时之容积，此容积寻常适用即作为一立方公寸。

第四条　标准制之名称及定位法。

长度：公厘等于公尺千分之一（0.001 公尺），公分等于公尺百分之一即十公厘（0.01 公尺），公寸等于公尺十分之一即十公分（0.1 公尺），公尺单位即十公寸，公丈等于十公尺（10 公尺），公引等于百公尺即十公丈（10 公丈），公里等于千公尺及十公引（10 公引）。

地积：公厘等于公亩百分之一（0.01 公亩），公亩单位即一百平方

---

[1]《度量衡法》·《中华民国法规大全（第 6 册）》·上海：商务印书馆，1936 年。

公尺，公顷等于一百公亩（100公亩）。

容量：公撮等于公升千分之一（0.001公升），公勺等于公升百分之一即十公撮（0.01公升），公合等于公升十分之一即十公勺（0.1公升），公升单位即一立方公寸，公斗等于十公升（10公升），公石等于百公升（100公升），公秉等于千公升即十公石（1 000公升）。

重量：公丝等于公斤百万分之一（0.000 001公斤），公毫等于公斤十万分之一即十公丝（0.000 01公斤），公厘等于公斤万分之一即十公毫（0.000 1公斤），公分等于公斤千分之一即十公厘（0.001公斤），公钱等于公斤百分之一即十公分（0.01公斤），公两等于公斤十分之一即十公钱（0.1公斤），公斤单位即十公两，公衡等于十公斤（10公斤），公担等于百公斤即十公衡（100公斤），公吨等于千公斤即十公担（1 000公斤）。

第五条 市用制长度以公尺三分之一为市尺（简作尺），重量以公斤二分之一为市斤（简作斤），容量以公升为市升（简作升），一斤分为十六两，一千五百尺定为一里，六千平方尺定为一亩，其余均以十进。

第六条 市用制之名称及定位法。

长度：毫等于尺万分之一（0.000 1尺），厘等于尺千分之一即十毫（0.001尺），分等于尺百分之一即十厘（0.01尺），寸等于尺十分之一即十分（0.1尺），尺单位即十寸，丈等于十尺（10尺），引等于百尺（100尺），里等于一千五百尺（1 500尺）。

地积：毫等于亩千分之一（0.001亩），厘等于亩百分之一（0.01亩），分等于亩十分之一（0.1亩），亩单位即六千平方尺，顷等于一百亩（100亩）。

容量与万国公制相等：撮等于升千分之一（0.001升），勺等于升百分之一即十撮（0.01升），合等于升十分之一即十勺（0.1升），升单位即十合，斗等于十升（10公升），石等于百升即十斗（100升）。

重量：丝等于斤一百六十万分之一（0.000 000 625斤），毫等于斤十六万分之一即十丝（0.000 006 25 斤），厘等于斤一万六千分之一即十毫（0.000 062 5 斤），分等于斤一千六百分之一即十厘（0.000 625 斤），钱等于斤一百六十分之一即十分（0.006 25 斤），两等于斤十六分之一即十钱（0.062 5 斤），斤单位即十六两，担等于百斤（100 斤）。

第七条　中华民国度量衡原器，由工商部保管之。

第八条　工商部依原器制造副原器，分存国民政府各院部会、各省政府及各特别市政府。

第九条　工商部依副原器制造地方标准器，经由各省及各特别市颁发各县、市为地方检定或制造之用。

第十条　副原器每届十年，须照原器检定一次，地方标准器每五年须照副原器检定一次。

第十一条　凡有关度量衡之事项，除私人买卖交易得暂行市用制外，均应用标准制。

第十二条　划一度量衡，应由工商部设立全国度量衡局掌理之，各省及各特别市得设度量衡检定所，各县及各市得设度量衡检定分所，处理检定事务。全国度量衡局、度量衡检定所及分所规程，另定之。

第十三条　度量衡原器及标准器，应由工商部全国度量衡局设立度量衡制造所制造之。度量衡制造所规程另定之。

第十四条　度量衡器具之种类、式样、公差、物质及其使用之限制，由工商部以部令定之。

第十五条　度量衡器具非依法检定附有印证者，不得贩卖、使用。度量衡检定规则，由工商部另定之。

第十六条　全国公私使用之度量衡器具，须受检查。度量衡检查执行规则，由工商部另定之。

第十七条　凡以制造、贩卖及修理度量衡器具为业者，须得地方主管机关之许可。度量衡器具营业条例另定之。

第十八条　凡经许可制造、贩卖或修理度量衡器具之营业者，有违背本法之行为时，该管机关得取消或停止其营业。

第十九条　违反第十五条或第十八条之规定，不受检定或拒绝检查者，处三十元以下之罚金。

第二十条　本法施行细则另定之。

第二十一条　本法公布后施行日期，由工商部以部令定之。

### （二）《度量衡法》标准制单位名称讨论和争辩

尽管万国权度通制单位及其中文名称以"标准制"形式已在《度量衡法》中予以法定和固化，但是国内学术界和教育界始终未停止对万国权度通制单位中文定名的讨论和研究。1932年6月国立编译馆成立，同年7月国立编译馆着手编制包括万国权度通制单位中文名称在内的《物理学名词》一书，并于1933年3月完成该书的初稿。《物理学名词》经过有关专家和中国物理学会的审查，于1934年1月31日由教育部确定并公布。《物理学名词》一书在厘定万国权度通制单位中文名称时，坚持了四项原则：第一，遵守国际习惯，以厘米、克、秒制为基础；第二，凡国际间已有特名的单位，均采用近似中文译音，必要时只留其音首；第三，非万不得已，不造新字；第四，单位名词如指小数，则在已有特名的单位前冠以分、厘、毫、微等字，如指十倍、百倍、千倍，则分别冠以什、佰、仟等字。[1] 按照上述原则编定的万国权度通制单位的中文名称，继承了1919年中国科学社拟订的万国权度通制单位中文名称"十进十退"的原则，但摒弃了1919年时"造新字"的做法。1934年8月商务印书馆正式出版发行了《物理学名词》一书。

《物理学名词》一书出版发行后，实业部、全国度量衡局遂于1934年9月以该书采用了不合《度量衡法》的单位名称

---

[1]　温昌斌《民国时期关于国际权度单位中文名称的讨论》·《中国计量》，2004年，第7期，第43页。

为由，咨教育部：《物理学名词》一书"其中关于度量衡之命名，有与全国奉行之《度量衡法》所规定名称不符，请教育部饬令国立编译馆及商务印书馆将此书未发出者，暂时停发，已发出者，应补印勘误表，声明更正，以资救济等情……各种科学命名方法，均应依照度量衡法规定名称及学术原理，妥慎制订"[1]。实业部咨教育部要求对《物理学名词》一书"暂时停发"或"补印勘误表"后，1934 年 10 月中国物理学会又上书行政院和教育部，列举《度量衡法》中所定的标准制单位名称的种种失当之处，坚持主张应予修改。1934 年 10 月 6 日至 1934 年 10 月 7 日，《时事新报》就连续刊登了中国物理学会上书行政院和教育部的请求，其称"我国现行度量衡标准制中各项单位之名称定义未臻妥善，条文亦欠准确，有背科学精神"[2]。

为驳斥中国物理学会的观点，支持实业部、全国度量衡局的做法，中国度量衡学会则于 1934 年 11 月 14 日在《中央日报》及全国度量衡局有关期刊上发表了《度量衡标准制法定名称之解释及其在科学上之应用》以及《度量衡标准制法定名称与其他不合法名称之优劣论》等多篇文章，并请求实业部再转咨教育部中止中国物理学会的提议。与此同时，全国度量衡局也编印了《法定度量衡标准制单位定义与名称确立之缘由》，系统阐述《度量衡法》法定标准制各基本单位确立的意义，深入论证了法定度量衡标准制单位名称自成体系、简洁等特性，以及取"天下为公"之"公"字为单位名称之字首的特殊含义[3]。不过，1935 年 8 月 10 日，南京政府行政院应中国物理学会的

---

[1]《咨教育部请转饬国立编译馆迅将物理学名词一书关于度量衡名称悉照度量衡法分别修正再予发行由（工字第 10644 号）》·《实业公报》，1934 年 10 月，第 197 期。

[2]《物理学会请求修改度量衡制》·《教育杂志》，1935 年 1 月，第 25 卷第 1 号。

[3] 全国度量衡局《法定度量衡标准制单位定义与名称确立之缘由》·南京：仁声印书局，1935 年。

请求，在南京专门召集经济委员会、建设委员会、中央研究院、教育部、实业部等与度量衡制度有关的部门开会研究，会议最后决定《度量衡法》法定的标准制［万国权度通制］单位中文名称和《物理学名词》中万国权度通制单位的中文名称可以并用。[1] 表3-02列出了万国权度通制单位中文命名的不同意见。

表 3-02　万国权度通制单位中文命名的不同意见

| 万国权度通制<br>单位英文名称 | | 万国权度通制单位中文名称 | |
| --- | --- | --- | --- |
| | | 1929年《度量衡法》 | 1934年国立编译馆<br>《物理学名词》 |
| 长度 | Kilometer | 公里 | 仟米 |
| | Hectometre | 公引 | 佰米 |
| | Decametre | 公丈 | 什米 |
| | Metre | 公尺 | 米 |
| | Decimetre | 公寸 | 分米 |
| | Centimetre | 公分 | 厘米 |
| | Millimetre | 公厘 | 毫米 |
| 容量 | Kilolitre | 公秉 | 仟升 |
| | Hectolitre | 公石 | 佰升 |
| | Decalitre | 公斗 | 什升 |
| | Litre | 公升 | 升 |
| | Decilitre | 公合 | 分升 |
| | Centilitre | 公勺 | 厘升 |
| | Millilitre | 公撮 | 毫升 |

---

[1] 温昌斌《民国时期关于国际权度单位中文名称的讨论》·《中国计量》，2004年，第7期，第44页。

| 万国权度通制单位英文名称 | | 万国权度通制单位中文名称 | |
|---|---|---|---|
| | | 1929 年《度量衡法》 | 1934 年国立编译馆《物理学名词》 |
| 重量 | Kilogramme | 公斤 | 仟克 |
| | Hectogramme | 公两 | 佰克 |
| | Decagramme | 公钱 | 什克 |
| | Gramme | 公分 | 克 |
| | Decigramme | 公厘 | 分克 |
| | Centigramme | 公毫 | 厘克 |
| | Milligramme | 公丝 | 毫克 |

数据来源：温昌斌《民国时期关于国际权度单位中文名称的讨论》·《中国计量》，2004 年，第 7 期，第 44 页。

## 第三节　南京政府度量衡划一改革制度和措施

### 一、《度量衡法》的配套法规制度

《权度标准方案》和《度量衡法》颁布后，南京政府及工商部（1930 年 12 月后为实业部）围绕贯彻《度量衡法》，先后公布了《度量衡法施行细则》《度量衡检定规则》《公用度量衡器具颁发规则》《度量衡器具检查执行规则》《全国度量衡划一程序》《度量衡器具营业条例》《全国度量衡局组织条例》《度量衡器具营业条例施行细则》等数十部法规制度，初步形成了度量衡领域的法规制度体系,"度量衡立法问题大体解决"[1]。这套法规制度体系为南京政府推进度量衡划一改革提供了一定的制度保障,也是推进当时中国传统度量衡与国际权度深入接轨的重要标志之一。表 3-03 为截至 1937 年 6 月《度量衡法》及部分配套法规制度表。

表 3-03  截至 1937 年 6 月《度量衡法》及部分配套法规制度表

| 序号 | 法律法规制度办法名称 | 公布机关 | 公布日期 | 备注说明 |
|---|---|---|---|---|
| 1 | 《度量衡法》 | 国民政府 | 1929 年 2 月 | —— |
| 2 | 《全国度量衡局组织条例》 | 国民政府 | 1929 年 2 月 | 修订。1932 年 1 月立法院 177 次会议通过,国民政府 1932 年 5 月公布 |
| 3 | 《度量衡法施行细则》 | 工商部 | 1929 年 4 月 | 修订。实业部 1931 年 12 月公布 |
| 4 | 《度量衡器具营业规程》 | 工商部 | 1929 年 4 月 | 国民政府 1930 年 9 月公布条例 |
| 5 | 《度量衡推行委员会规程》 | 工商部 | 1929 年 4 月 | —— |
| 6 | 《度量衡检定人员养成所规则》 | 工商部 | 1929 年 4 月 | —— |
| 7 | 《度量衡制造所规程》 | 工商部 | 1929 年 4 月 | 修订。实业部 1931 年 12 月公布 |
| 8 | 《各省市度量衡检定所规程》 | 工商部 | 1929 年 4 月 | 修订。实业部 1931 年 12 月公布 |
| 9 | 《各县市度量衡检定分所规程》 | 工商部 | 1929 年 4 月 | 修订。实业部 1931 年 12 月公布 |

[1]《本部办理度量衡行政之经过并训练全国度量衡专材之意义》·《工商部全国度量衡局度量衡检定人员养成所第一次报告书》·南京:中华印刷公司,1930 年。

| 序号 | 法律法规制度办法名称 | 公布机关 | 公布日期 | 备注说明 |
|---|---|---|---|---|
| 10 | 《度量衡检定规则》 | 工商部 | 1929年4月 | —— |
| 11 | 《公用度量衡器具颁发规则》 | 工商部 | 1929年4月 | —— |
| 12 | 《度量衡器具检查执行规则》 | 工商部 | 1929年4月 | 修订。实业部1932年12月公布 |
| 13 | 《全国度量衡划一程序》 | 工商部 | 1930年1月 | 1929年10月国民政府核准备案 |
| 14 | 《审定特种度量衡专门委员会章程》 | 工商部 | 1930年1月 | —— |
| 15 | 《度量衡临时调查规程》 | 工商部 | 1930年2月 | —— |
| 16 | 《度量衡检定人员任用暂行规程》 | 工商部 | 1930年7月 | 修订。实业部1931年10月公布 |
| 17 | 《全国度量衡会议规程》 | 工商部 | 1930年10月 | —— |
| 18 | 《完成公用度量衡划一办法》 | 工商部 | 1930年11月 | 全国度量衡会议第二次大会通过 |
| 19 | 《完成公用度量衡实施办法》 | 工商部 | 1930年11月 | 工商部咨各省 |
| 20 | 《各省市政府依限划一度量衡办法》 | 工商部 | 1930年11月 | |
| 21 | 《公用民用度量衡器具检定方法》 | 工商部 | 1930年11月 | |
| 22 | 《度量衡器具检定费征收规则》 | 实业部 | 1931年1月 | 修订。实业部1932年2月公布 |

续表

| 序号 | 法律法规制度办法名称 | 公布机关 | 公布日期 | 备注说明 |
|---|---|---|---|---|
| 23 | 《度量衡器具营业条例施行细则》 | 实业部 | 1931年1月 | 修订。实业部1936年9月公布 |
| 24 | 《全国各省普设县市度量衡检定分所办法》 | 实业部 | 1933年9月 | — |
| 25 | 《度量衡器具输入取缔规则》 | 实业部 | 1937年2月 | 行政院核准 |
| 26 | 《汽车里程表及油量表改用公制推行办法》 | 实业部 | 1937年6月 | — |
| 27 | 《度量衡器具盖印规则》 | 全国度量衡局 | 1931年2月 | 修订。全国度量衡局1932年9月公布 修订。全国度量衡局1937年1月公布 |
| 28 | 《废除度量衡旧制器具办法》 | 全国度量衡局 | 1932年11月 | 全国度量衡局呈奉实业部令准 |
| 29 | 《检定玻璃量器暂行办法》 | 全国度量衡局 | 1933年2月 | 全国度量衡局呈奉实业部指令照准暂行适用；实业部1937年1月修订 |
| 30 | 《度量衡制造所工厂管理暂行规则》 | 全国度量衡局 | 1934年3月 | — |
| 31 | 《度量衡标准器暨检定用器复检办法》 | 全国度量衡局 | 1934年6月 | — |
| 32 | 《全国度量衡局图书室管理暂行规则》 | 全国度量衡局 | 1934年7月 | — |

| 序号 | 法律法规制度办法名称 | 公布机关 | 公布日期 | 备注说明 |
|---|---|---|---|---|
| 33 | 《全国度量衡局附设劳工学校章程》 | 全国度量衡局 | 1936年7月 | — |
| 34 | 《度量衡检定人员养成所训育工作大纲》 | 全国度量衡局 | 1936年11月 | — |
| 35 | 《度量衡器鉥印烙印使用办法》 | 全国度量衡局 | 1937年2月 | — |

　　南京政府除了颁布制定度量衡的专门法规制度外，在1928年3月公布的《中华民国刑法》第十三章就专门对度量衡违法犯罪行为做出了六条规定。1935年7月修订的《中华民国刑法》中，对度量衡违法犯罪行为的条款又进行了修订，合并为四条（见文3-04），对度量衡制造、变更、贩卖、使用中的违法犯罪行为做出刑事处罚规定。法条中所称"定程"是针对《度量衡法》所规定的标准而言。第一，涉及构成制造、变更度量衡罪的，其构成要件是具有制造、变更度量衡的行为，且该行为违反度量衡的定程，并且制造和变更的违反度量衡定程的器具有供使用的意图。第二，涉及构成贩卖度量衡罪的，其构成要件是具有贩卖违反度量衡定程的度量衡器具的行为，并且有供使用的意图，而且无论是否先买后卖，贩卖者均不能免除处罚。第三，涉及构成行使度量衡罪的，其构成要件是明知违背度量衡的定程而仍然使用，并且对于从事相关业务的人，如果有故意使用违反度量衡定程的度量衡器具的行为则要加重处罚。

文 3-04《中华民国刑法》第十四章"伪造度量衡罪"[1]

1935 年 7 月

第二百零六条　意图供行使之用而制造违背定程之度量衡或变更度量衡之定程者，处一年以下有期徒刑、拘役或三百元以下罚金。

第二百零七条　意图供行使之用而贩卖违背定程之度量衡者，处六月以下有期徒刑、拘役或三百元以下罚金。

第二百零八条　行使违背定程之度量衡者，处三百元以下罚金。从事业务之人关于其业务犯前项之罪者，处六月以下有期徒刑、拘役或五百元以下罚金。

第二百零九条　违背定程之度量衡，不问属于犯人与否没收之。

## 二、度量衡机构和人员

1928 年 3 月，南京政府组建工商部。根据 1928 年 12 月公布的《国民政府工商部组织法》规定，工商部内设总务司、工业司、商业司及劳工司等司局，由工业司职掌"关于权度之制造检定及推行事项"[2]。1930 年 10 月，南京政府组建成立了隶属于工商部的全国度量衡局。1930 年 12 月，南京政府又将农矿部和工商部合并组建成立实业部。根据 1931 年 1 月《国民政府实业部组织法》的规定，实业部内设林垦署、总务司、农业司、工业司、商业司、渔牧司、矿业司、劳工司等司局，仍由工业司职掌"关于度量衡之制造检定及推行事项"[3]，全国度量衡局转隶实业部。由实业部及所属全国度量衡局负责职掌度量衡事

[1]《刑法（伪造度量衡罪）》·《中华民国法规大全（第 1 册）》·上海：商务印书馆，1936 年。

[2]《国民政府工商部组织法》·《国民政府现行法规（第 2 集）》·上海：商务印书馆，1930 年。

[3]《国民政府实业部组织法》·《立法专刊（第 5 辑）》·上海：民智书局，1931 年。

务的机构布局一直延续到抗日战争爆发。

　　建立上下贯通的度量衡管理和执行机构是南京政府在全国推行度量衡划一改革的基础条件之一。南京政府及工商部〔1930 年 12 月后为实业部〕围绕度量衡机构建设，先后制定、公布了《全国度量衡局组织条例》《度量衡制造所规程》《度量衡检定人员养成所规则》《各省市度量衡检定所规程》《各县市度量衡检定分所规程》《全国各省普设县市度量衡检定分所办法》以及《度量衡推行委员会规程》《审定特种度量衡专门委员会章程》等法规制度；先后成立了全国度量衡局、度量衡制造所、度量衡检定人员养成所。在中央政府层面还成立了有关度量衡事务的协调议事机构，如度量衡推行委员会、审定特种度量衡专门委员会等。同时，各地也相继成立了省、特别市、县、普通市度量衡检定所或分所。到 1937 年 7 月抗日战争爆发前，全国已初步形成了国家、省和特别市及县、普通市三级度量衡管理和执行机构的网络架构，见图 3-01。

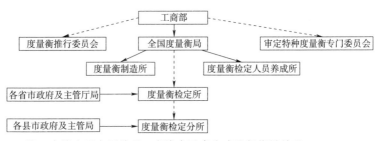

注：实线表示隶属关系；虚线表示牵头或监督指导关系。

**图 3-01　全国度量衡管理执行机构网络架构示意图**

（一）中央机构

1. 全国度量衡局

根据《度量衡法》第十二条，"划一度量衡，应由工商部设

立全国度量衡局掌理之"的规定，1930年10月27日正式成立
了全国度量衡局，开办费二万元，经常费每月七千元[1]。全国度
量衡局成立后，隶属于南京政府工商部。1930年12月工商部被
裁撤后，全国度量衡局又转隶实业部至1938年[2]。

　　南京政府1929年2月16日公布《工商部全国度量衡局组
织条例》，工商部裁撤后，1932年1月29日又公布《实业部全
国度量衡局组织条例》（见文3-05）。先后公布的两个全国度量
衡局组织条例的主要内容基本一致。

　　两个条例均明确规定全国度量衡局的职责是：掌理划一全
国度量衡事宜；督促各省市推行度量衡新制；审批度量衡营业
许可证；负责标准器、副原器及其他度量衡器的制造、检定与
查验；负责度量衡器具的制造、修理及指导；对各省市、各县
市度量衡检定所或分所予以监督指导，而且实业部全国度量衡
局组织条例中进一步明确了"指挥"之权；对全国度量衡检定
人员实施培训等。两个条例还同时指出全国度量衡局要于全国
度量衡依规定时期划一后即行裁撤。

　　全国度量衡局是全国度量衡事务的最高执行机关并行使一
定的管理权。因涉及全国度量衡事务的规章、制度、指令、训
令等拟订、颁布、修订的权限以及全国度量衡局人事任免等审
批权限均在全国度量衡局的上级主管部门工商部［1930年12月
后为实业部］，故不能简单地认为全国度量衡局是全国度量衡事
务的最高管理机关。全国度量衡局内设总务、检定、制造三个
科并直辖度量衡制造所、度量衡检定人员养成所。1934年全国

---

[1]《中国经济年鉴》·上海：商务印书馆，1934年，第199页。
[2]《中华民国史档案资料汇编（第5辑第1编）》·南京：江苏古籍出版社，1994年，
续表。

度量衡局还增设了技术室[1]，专司对各国工业标准的翻译、拟订适合当时中国国情的各项工业标准等事务，此所谓"划一度量衡事业，为工业标准之基础，而度量衡之划一成功，又有待于工业标准之迅速规定"[2]。全国度量衡局自成立以来至 1938 年，共有三任局长，首任局长吴承洛［任期 1930 年 10 月至 1931 年 2 月］、第二任局长成嶙［任期 1931 年 2 月至 1932 年 9 月］、第三任局长吴承洛［复任，任期 1932 年 9 月至 1938 年 5 月］。1932 年 1 月 28 日，日本悍然入侵我国上海，发生了"一·二八"事变；1932 年 1 月 30 日南京政府宣布迁都洛阳，全国度量衡局也随南京政府迁往洛阳办公，办公地点为洛阳西工兵营。1932 年 5 月南京政府与日本签订《淞沪停战协定》，局势稍稍稳定后，同年 12 月全国度量衡局又随南京政府还迁南京。

---

[1] 谭熙鸿《十年来之中国经济（下册）》·上海：中华书局，1948 年。关于"技术室"成立的背景在书中"二、抗战前之标准化事业"指出，"实业部……于二十年［1931 年］三月拟订工业标准委员会简章，呈由行政院转呈国民政府核准，五月二日由［实业］部明令公布实施……十二月……我国办理标准化事业的机构，始于此奠其初基。……工业标准化委员会没有预算经费……是一个咨询及讨论的机构。经常工作的处理，必须有常设机构负责……所以实业部于二十二年［1933 年］十二月十六日向行政院提请设立全国标准局，案经行政院于同年十二月二十二日对组织条例加以修正后，送中央政治会议核准，转送立法院审议，二十三年［1934 年］五月先后开审查会两天，均无结果，该案便告搁置。可是标准化之推进工作，必需一个有人员编制和经费预算的机构去处理，……是年［1934 年］八月三十一日实业部乃令全国度量衡局于全国标准局未成立前，执行标准局职务，并于九月八日呈奉行政院核准。度量衡局于奉到命令后，将其内部的工作重行支配，以原有一部分职员专办标准事宜，其工作重心仍放在资料的征集和译述上，工作的进行较前加急。二十四年［1935 年］、二十五年［1936 年］两年先后收到各国标准六千六百余种，译述各国标准二千五百余种，此外编订标准的工作也从此开始，计两年间厘订［标准］草案一百零五种。"

[2] 李书田《划一度量衡规订工业标准与工程教育》·《工业标准与度量衡》，1936 年，第 3 期。

文 3-05《实业部全国度量衡局组织条例》[1]

### 1932 年 1 月

第一条 实业部全国度量衡局掌理划一全国度量衡事宜。

第二条 全国度量衡局设左列三科：（一）总务科；（二）制造科；（三）检定科。

第三条 总务科职掌如左：（一）关于推行度量衡新制事项；（二）关于度量衡营业之许可事项；（三）关于文书、庶务及会计事项；（四）不属于其他各科事项。

第四条 制造科职掌如左：（一）关于制造标准器及副原器之工务事项；（二）关于度量衡制造、修理及其指导事项。

第五条 检定科职掌如左：（一）关于标准器及副原器之检定、查验及鎏印事项；（二）关于各地方度量衡检定之监督、指导事项；（三）关于全国度量衡检定人员之养成及训练事项。

第六条 全国度量衡局附设度量衡制造所，制造各种法定度量衡器具。

第七条 全国度量衡局附设度量衡检定人员养成所，训练全国度量衡检定人员。

第八条 全国度量衡局对于各省或直隶于行政院之市所设度量衡检定所有指挥、监督之权。

第九条 全国度量衡局置局长一人，承实业部部长之命，综理全局事务，监督所属职员。

第十条 全国度量衡局置科长三人，承局长之命，分掌各科事务。

第十一条 全国度量衡局置科员九人至十二人，事务员三人至六人，承长官之命，分任文书、庶务、会计等事务。

第十二条 全国度量衡局置检定员六人至八人，技士六人至八人，承长官之命，分任检定、技术事务。

---

[1]《实业部全国度量衡局组织条例》·《中华民国法规大全（第6册）》·上海：商务印书馆，1936年。

第十三条　全国度量衡局局长简任，科长荐任，科员、技士、事务员由局长遴请实业部委任。度量衡检定人员任用暂行规程，由实业部拟订，呈请行政院会商考试院核定之。

第十四条　全国度量衡局应分期派员至各省、各直隶于行政院之市及各县市视察度量衡状况。

第十五条　全国度量衡局应按月将工作情形及收支数目呈报实业部。

第十六条　全国度量衡局办事细则由局拟订，呈请实业部备案。

第十七条　全国度量衡局于全国度量衡依期划一后即行裁撤。全国度量衡局裁撤后，所有全国度量衡事宜由实业部就部内设科掌理之。

第十八条　本条例自公布日施行。

### 2. 度量衡制造所

根据《度量衡法》第十三条，"度量衡原器及标准器，应由工商部全国度量衡局设立度量衡制造所制造之。度量衡制造所规程另定之"的规定，要切实推行度量衡划一改革，设立度量衡制造所"制造标准等器为推行第一条件"。度量衡制造所是在工商部接办原北京政府时期北平权度制造所的基础上建立起来的。度量衡制造所建立后立即着手制造标准器、标本器、检定和制造用器以及检定用烙印钢戳等等。全国度量衡局成立后，根据《工商部全国度量衡局组织条例》的规定，度量衡制造所隶属于全国度量衡局。1930年，为进一步便于制造和颁发度量衡器，全国度量衡局拟在南京添设度量衡制造所第二制造厂，并"拟具了《本所［度量衡制造所］京平两厂分工办法》"[1]，但后来中途停止。之后，全国度量衡局考虑到北平度量衡制造所与南京"相距遥远、呼应不灵"，为"改善扩大各项制造，以期

---

[1]《令度量衡制造所呈为拟具本所京平两厂分工办法及运京机器件数呈请核示由（工字第2999号）》·《实业公报》，1931年11月，第46期。

供可应求"且"于监督指挥上亦可较前便利",1932年12月经实业部批准,将设在北平的度量衡制造所南迁至南京,与南京的度量衡制造机构合并,扩充组建新的实业部全国度量衡局度量衡制造所。[1]

1929年4月,工商部公布了《全国度量衡局度量衡制造所规程》。工商部裁撤后,1931年12月实业部公布了修订的《全国度量衡局度量衡制造所规程》(见文3-06)。前后两个度量衡制造所规程比较起来,除人事安排、任免等程序要求上略有差异外,度量衡制造所总体职责、权限等未见变化。《全国度量衡局度量衡制造所规程》规定,度量衡制造所内设总务科和工务科两个科,并允许在全国重要区域分设制造厂,主要负责制造、发行各种法定度量衡器具并兼造其他标准器及科学仪器,其所制造的器具、装置、仪器等均需加刻"度量衡制造所制"字样。

文3-06《全国度量衡局度量衡制造所规程》[2]

1931年12月

第一条　全国度量衡局依度量衡法第十三条之规定设度量衡制造所。

第二条　度量衡制造所设左列二科:(一)业务科;(二)工务科。

第三条　业务科职掌如左:(一)关于制造原料之购买事项;(二)关于制造成品之发行、储存事项;(三)关于文书、会计、庶务、编辑统计等事项。

第四条　工务科职掌如左:(一)关于材料之验收、整理及一切制造设备事项;(二)关于工务之分配督率管理事项;(三)关于制成品之检验及整理事项;(四)关于其他技术事项。

---

[1]《函中国国民党中央执行委员会秘书处函复本部须将北平度量衡制造所迁京办理理由请查照转陈由》·《实业公报》,1933年1月,第103-104期合刊。

[2]《全国度量衡局度量衡制造所规程》·《中华民国法规大全(第6册)》·上海:商务印书馆,1936年。

第五条　度量衡制造所置所长一人，委任；科长二人、技术员四人至八人、事务员六人至十人，均由所长遴员呈由全国度量衡局转请实业部委任。检定员十九人至二十三人，其任用程序由实业部另定之。度量衡制造所所长得以全国度量衡局制造科科长兼任之。

第六条　度量衡制造所得用雇员及工匠，其额数由所长酌拟，呈由全国度量衡局转请实业部核定。

第七条　度量衡制造所每月应将工作及收支详细报告呈由全国度量衡局转呈实业部考核。

第八条　度量衡制造所得兼造其他标准器具及科学仪器。

第九条　度量衡制造所所制各种器具应刻实业部度量衡制造所字样。

第十条　度量衡制造所办事细则由所拟订呈请全国度量衡局核转实业部备案。

第十一条　度量衡制造所得在国内重要地方分设制造厂。

第十二条　本规程自公布日施行。

### 3. 度量衡检定人员养成所

《度量衡检定人员养成所规则》（见文 3-07）1929 年 4 月公布，养成所正式成立于 1930 年 3 月，所长由吴承洛担任。全国度量衡局成立后，《全国度量衡局组织条例》第七条规定，"全国度量衡局附设度量衡检定人员养成所，训练全国度量衡检定人员"。度量衡检定人员养成所的主要职责就是训练全国度量衡检定人员。该所的重要性不言而喻，吴承洛曾指出，"度量衡之划一，系属特种行政，而度量衡之检定，系属特种技术，所有负此种行政与技术者，自应受有相当训练"[1]。度量衡检定人员养成所对检定人员的训练内容主要包括：《法学》及《行政

---

[1] 吴承洛《中国度量衡史》民国沪上初版图书复制版·上海：三联书店，2014 年，第 376 页。

法》《度量衡法》等相关课程，中国及各国度量衡历史，度量衡制造、检定、换算、绘图以及相关实习等。按照1931年10月公布的《度量衡检定人员任用暂行规程》第二条的规定，度量衡检定人员一般分为"一等检定员""二等检定员"以及"三等检定员"[1]。一等检定员和二等检定员主要由全国度量衡局度量衡检定人员养成所负责组织培训，三等检定员主要由各省市度量衡检定所开办培训班予以培训。由各省市考派，经全国度量衡局度量衡检定人员养成所培训合格的一、二等检定员回籍后还要积极筹划、规划开办各省市三等检定员培训班的事宜，即"请各省市政府于所送本部［工商部，1930年12月后为实业部］训练之一、二等检定学员毕业回籍后即饬派该员等规划训练三等检定员"[2]。

文3-07《度量衡检定人员养成所规则》[3]

1929年4月

第一条　工商部全国度量衡局为训练全国度量衡检定员起见设立度量衡检定人员养成所。

第二条　度量衡检定员应行训练之事项如左：（一）关于机械原则之训练事项；（二）关于度量衡器具制造原则之训练事项；（三）关于度量衡器具检定及整理之训练事项；（四）关于度量衡器具检验之训练事项；（五）关于推行度量衡新制之训练事项；（六）关于新旧及中外度量衡制度比较之训练事项。

第三条　度量衡检定人员养成所置所长一人但得以度量衡局局长

［1］《度量衡检定人员任用暂行规程》·《中华民国法规大全（第6册）》·上海：商务印书馆，1936年。

［2］《各省市政府依限划一度量衡办法》·《中华民国法规大全（第6册）》·上海：商务印书馆，1936年。

［3］《全国度量衡局度量衡检定人员养成所规则》·《中华民国法规大全（第6册）》·上海：商务印书馆，1936年。

或检定科科长兼任之。

第四条　度量衡检定人员养成所置教务主任一人，教员、事务员及其他雇员若干人，其额数由所长呈由全国度量衡局定之但须转呈工商部备案。前项教务主任得以度量衡局检定科科长兼任之。

第五条　各省区各特别市及各县市需用之度量衡检定员应由各该政府咨送高中毕业以上程度之人员至度量衡检定人员养成所训练，训练及格后由所给予证书呈由全国度量衡局分发任用。

第六条　度量衡检定人员养成所分期训练检定人员，应照工商部颁布之全国度量衡划一程序之规定。

第七条　度量衡检定人员养成所须按月将工作及收支报告呈由全国度量衡局转呈工商部考核。

第八条　度量衡检定人员养成所于末期训练人员给证分发后即行裁撤。

第九条　度量衡检定人员养成所裁撤后，关于一切训练事项由全国度量衡局检定科任之。

第十条　度量衡检定人员养成所办事细则另定之。

第十一条　本规则之施行日期由工商部以部令定之。


## （二）专门委员会

### 1. 度量衡推行委员会

南京政府为了推进度量衡划一改革，责成工商部牵头组织了度量衡推行委员会，依照《度量衡推行委员会规程》（见文 3-08）行事。度量衡推行委员会是一个协调议事机构，除工商部及所属全国度量衡局参加外，内政部、外交部、财政部、军政部、海军部、交通部、铁道部、农矿部、教育部、卫生部、司法行政部、建设委员会、蒙藏委员会以及全国商会联合会等部门也需要派代表参加。在度量衡推行委员会参加人员的名额分配上，除工商部外，商会联合会可以派三名代表，其他部门只能派一名代表，必要时还需要邀请有关专家参加。度量衡推行委员会的主要职责是：第一，厘定公用度量衡改正办法事项；第二，拟订公用度量衡推行程序事项；第三，厘定民用度量衡新制宣传办法事项；第四，拟订民用度量衡新制推行程序事项等。

度量衡推行委员会 1929 年 9 月召开会议，出席会议的委员共 26 人。此次会议共形成议案 21 件，其中包括《全国度量衡划一程序案》《公用度量衡划一案》《改正海关度量衡案》《修正土地测量应用尺度章程案》《度量衡器具临时调查规程案》《检定费征收规程案》以及《度量衡器具检定检查盖印规则案》等。上述这些议案多数在后续的推行度量衡划一改革工作中逐步予以实施。

文 3-08《度量衡推行委员会规程》[1]

1929 年 4 月

第一条　工商部为实施度量衡法起见，组织度量衡推行委员会。

第二条　本委员会以左列各委员组织之：（一）工商部主管司长、科长、技监、主管技正、全国度量衡局局长；（二）内政部、外交部、财政部、军政部、海军部、交通部、铁道部、农矿部、教育部、卫生部、司法行政部、建设委员会、蒙藏委员会代表各一人；（三）全国商会联合会代表三人。

第三条　本委员会设于工商部。

第四条　本委员会之职务如左：（一）关于厘订公用度量衡改正办法事项；（二）关于订定公用度量衡推行程序事项；（三）关于厘订民用度量衡新制宣传办法事项；（四）关于订定民用度量衡新制推行程序事项。

---

[1]《度量衡推行委员会规程》·《国民政府现行法规（第 2 集）》·上海：商务印书馆，1930 年。

第五条　本委员会会议由工商部随时召集之，开会时互推一人为主席。

第六条　本委员会议决事项呈由工商部采择施行；其属于各部会主管者得呈由工商部咨行各部会办理之。

第七条　本委员会遇必要时得延请专家参加讨论。

第八条　本委员会日常事务由工商部主管司科兼办。

第九条　本规程自公布日施行。

### 2. 审定特种度量衡专门委员会

南京政府为了审定特种度量衡事宜，责成工商部牵头组织了审定特种度量衡专门委员会，依照《审定特种度量衡专门委员会章程》（见文3-09）行事。所谓特种度量衡及其重要性，吴承洛曾指出，"近日我国之产业落后……科学不发达有以致之……产业科学化、合理化之基础，除赖普通度量衡之制定外，即在全国应有一致之计算制度、之特种度量衡及工业标准之规定，如时间、温度、热量、电流、电气阻力、电气压力、电气能力，推而及于其他动力，速度、能率、磁性、光学种种……务使全国产业有以为之准绳"[1]。如果说度量衡推行委员会侧重于公用、民用度量衡的推行和管理，那么审定特种度量衡专门委员会则侧重涉及特种度量衡事务的研究。如果说度量衡推行委员会涉及的主要是度量衡事务，那么审定特种度量衡专门委员会则侧重在非狭义度量衡的计量领域，如力学、热学、电学、磁学等领域。

审定特种度量衡专门委员会也是一个协调议事机构，除工商部及所属全国度量衡局、度量衡制造所参加外，内政部、军政部、海军部、训练总监部、卫生部、交通部、铁道部、农矿部、教育部、财政部、建设委员会、中央研究院等部门也需要

---

[1]　吴承洛《度量衡在各国宪法上之地位》·《工业标准与度量衡》，1934年，第1期。

派代表参加，而且开会时还要由工商部邀请国内专家或著名学术团体派代表参加。审定特种度量衡专门委员会的主要职责是：第一，开展特种度量衡标准研究事项；第二，负责特种度量衡名称拟订事项；第三，负责特种度量衡法规拟订事项；第四，承担其他关于特种度量衡的事项。审定特种度量衡专门委员会主要审定的特种度量衡包括：关于力学、热学、电学、磁学的计量标准；关于工业试验的计量标准；关于医药衡量及精细物品的计量标准以及其他关于科学上、工程上的计量标准等。

文3-09《审定特种度量衡专门委员会章程》[1]

1930年1月

第一条　工商部为审定特种度量衡，组织审定特种度量衡专门委员会。

第二条　本委员会以左列各委员组织之：（一）工商部主管司长、科长、技监、全国度量衡局局长、度量衡制造所所长；（二）内政部、军政部、海军部、训练总监部、卫生部、交通部、铁道部、农矿部、教育部、财政部、建设委员会、中央研究院专门代表各一人。

第三条　本委员会设于工商部。

第四条　本委员会之职务如左：（一）关于特种度量衡标准研究事项；（二）关于特种度量衡名称订定事项；（三）关于特种度量衡法规拟订事项；（四）其他关于特种度量衡事项。

第五条　特种度量衡之审定范围如左：（一）关于力学、热学之计量标准；（二）关于电学、磁学之计量标准；（三）关于工业试验之计量标准；（四）关于医药衡量及精细物品之计量标准；（五）其他关于科学上、工程上计量之标准。

第六条　本委员会会议由工商部随时召集，开会时互推一人为主席。

---

[1]《审定特种度量衡专门委员会章程》·《中华民国法规大全（第6册）》·上海：商务印书馆，1936年。

　　第七条　本委员会议决事项呈由工商部采择施行，其属于各部会主管者，呈由工商部咨行各部会办理之。

　　第八条　本委员会开会时得由工商部延请国内专家或商请著名学术团体推派代表列席讨论。

　　第九条　本委员会日常事务由工商部主管司兼办。

　　第十条　本章程自公布日施行。

### （三）地方机构

　　根据《度量衡法》第十二条，"……各省及各特别市得设度量衡检定所，各县及各市得设度量衡检定分所处理检定事务……"的规定，1929年4月，工商部颁布了《各省市度量衡检定所规程》和《各县市度量衡检定分所规程》，后又于1931年12月，经实业部修正（见文3-10，文3-11），上述规程要求各省、各特别市应设立度量衡检定所，各县和各普通市应设立度量衡检定分所。在全国度量衡管理和执行机关系统网络框架中，全国度量衡局为最高执行机关；各省和各特别市度量衡检定所为中级执行机关；各县、各普通市度量衡检定分所为下级执行机关。各省、特别市、县及普通市度量衡检定所和分所除担负在辖区内度量衡检定工作外，还要肩负辖区内度量衡行政管理的职责，"所谓制造也，检定也，推行也，必须有专一机关以总其成，俾得监督进行，此各省市县度量衡检定所与分所设立之缘由也"[1]。有资料记载，有的省设立度量衡检定所、分所是有过反复的，对设立度量衡检定所、分所重要性的认识也有过反复。比如，福建省于1933年先后裁撤了原建立的省度量衡检定所和厦门度量衡检定分所，改在省建设厅内设立度量衡股，但

---

[1]　吴承洛《中国度量衡史》民国沪上初版图书复制版·上海：三联书店，2014年，第380页。

是因为度量衡股偏重度量衡的行政事务，缺乏度量衡检定专业技术，导致有关度量衡检定工作几乎停顿；后续为了推进福建省度量衡划一改革工作，才又重新复设度量衡检定所[1]。

1. 各省、各特别市度量衡检定所

各省、各特别市度量衡检定所接受省、特别市主管厅局的领导，也接受全国度量衡局的指导和监督，其所长的任用程序由实业部规定；各省、各特别市度量衡检定所的员额、工作情形和收支情况以及办事细则等均需要向全国度量衡局备案。各省、各特别市度量衡检定所有五项明确的工作职责，第一，负责检定和检查度量衡器具；第二，负责推行度量衡新制；第三，负责保管度量衡副原器和标准器；第四，负责指导和监督本省、本特别市所辖县及普通市检定分所；第五，负责训练培训检定人员［通常为三等检定员］。从后续南京政府推行度量衡划一改革的实践看，各省、各特别市所建立的度量衡检定所有独立建制的，也有由主管度量衡事务的厅局兼办的，良莠不齐。

文3-10《各省市度量衡检定所规程》[2]

1931年12月

第一条 省或隶属行政院之市依度量衡法第十二条之规定设度量衡检定所。

第二条 度量衡检定所直辖于省市主管厅局并受全国度量衡局之监督指导，掌理左列事项：（一）度量衡器具之检定及检查；（二）度量衡新制之推行；（三）副原器及标准器之保管；（四）本省县市检定分所之监督指导；（五）检定人员之训练。

第三条 度量衡检定所置所长一人，检定员及事务员各若干，其名额由所长拟定，呈由主管厅局核准转报全国度量衡局备案。

---

[1]《本省度量衡》·《福建建设报告》，1934年2月，第4册。

[2]《各省市度量衡检定所规程》·《中华民国法规大全（第6册）》·上海：商务印书馆，1936年。

第四条　所长综理全所事务，监督所属职员并得兼任主任检定员。

第五条　检定员承所长之命，办理本规程第二条规定各事务。

第六条　事务员承所长之命，分掌文牍、会计、庶务等事项。

第七条　所长及检定员任用程序由实业部另定之，事务员由所长遴请主管厅局派充。

第八条　度量衡检定所得酌用雇员。

第九条　度量衡检定所须按月将本所及各分所工作情形及收支数目呈请主管厅局考核并报实业部全国度量衡局备案。

第十条　度量衡检定所办事细则由所长拟定，呈由主管厅局核转全国度量衡局备案。

第十一条　本规程自公布日施行。

### 2. 各县、各普通市度量衡检定分所

各县、各普通市度量衡检定分所接受县、普通市政府的领导，并接受所在省或特别市度量衡检定所的指导和监督；县和普通市检定分所负责人不称作"所长"而是称为"主任检定员"，主任检定员和检定员的任用程序由实业部规定；各县、各普通市检定分所工作情形和收支情况等需要按月呈报县、普通市政府和所在省或特别市度量衡检定所，以备考核。各县、各普通市度量衡检定分所有三项主要工作职责：第一，负责推行度量衡新制；第二，负责检定和检查度量衡器具；第三，负责保管有关度量衡标准器等。

文 3-11《各县市度量衡检定分所规程》[1]

1931 年 12 月

第一条　各县市依度量衡法第十二条之规定，设度量衡检定分所，遇有特殊情形得由度量衡检定所商同各该县政府呈准省主管厅联合两

---

[1]《各县市度量衡检定分所规程》·《中华民国法规大全（第 6 册）》·上海：商务印书馆，1936 年。

县以上共同设立检定分所。

第二条　检定分所直辖于县市政府并受度量衡检定所之监督指导，掌理左列事项：（一）度量衡新制之推行；（二）度量衡器具之检定及检查；（三）标准器之保管。

第三条　度量衡检定分所置主任检定员一人，检定员若干人，其额数由县市度量衡检定所拟定呈请县市政府核准。

第四条　度量衡检定分所之事务由检定员兼任，遇必要时得置事务员一人。

第五条　主任检定员综理全所事务，监督所属职员。

第六条　检定员承主任检定员之命，办理本规程第二条规定各事项。

第七条　主任检定员、检定员任用程序由实业部另定之，事务员由主任检定员遴请县市政府派充。

第八条　度量衡检定分所应按月将工作情形及收支数目分呈县市政府及度量衡检定所考核。

第九条　隶属行政院之市得依本规程酌设检定分所。

第十条　本规程自公布日施行。

为贯彻《全国度量衡划一程序》的有关要求，实业部在公布上述《各县市度量衡检定分所规程》的基础上，于1933年9月又公布了《全国各省普设县市度量衡检定分所办法》（见文3-12），该办法是对此前公布的《各县市度量衡检定分所规程》《度量衡检定人员任用暂行规程》等有关规定的细化，而且也做了适当的变通和妥协，是结合各地实际，便于县和普通市建立度量衡检定分所的指导性意见。《全国各省普设县市度量衡检定分所办法》中区别一等县、二等县、三等县经济发展状况的不同情况，分别提出建设度量衡检定分所的具体要求。该办法明确了县、普通市度量衡检定分所的经费标准，以促进各度量衡检定分所的经费保障，客观上有利于推进度量衡划一工作。

该办法还允许县、普通市度量衡检定分所主任检定员由三等检定员暂代，这比起 1931 年 10 月公布的《度量衡检定人员任用暂行规程》第八条"主任检定员须二等以上检定员担任"的规定，具有一定的变通性和妥协性。从后续南京政府推行度量衡划一改革的实践看，各县、各普通市所建立的度量衡检定分所有独立建制的，也有如《全国各省普设县市度量衡检定分所办法》第二条所规定的情形，由县、普通市政府兼办的，参差不同。

文 3-12《全国各省普设县市度量衡检定分所办法》[1]

1933 年 9 月

一、依照修正各县市度量衡检定分所规程并参酌各省市现行办法及办理实况制定本办法，以促进划一全国度量衡。

二、每省各县市为办理度量衡划一事宜设立度量衡检定分所一处，以每县市设一分所为原则；一等县或普通市单独设立；二、三等县视经济发展情况或单独设立或附于县政府，由主管科兼办；其定名一律曰某县市度量衡检定分所。

三、各县市检定分所主任检定员依照度量衡检定人员任用暂行规程第八条之规定，由一等或二等检定员兼任，不置一、二等检定员时，得暂以三等检定员兼代。

四、各县市检定分所应设置检定员之等级，依照度量衡检定人员任用暂行规程第九条第三项办理，其额数暂依左列标准：（一）一等县或普通市，二人至四人；（二）二等县，一人至三人；（三）三等县，一人至二人。

五、各县市检定分所经费初办时，依左列标准，但得依工商业发展状况酌量增加，均由各该县市地方款项下开支：（一）一等县或普通市每月由一百元至三百元；（二）二等县每月由七十五元至一百五十

---

[1]《全国各省普设县市度量衡检定分所办法》·《中华民国法规大全（第 6 册）》·上海：商务印书馆，1936 年。

元；（三）三等县每月由五十元至一百元。

六、联合两县以上设立之分所，其经费比照前项各款标准酌定开支。

七、各县检定人员之任用依照度量衡检定人员任用暂行规程办理之。

八、各县分左列三等：（一）一等县；（二）二等县；（三）三等县。

九、各省政府接到本办法后，斟酌情形，另拟本省单行办法，一面分送全国度量衡局备查，一面即依照积极实施以期早日完成划一。

### 3. 地方度量衡经费

实业部1934年4月曾以工字第9533号文咨各省、各特别市政府及地方度量衡主管机关，要求明确辖区内各地区、各级机构开展度量衡工作的经费，且规定度量衡经费不得任意挪用。南京政府曾明令自1935年度开始，在全国正式厉行县预算。为此，1935年全国度量衡局结合《全国各省普设县市度量衡检定分所办法》第五条、第六条的规定，拟订了《县市度量衡检定分所开办费最低概算书》和《县市度量衡检定分所年度岁出经常费最低概算书》等。两份概算书经实业部核准后，咨各省、各特别市政府执行。根据两份概算书，可知县市度量衡检定分所经费最低概算，具体见表3-04。

表3-04  县市度量衡检定分所经费最低概算表

| 科目 | | 一等县 | 二等县 | 三等县 | 备注 |
|------|------|--------|--------|--------|------|
| 款 | 项 | | | | |
| 开办费 | | 373 | 373 | 373 | 单位：元 |
| | 购置费 | 373 | 373 | 373 | 含：地方标准器，检定用器、用印、用架，邮运费等 |
| 经常费 | | 1510 | 1120 | 790 | |
| | 俸给费 | 1140 | 780 | 480 | 含：俸薪、工资等 |

| 科目 | | 一等县 | 二等县 | 三等县 | 备注 |
| 款 | 项 | | | | |
| --- | --- | --- | --- | --- | --- |
| | 办公费 | 120 | 120 | 120 | 含：旅费、杂支等 |
| | 特别费 | 250 | 220 | 190 | 含：检查费、书报费、补充设备费 |

说明：表中"经常费"在最低概算书中取一等县 115 元 / 月外加书报费和补充设备费 130 元 / 年，二等县 85 元 / 月外加书报费和补充设备费 100 元 / 年，三等县 60 元 / 月外加书报费和补充设备费 70 元 / 年。书报费主要是要求各等县需订阅《工业标准与度量衡》月刊等。

数据来源：《咨各省省政府据全国度量衡局呈请咨各省饬属确定地方度政经费一案抄同原呈概算书咨请查核办理见复由（工字第 14034 号）》·《实业公报》，1935 年 12 月，第 257-258 期合刊。

## （四）检定人员

检定人员是度量衡划一改革中所需要的十分重要的专业人才，是"如期设立度量衡行政机关之准备"[1]。工商部于 1930 年 7 月公布《度量衡检定人员任用规程》，工商部裁撤后，实业部 1931 年 10 月公布了修订的《度量衡检定人员任用暂行规程》（见文 3-13）。根据检定人员任用规程的规定，检定人员主要分为一等检定员、二等检定员和三等检定员。

文 3-13《度量衡检定人员任用暂行规程》[2]

1931 年 10 月

第一条　度量衡检定人员之任用及奖惩依本规程之规定。

第二条　度量衡检定人员分左列三种：（一）一等检定员；（二）二

---

[1]《各省市政府依限划一度量衡办法》·《中华民国法规大全（第 6 册）》·上海：商务印书馆，1936 年。

[2]《度量衡检定人员任用暂行规程》·《中华民国法规大全（第 6 册）》·上海：商务印书馆，1936 年。

等检定员；（三）三等检定员。

第三条　一等检定员须有左列资格之一：（一）国内外大学、专科学校理科或工科毕业，经实业部度量衡检定人员养成所训练后得有毕业证书者；（二）国内外大学或专科学校理科或工科毕业，办理度量衡制造或检定事务，著有成绩，并曾在实业部度量衡检定人员养成所教授主要科目者。

第四条　二等检定员之资格为高级中学毕业，经实业部度量衡检定人员养成所训练后得有毕业证书者。

第五条　三等检定员之资格为初级中学毕业，曾在中央或各省市检定机构受相当训练，测验合格者。

第六条　二等检定员得升任一等检定员，三等检定员得升任二等检定员，但须支最高级俸二年后，经考验认为确有同等学识者。

第七条　全国度量衡局检定科长、中央度量衡制造所所长、各省市检定所或制造所所长以一等检定员充任。

第八条　各县市度量衡检定分所主任检定员以二等检定员充任，但两县市以上联合设立时，得以一等检定员。

第九条　全国度量衡局应设置一、二等检定员。中央制造所及各省市检定所或制造所得设置一、二、三等各检定员。各县市检定分所得设置二、三等检定员，但两县市以上联合设立时并得设一等检定员。

第十条　检定人员委派程序依下列之规定：（一）全国度量衡局及中央度量衡制造所一、二等检定员由全国度量衡局呈请实业部委派之；（二）全国度量衡局及中央度量衡制造所三等检定员由全国度量衡局委派呈请实业部备案；（三）省或直隶于行政院之市检定所或制造所所长由省或市政府委派并咨请实业部加委；（四）省或直隶行政院之市检定所或制造所一、二等检定员及各县市检定分所主任检定员或一、二等检定员由主管工商事业之厅局遴请省或市政府委派，转请实业部备案；（五）省或直隶行政院之市检定所或制造所三等检定员由省或市检定所遴请主管厅局委派，转请全国度量衡局备案。

第十一条　检定人员非依本规程不得停止进级、降级或免职。

第十二条　检定人员之俸给依左列俸级表之规定 [见表 3-07]。一等检定员俸自第十五级至第一级；二等检定员俸自第二十级至第六级；三等检定员俸自第二十五级至第十一级；初任时应视地方度量衡行政繁简情形，呈准自最低级起三级内酌支。省及直隶行政院之市，其检定所所长俸得由个该省市政府就第六级至第一级中酌定之。

第十三条　检定人员服务满一年后，成绩卓著者得予进级。

第十四条　检定人员进至本职最高级后，每满两年得酌给本俸百分之五至十加俸。

第十五条　检定人员之惩戒分左列四种，除告诫外，须呈实业部：（一）告诫；（二）停止进级；（三）降级；（四）免职。

第十六条　检定人员有左列情事之一者应予告诫：（一）因过失致检定错误；（二）因疏忽违反规则；（三）旷职三日以上；（四）不受上级人员指挥；（五）废弛工作。

第十七条　告诫至二次以上者，停止进级；停止进级至二次以上者，降级；受停止进级处分者，非满二年不得进级。受降级处分者，非满一年不得复级。

第十八条　检定人员有左列情事之一者应予免职：（一）私兼他处职务；（二）规避调遣；（三）降级至两次以上；（四）旷职至半月以上；（五）侵吞公物；（六）舞弊取贿；（七）吸食鸦片；（八）受刑事处分。有前项第五款至第七款情事者并送法庭治罪。

第十九条　因公受伤至残废或死亡者应照官吏恤金条例分别办理。

第二十条　本规程自公布之日施行。

## 1. 各等检定人员初任资格和相关晋升

《度量衡检定人员任用暂行规程》对各等级检定人员初任资格的取得、检定员等级的晋升、检定员薪俸等级的晋级以及对检定员的奖励、惩戒等均做出了规定。比如，1933 年 2 月，山东省实业厅曾发布第 263 号训令，对博山县等 13 个县的三名主任检定员记大功一次，对 13 个县的 21 名检定员记功一次。再比如，同样是山东省实业厅，于1933年2月曾发布259号训令，对夏津县度量衡检定分所的主任检定员虚报本县度量衡划一问题予以惩戒。

各等级度量衡检定员资格晋级表见表3-05。

表3-05　各等级度量衡检定员资格晋级表

| 等级 | 取得相应检定员等级条件 | 检定员等级晋级 | 薪俸等级（1级～25级） | 薪俸晋级 | 薪俸降级 |
|---|---|---|---|---|---|
| 一等检定员 | 1.国内外大学、专科学校理科或工科毕业，经度量衡检定人员养成所培训并获得毕业证书；2.（或）国内外大学或专科学校理科或工科毕业，办理度量衡制造或检定事务，卓有成效，并曾在度量衡检定人员养成所教授主要科目 | | 1.15级～1级；2.初任时，自最低级15级起三级内酌支；3.各省市检定所所长薪俸等级在6级～1级中酌支 | 1.服务满一年后，成绩卓著，予以晋级；2.薪俸已到本职最高级后，每满两年，酌给本职薪俸5%～10%加俸 | 1.检定人员惩戒主要分告诫、停止晋级、降级、免职四种；2.受告诫处分两次以上，停止晋级；3.受停止晋级处分两次以上则降级，非满两年不得进级；4.受降级处分的，不满一年不得复级。受降级处分两次以上的予以免职 |
| 二等检定员 | 高级中学毕业，经度量衡检定人员养成所培训并取得毕业证书 | 获得本职最高级薪俸两年后，经考验合格确有同等学识 | 1.20级～6级；2.初任时，自最低级20级起三级内酌支 | | |
| 三等检定员 | 初级中学毕业，经度量衡检定人员养成所或各省市检定机关培训并测试合格 | | 1.25级～11级；2.初任时，自最低级25级起三级内酌支 | | |

## 2. 各等检定人员任职条件

根据《度量衡检定人员任用暂行规程》的规定，全国度量衡局内设的检定科的科长、全国度量衡局所属度量衡制造所的所长、各省和特别市度量衡检定所［度量衡制造所］的所长，均需要由一等检定员充任；各县、普通市度量衡检定分所的主任检定员至少是二等检定员充任，而且由两县市以上联合设立的度量衡检定分所的主任检定员须由一等检定员充任。不过，《全国各省普设县市度量衡检定分所办法》中对县、普通市度量衡检定分所主任检定员的任职资格有所放宽，即"各县市检定分所主任检定员依照度量衡检定人员任用暂行规程第八条之规定，由一等或二等检定员兼任，不置一、二等检定员时，得暂以三等检定员兼代"。各等级度量衡检定员任职资格表见表 3-06。

表 3-06　各等级度量衡检定员任职资格表

| 检定员 | 全国度量衡局 | | 度量衡制造所所长 | | 各省市度量衡检定所（制造所） | | 各县市度量衡检定分所 | | 两县市以上联合设立的度量衡检定分所 | |
|---|---|---|---|---|---|---|---|---|---|---|
| | 检定科长 | 职员 | 所长 | 职员 | 所长 | 职员 | 主任检定员 | 职员 | 主任检定员 | 职员 |
| 一等 | √ | √ | √ | √ | √ | √ | √ | √ | √ | √ |
| 二等 | — | √ | — | √ | — | √ | √ | √ | (√) | √ |
| 三等 | — | √ | — | √ | — | √ | (√) | √ | (√) | √ |

说明：√表示具备任职资格，(√) 表示《全国各省普设县市度量衡检定分所办法》中允许的任职资格，—表示不具备任职资格。

## 3. 各等检定人员的薪俸等级

将实业部 1931 年 10 月公布的《度量衡检定人员任用暂行规程》与工商部 1930 年 7 月公布的《度量衡检定人员任用规

程》进行比较可知，实业部公布的暂行规程主要特点是：第一，1931 年的暂行规程中各等级检定人员的最高薪俸等级的额度标准有所提高，但是等次增加并细分；第二，1931 年的暂行规程中一等检定员和二等检定员最低薪俸等级标准比 1930 年规程中的相应级别标准有所降低；第三，1931 年的暂行规程中三等检定员最低薪俸等级与 1930 年规程中的相应级别标准持平。从 1931 年与 1930 年这两个规程的比较可以看出，按照 1931 年的暂行规程规定，一等检定员和二等检定员，要想获得本级别更高薪俸收入所需的年限增加了，这在一定程度上讲似乎并不利于激励、吸引相关人才从事度量衡检定以及度量衡划一改革的各项工作。

各等级度量衡检定员薪俸比较表见表 3-07。

表 3-07　各等级度量衡检定员薪俸比较表

| 薪俸等级 | 1931 年规程标准（元） | | | | 1930 年规程标准（元） | | | |
|---|---|---|---|---|---|---|---|---|
| | 标准 | 一等 | 二等 | 三等 | 标准 | 一等 | 二等 | 三等 |
| 1 级 | 370 | √ | | | 300 | √ | | |
| 2 级 | 340 | √ | | | 280 | √ | | |
| 3 级 | 310 | √ | | | 260 | √ | | |
| 4 级 | 280 | √ | | | 240 | √ | | |
| 5 级 | 250 | √ | | | 220 | √ | | |
| 6 级 | 220 | | √ | | 200 | √ | √ | |
| 7 级 | 200 | √ | √ | | 180 | √ | √ | |
| 8 级 | 180 | √ | √ | | 160 | √ | √ | |
| 9 级 | 160 | √ | √ | | 140 | √ | √ | |
| 10 级 | 140 | √ | √ | | 120 | √ | √ | |
| 11 级 | 120 | √ | √ | √ | 100 | | √ | √ |
| 12 级 | 110 | √ | √ | √ | 90 | | √ | √ |

续表

| 薪俸等级 | 1931 年规程标准（元） | | | | 1930 年规程标准（元） | | | |
|---|---|---|---|---|---|---|---|---|
| | 标准 | 一等 | 二等 | 三等 | 标准 | 一等 | 二等 | 三等 |
| 13 级 | 100 | √ | √ | √ | 80 | | √ | √ |
| 14 级 | 90 | √ | √ | √ | 70 | | √ | √ |
| 15 级 | 80 | √ | √ | √ | 60 | | √ | √ |
| 16 级 | 75 | | √ | √ | 50 | | | √ |
| 17 级 | 70 | | √ | √ | 45 | | | √ |
| 18 级 | 65 | | √ | √ | 40 | | | √ |
| 19 级 | 60 | | √ | √ | 35 | | | √ |
| 20 级 | 55 | | √ | √ | 30 | | | √ |
| 21 级 | 50 | | | √ | | | | |
| 22 级 | 45 | | | √ | | | | |
| 23 级 | 40 | | | √ | | | | |
| 24 级 | 35 | | | √ | | | | |
| 25 级 | 30 | | | √ | | | | |

4.各地出台的关于检定人员管理的地方性政策制度

各地也纷纷出台关于检定人员管理的地方性政策制度。如：安徽省公布的《考核各县度量衡检定员成绩奖惩办法》、浙江省公布的《浙江省度量衡检定所考核各县度量衡检定分所主任检定员及检定员奖惩规则》、福建省公布的《本省度量衡检定所附设三等检定员训练班规则》以及北平市公布的《北平市度量衡检定所考核检定员成绩及奖惩办法》等。

## 三、度量衡管理措施

从南京政府推进度量衡划一改革所采取的措施和颁布实施

的法规制度分析，除了推进度量衡机构建设和专业人员管理、培训外，归根结底针对度量衡器具开展的各项管理工作是度量衡划一改革各项工作中的重中之重，归纳起来主要是涉及各类度量衡器具的制造、检定、检查、营业、调查等几个方面。

（一）度量衡制造

度量衡制造主要指按照《度量衡法》和《度量衡法施行细则》的规定，制造各类度量衡器具，此所谓"欲得器具之供给，必须有制造工作，以开新器之来源"[1]。在各类度量衡器具制造中，尤以制造、颁行度量衡标准器是推行度量衡划一改革重要的先决条件之一，其意义不言而喻，正如 1930 年 7 月《全国度量衡标准器号数表》的序言中所指出的标准器的重要作用，"依标准以定检查之根据，依检查以齐用器之划一，推行仿制，纲举目张，上自通都下及乡僻，小而菽[shū]粟水火之相需，大而文物制作之演进，皆将取以为准"[2]。

1.《度量衡法》中对各类度量衡器具制造的有关规定

《度量衡法》中对各类度量衡器具制造的有关规定如下[3]：

第八条 工商部依原器制造副原器，分存国民政府各院部会及各省政府、各特别市政府。

第九条 工商部依副原器制造地方标准器，经由各省及各特别市颁发各县、各市，为地方检定或制造之用。

第十三条 度量衡原器及标准器应由工商部全国度量衡局设立度量衡制造所制造之。

第十四条 度量衡器具之种类、式样、物质公差及其使用

［1］ 吴承洛《中国度量衡史》民国沪上初版图书复制版·上海：三联书店，2014 年，第 379 页。

［2］《全国度量衡标准器号数表》·工商部编印，1930 年。

［3］《度量衡法》·《中华民国法规大全（第 6 册）》·上海：商务印书馆，1936 年。

之限制由工商部以部令定之。

2.《度量衡法施行细则》中对各类度量衡器具制造的有关规定

《度量衡法施行细则》中对各类度量衡器具制造做了更加具体的规定，包括度量衡器具的种类、形制、材质、分度、感量、公差等，具体见文 3-14。

文 3-14《度量衡法施行细则》第一条至第三十六条[1]

第一条　度量衡之副原器以合金制造之。

第二条　地方标准器以合金制造之，寻常用器除特种外以金属或竹木等材质制造之。

第三条　度器分为直尺、曲尺、折尺、卷尺、链尺等种。

第四条　量器分为圆柱形、方柱形、圆锥形、方锥形等种。

第五条　衡器分为天平、台秤、杆秤等种。

第六条　砝码分为柱形、片形等种。秤锤分为圆锥形、方锥形等种。

第七条　度器之分度除缩尺外应依度量衡法第四条、第六条长度名称之倍数或其分数制之。

第八条　量器之大小或其分度应依度量衡法第四条、第六条名称之倍数或其分数制之。

第九条　砝码及衡杆分度所当之重量应依度量衡法第四条、第六条重量名称之倍数或其分制之。

第十条　度量衡器具之记名应依度量衡法第四条、第六条度量衡名称记之但标准制名称得用世界通用之符号。

第十一条　度量衡器具之分度及记名应明显不易磨灭。

第十二条　度量衡器具所用之材料以不易损伤伸缩者为限，木质应完全干燥，金属易起化学变化者须以油漆类涂之。

第十三条　度量衡器具上须留适当地位以便鳌盖检定、检查图印，凡不易鳌印之物质应附以便于鳌印之金属。前项附属之金属须与本体

---

[1]《度量衡法施行细则》·《中华民国法规大全（第 6 册）》·上海：商务印书馆，1936 年。

密合不易脱离。

第十四条　竹木折尺每节之长在二公寸或半市尺以下者其厚应在1.5公厘以上，在三公寸或一市尺以下者其厚应在二公厘以上。

第十五条　麻布卷尺之全长在十五市尺或五公尺以上者，其每十五市尺或五公尺之距离加以重量十八公两之绷力时，其伸张之长不得过一公分。

第十六条　金属圆柱形之量器内径与深应相等或深倍于径但得以一公厘半加减之。

第十七条　木质圆柱形之量器内径与深应相等或深倍于径但得以三公厘加减之。

第十八条　木质方柱形之量器内方边之长不得过于深之二倍，容量为一升时内方边之长应与其深相等但均得以三公厘加减之。

第十九条　木质方锥形之量器内大方边之长不得过于深之二倍但得以四公厘加减之。

第二十条　木质量器容量在一升以上者口边及四周应依适当方法附以金属。

第二十一条　有分度之玻璃窑瓷量器须用耐热之物质。

第二十二条　玻璃窑瓷量器最高分度与低之距离不得小于其内径。

第二十三条　概之长度应较所配用量器之口长五公分以上。

第二十四条　衡器之刃及与刃触及之部分应使为适当之坚硬平滑，其材料以钢铁、玻璃、玉石为限。

第二十五条　衡器之感量除别有规定外应依左列之限制。天平：感量为秤量千分之一以下；台秤：感量为秤量五百分之一以下；杆秤：感量为秤量二百分之一以下。

第二十六条　衡器分度所当之重量，不得小于感量。

第二十七条　天平应于适当地位表明其秤量与感量，台秤、杆秤应于适当地位表明其秤量。

第二十八条　试验衡器之法，应先验其秤量再以感量或最小分度之重量加减之。其所得结果应合左列之定限：一、天平及台秤之有标针者，其标针移动在 1.5 公厘以上；二、台秤，其杆之末端升降在三公厘以上；三、杆秤，其杆之末端升降为自支点至末端距离之三十分之一以上。

第二十九条　杆秤上支点重点之部分，应用适当坚度之金属。

第三十条　杆秤之秤量在三十市斤以下者其支点及重点部分得用革、丝、麻线等物质，其感量不得超过秤量百分之一。

第三十一条　秤纽至多不得过二个，有二个秤纽者应分置秤杆上下，其悬钩或悬盘应具移转反对方向之构造，但三十市斤以下之杆秤不在此限。

第三十二条　秤锤用铁制者应于适当地位留孔填嵌便于錾印之金属，并使便于加减其重量。

第三十三条　木杆秤秤锤之重量不得小于秤量三十分之一。

第三十四条　度量衡之器具公差如左：

（一）度器公差

| 名称 | 类别 | 公差 |
|------|------|------|
| 直尺<br>曲尺<br>折尺 | 分度二分之一公厘及大于二分之一公厘者 | 长度之二千分之一加二公毫 |
| | 分度小于二分之一公厘者及为缩尺者 | 长度之四千分之一加一公毫 |
| 链尺 | 十公尺以上 | 长度二千分之三加二公厘 |
| 卷尺 | 非钢铁制者 | 长度之二千分之三加二公厘 |
| | 钢铁制者 | 长度之一万分之三加五公毫 |

（二）量器公差

| 名称 | 种类 | 公差 |
|------|------|------|
| 全量 | 二公勺以下 | 容量之五十分之一 |
| | 五公勺至一公合 | 容量之一百分之一 |
| | 二公合至一公升 | 容量之一百五十分之一 |
| | 二公升以上 | 容量之二百五十分之一 |

续表

| 名称 | 种类 | 公差 |
|------|------|------|
| 有分度之分量 | 二公撮以下 | 容量之二十分之一 |
| | 二公勺以下 | 容量之五十分之一 |
| | 一公合以下 | 容量之百分之一 |
| | 大于一公合者 | 容量之一百五十分之一 |

（三）砝码公差

| 重量 | 公差 | 备注 |
|------|------|------|
| 五公丝以下 | 十分之一公丝 | 一公分以上每三个为一组，重量各以十倍进，公差各以五倍进。 |
| 二公毫以下 | 十分之二公丝 | |
| 五公毫 | 十分之三公丝 | |
| 一公厘 | 十分之四公丝 | |
| 二公厘 | 十分之六公丝 | |
| 五公厘 | 一公丝 | |
| 一公分 | 二公丝 | |
| 二公分 | 三公丝 | |
| 五公分 | 五公丝 | |

市用器

| 重量 | 公差 | 备注 |
|------|------|------|
| 五毫以下 | 十分之一毫 | 一两以上每三个为一组，重量各以十倍进，公差各以五倍进。 |
| 二厘以下 | 十分之二毫 | |
| 五厘 | 十分之三毫 | |
| 一分 | 十分之四毫 | |
| 二分 | 十分之六毫 | |
| 五分 | 一毫 | |
| 一钱 | 二毫 | |
| 二钱 | 三毫 | |
| 五钱 | 五毫 | |

第三十五条 度量衡标准器及精密度量衡器公差应在前条所定公差二分之一以内。

第三十六条 各种度量衡器具制造后应受全国度量衡局或地方度量衡检定所或分所之检定。前项规定于国外输入之度量衡器适用之。

上述《度量衡法施行细则》是 1931 年 12 月修订公布的，之前的《度量衡法施行细则》是 1929 年 4 月公布的。1929 年的施行细则公布后，各地在实际贯彻执行中遇到过一些问题。比如，1929 年的施行细则第四条规定："量器分为圆柱形、方柱形、圆锥形、方锥形等种"。但是在实际执行中，南京市使用量器的各行业公会曾试图继续使用"鼓形（橄榄形、凸肚形）"量器；上海市米号业同业公会为了迁就习惯，也曾试图继续使用"倒方形"升和"鼓形"斗等。针对上述这种情况，1931 年 7 月 20 日实业部专门发布训令，对于使用"鼓形（橄榄形、凸肚形）"量器的，不予照准；对于使用"倒方形"量器的，实业部则要求查明具体情况，要看是否是"口大底小"的倒方锥形量器后再行核办[1]。1931 年 12 月修订公布的《度量衡法施行细则》，实业部并未采纳南京、上海等地的诉求，对 1929 年施行细则的第四条未做修订。其实，《度量衡法施行细则》所称方锥形量器指"上口小下口大"的方锥形量器。1930 年 3 月，工商部编辑出版的《度量衡器具制造法及改造法》一书在第 9 页至第 11 页和第 13 页至第 15 页中就专门介绍了方锥形量器制造和改造方法并附有图例。不过，1935 年 4 月实业部发布的工字第 12221 号指令又同意对浙江省建设厅呈报的升、合类量器暂时使用倒方锥形量器一案准予备案，即"令浙江省建设厅为倒立方

---

[1]《令上海市度量衡检定所上海米号业同业公会请沿用凸肚形量器不能照准所称倒方形之升是何形式仰速查照具复由（工字第 1735 号）》·《实业公报》，1931 年 7 月，第 29 期。

锥形量器本省规定暂以升合为限以杜流弊祈鉴核备案由。呈悉。准予备案"[1]。

3.各类度量衡标准器具均由全国度量衡局度量衡制造所制造、颁发

全国度量衡局为此制定并公布了《度量衡标准器使用及保存方法说明书》。度量衡标准器具主要分为四类，见表3-08：

（1）第一类为"标准器"。此类标准器主要包括原器、副原器、地方标准器等三种。标准器中的原器是向国际权度局定制的，保存在全国度量衡局；标准器中的副原器主要颁发给中央各院部会及各省、特别市政府，各部门一份，用于检定地方标准器；标准器中的地方标准器主要颁发给各县、普通市政府各一份，用于地方检定和制造之用，也作法律公证之用。

（2）第二类为"标本器"。此类标本器主要包括甲组标本器和乙组标本器。甲组标本器主要提供给各省、特别市政府及所属各厅局、各商会、民众团体、制造商等备领、使用；乙组标本器主要提供给各县、普通市政府、各普通商会、民众团体、制造商等备领、使用。

（3）第三类为"检定用器"。除地方标准器外，此类检定用器主要包括检定用器、检查用器、调查用器等。这其中有一些比较精细的检定用器还需要向国外定制；检定用器提供给各省、特别市检定所以及各县、普通市检定分所检定度量衡器具时使用。检定、检查度量衡器具的烙印钢戳等也由度量衡制造所制造、颁发。

（4）第四类为"制造用器"。除地方标准器外，此类制造用器主要提供给各制造厂店使用。

---

[1]《令浙江省建设厅为倒立方锥形量器本省规定暂以升合为限以杜流弊祈鉴核备案由（工字第12221号）》·《实业公报》，1935年5月，第228期。

表 3-08 度量衡制造所制造各类度量衡标准器具种类表

| 种类 | | 序号 | 名称 | 数量单位 |
|---|---|---|---|---|
| 度量衡<br>标准器 | | 1 | 五十公分标准制铜尺 | 一支 |
| | | 2 | 市用制铜尺 | 一支 |
| | | 3 | 标准制市用制通用铜升 | 一个 |
| | | 4 | 标准制铜砝码 | 全副 |
| | | 5 | 市用制铜砝码 | 全副 |
| 民用<br>度量衡<br>标本器 | 甲组 | 6 | 一公尺三折木尺 | 一支 |
| | | 7 | 一尺市用木尺 | 一支 |
| | | 8 | 圆木斗附概 | 一具 |
| | | 9 | 圆木升附概 | 一具 |
| | | 10 | 三百市斤杆秤 | 一支 |
| | | 11 | 二百市斤杆秤 | 一支 |
| | | 12 | 一百市斤杆秤 | 一支 |
| | | 13 | 五十市斤杆秤 | 一支 |
| | | 14 | 二十市斤杆秤 | 一支 |
| | | 15 | 二十市两戥秤 | 一盒 |
| | | 16 | 四市两戥秤 | 一盒 |
| | | 17 | 一市两戥秤 | 一盒 |
| 民用<br>度量衡<br>标本器 | 乙组 | 18 | 一公尺三折木尺 | 一支 |
| | | 19 | 一尺市用木尺 | 一支 |
| | | 20 | 圆木斗附概 | 一具 |
| | | 21 | 圆木升附概 | 一具 |
| | | 22 | 二百市斤杆秤 | 一支 |
| | | 23 | 二十市斤杆秤 | 一支 |
| | | 24 | 四市两戥秤 | 一盒 |

续表

| 种类 | 序号 | 名称 | 数量单位 |
|------|------|------|----------|
| 普通检定用器 | 18 | 市尺量端器 | 一副 |
| | 19 | 度器检定台 | 一架 |
| | 20 | 量器公差器 | 一份 |
| | 21 | 量器检定架 | 一具 |
| | 22 | 杆秤检定架 | 一架 |
| | 23 | 戥秤检定架 | 一架 |
| | 24 | 市用制铜砝码 | 一盒 |
| | 25 | 标准制铁砝码 | 一份 |
| 其他检定用器 | 26 | 一公尺铜尺或钢尺 | 一支 |
| | 27 | 二市尺量端器 | 一副 |
| | 28 | 铜斗 | 一个 |
| | 29 | 铜合 | 一个 |
| | 30 | 铁斗 | 一个 |
| | 31 | 铁升 | 一个 |
| | 32 | 铁合 | 一个 |
| | 33 | 三十公斤天平 | 一架 |
| 其他检定用器 | 34 | 二千五百公分天平 | 一架 |
| | 35 | 二公斤架盘天平 | 一架 |
| | 36 | 三十公斤十进天平 | 一架 |
| | 37 | 二十公斤至半公斤大铜砝码 | 一份 |
| | 38 | 十公斤铁砝码挂钩 | 一个 |

续表

| 种类 | 序号 | 名称 | 数量单位 |
|------|------|------|----------|
| 检定、检查用各种钢印 | 39 | 同字烙印钢戳 | 一份 |
| | 40 | 国音烙印钢戳 | 一份 |
| | 41 | 合字烙印钢戳 | 一份 |
| | 42 | 否字烙印钢戳 | 一份 |
| | 43 | 销子烙印钢戳 | 一份 |
| | 44 | 年限烙印钢戳 | 一份 |
| | 45 | 县记号烙印钢戳 | 一份 |
| | 46 | 阿拉伯数目字钢戳 | 一份 |
| 制造用各种钢模 | 47 | 一市尺手工刻度钢模 | 一具 |
| | 48 | 三分之一公尺压度钢模 | 一具 |
| | 49 | 一市尺压度钢模 | 一具 |

数据来源：实业部中国经济年鉴编纂委员会《中国经济年鉴》·上海：商务印书馆，1934 年 5 月，第 203-204 页。

### 4. 全国度量衡标准器编号

1930 年 9 月，工商部公布《全国度量衡标准器号数表》，将面向中央各院部会、各省、特别市以及县和普通市颁发的度量衡标准器予以编号制表，编号一直细化到县和普通市。第一，编号第 1 号的标准器颁发给国民党中央执行委员会。第二，编号第 2 号的标准器颁发给国民政府。第三，编号第 3 号至第 40 号的标准器分别颁发给国民政府各院部会及其他中央各机关，其中第 14 号标准器颁发给工商部、第 40 号标准器颁发给全国度量衡局。第四，编号第 41 号至第 47 号标准器依次颁发给南京、上海、北平、天津、汉口、青岛、广州等七个特别市政府，北京市计量检测科学研究院至今还保存着民国时期工商部度量衡制造所制造，编号为"43"，颁发给当时北平市政府的标准制和市用制量器标准器、砝码标准器等。第五，编号第 51 号至第 78 号标准器颁发给各省政府。第六，编号第 101 号至第 2 003 号标准器颁发给各县政府。第七，编号第 2 201 号至第 2 300 号标准器颁发给各普通市政府。第八，上述编号中未使用的编号和号段作为备用。[1]

5. 各类标准器价格

各地向全国度量衡局承领各类度量衡标准器时需要照价购买。各类度量衡标准器的价格表见表 3-09。

表 3-09　度量衡制造所制造各类度量衡标准器价格表

| 序号 | 类别 | | 全套价格 | 备注 |
|---|---|---|---|---|
| 1 | 标准器 | | 银元 100 元 | 含检定证书、包装费、运费等 |
| 2 | 标本器 | 甲组 | 国币 50 元 | 含包装费，不含运费、邮费等 |
| | | 乙组 | 国币 20 元 | 含包装费，不含运费、邮费等 |
| 3 | 检定用器 | 普通检定用器 | 国币 100 元 | 含包装费，不含运费、邮费等 |
| | | 其他检定用器 | 国币 601 元 | 含包装费，不含运费、邮费等 |
| | | 检定检查用各种图印 | 洋 72 元 | 不含包装费、运费、邮费等 |
| 4 | 制造用器 | 制造用标准器 | 国币 165 元 | 不含包装费、运费、邮费等 |
| | | 钢模 7 种 | 国币 462 元 | 含包装费，不含运费、邮费等 |
| | | 刻度机 3 种 | 国币 3 096 元 | 含包装费，不含运费、邮费等 |
| 数据来源：《山东实业公报》，1932 年 11 月，第 17 期。 | | | | |

[1] 《全国度量衡标准器号数表》·工商部编印，1930 年 9 月。

（1）标准器价格。根据《实业部全国度量衡局度量衡标准器价目清单》的规定，价目清单中所列标准器主要是：五十公分铜尺一支、市用制铜尺一支、铜升一个、五十两起至五毫止市用制铜砝码二十一个、一公斤起至十公丝止标准制铜砝码二十一个，上述标准器全套含匣、检定证书及包装费、运费等在内合计 100 银元。[1]

（2）标本器价格。根据《实业部全国度量衡局颁发度量衡标本器定价清单》的规定，标本器要区分甲组标本器和乙组标本器分别定价。甲组标本器全套定价含包装费但不含运费、邮费等，合计费用国币 50 元。定价清单中甲组标本器全套主要包括：一公尺三折木尺机器刻度、市用制木尺机器刻度，市用圆木升、市用圆木斗，三百市斤、二百市斤、一百市斤、五十市斤、二十市斤双刀纽杆秤，二十市两、四市两、一市两线纽戥秤。乙组标本器全套定价含包装费但不含运费、邮费等，合计费用国币 20 元。定价清单中乙组标本器全套主要包括：一公尺三折木尺机器刻度、市用制木尺机器刻度，市用圆木升、市用圆木斗，二百市斤、二十市斤杆秤，四市两线纽戥秤。[2]

（3）检定用器价格。根据《实业部全国度量衡局颁发度量衡检定用器定价清单》的规定，检定用器区分为普通检定用器和其他检定用器。普通检定用器全套含包装费但不含运费、邮费等，合计费用国币 100 元。定价清单中普通检定用器全套主要包括：铜质检定用量端器正负两支，五斗、一斗、一升、一合等四个木质量器公差器，十两至五毫盒装检定用铜砝码，三十公斤至半公斤十一个检定用铁砝码，十个检定用钢印。其

---

[1]《实业部全国度量衡局颁发度量衡标准器价目清单》·《山东实业公报》，1932 年 11 月，第 17 期。

[2]《实业部全国度量衡局颁发度量衡标本器定价清单》·《山东实业公报》，1932 年 11 月，第 17 期。

他检定用器全套含包装费但不含运费、邮费等，合计费用国币601元。定价清单中其他检定用器全套主要包括：三十公斤天平、二千五百公分天平、架盘天平、十进天平、带匣检定用大铜砝码、带匣二十公斤大铜砝码、带匣一公尺铜尺、带匣铜斗、带匣铜升、铜合。[1]

（4）制造用器价格。根据《实业部全国度量衡局颁发度量衡制造用器价目清单》的规定，制造用器区分为制造用标准器以及刻度压度钢模（刻度机）。制造用标准器全套不含包装费、运费、邮费等，合计费用国币165元。定价清单中制造用标准器主要包括：校准一市尺的一尺量端器、校准二市尺的二尺量端器，校准一斗的带匣铜斗、校准一升的带匣铜升、校准一合的带匣铜合，校准五斗、一斗、一升、一合公差的木质量器公差器，校准杆秤用铁砝码、校准杆秤用一公斤铁砝码挂钩、校准戥秤及杆秤感量之用的铜砝码。定价清单中刻度压度钢模费用是：钢模七种含包装费合计国币462元，刻度机三种含包装费合计国币3 096元。[2]

（5）烙印钢戳价格。根据《实业部全国度量衡局颁发度量衡检定用器定价清单》中《检定检查用各种图印价目清单》的规定，检定和检查使用的图印不含包装费、运费、邮费等，五个"同"字烙印钢戳费用洋9元，五个"合"字烙印钢戳费用洋9元，五个"否"字烙印钢戳费用洋9元，五个"销"字烙印钢戳费用洋9元，五个"国音注音符号"烙印钢戳费用洋9元，五个"县记号"烙印钢戳费用洋9元，五个"年限"烙印钢戳费用洋9元，每套九字大号四公厘平方和小号二公厘

---

[1]《实业部全国度量衡局颁发度量衡检定用器定价清单》,《山东实业公报》, 1932年11月, 第17期。

[2]《实业部全国度量衡局颁发度量衡制造用器价目清单》,《山东实业公报》, 1932年11月, 第17期。

平方的"阿拉伯数目字"烙印钢戳费用洋 9 元，全套合计费用洋 72 元。[1]

## （二）度量衡检定

推进度量衡划一改革工作，制造颁发标准器是确保度量衡新制施行的重要前提，对标准器及其他度量衡器具依法实施检定"欲察器具之合格与否，必须有检定工作，以定新器之范围"[2]，以确保全国推行的新制度量衡量值统一、准确，则在"划一度量衡行政内最关重要"[3]。为此，南京政府及工商部［1930 年 12 月后为实业部］公布的《度量衡法》《度量衡法施行细则》以及《度量衡检定规则》中规定各种度量衡器具均应受全国度量衡局或地方度量衡检定所、分所的检定。

### 1. 度量衡器具检定

根据法律规定，度量衡器具未经依法检定的，不得贩卖、使用，即使是副原器也需要每十年检定一次，地方标准器每五年检定一次。从国外输入的度量衡器具也不例外，均需要依法接受检定。为配合、指导度量衡器具检定工作，工商部于1930 年 11 月编辑出版了《公用民用度量衡器具检定方法》；全国度量衡局在 1933 年还专门公布了《标准器检定用器复检办法》。就度量衡标准器的检定来说，自 1929 年至 1936 年已颁发标准器的检定证书 1 040 份以上，其中 1936 年当年颁发了240 份以上。截至 1936 年，已对十几万件各类度量衡器具实施

---

［1］《实业部全国度量衡局颁发度量衡检定用器定价清单》·《山东实业公报》，1932 年11 月，第 17 期。

［2］ 吴承洛《中国度量衡史》民国沪上初版图书复制版·上海：三联书店，2014 年，第 379 页。

［3］ 吴承洛《划一全国度量衡之前瞻与回顾》·《工业标准与度量衡》，1937 年，第3 卷第 8-9 期。

了检定<sup>[1]</sup>。

对于被检定者来说，首先应向全国度量衡局或地方度量衡检定所、分所提交检定申请书；接受检定后应缴纳检定费用；检定合格的度量衡器具依然需要接受全国度量衡局或地方度量衡检定所、分所的例行检查；实施检定后，不合格的度量衡器具应修理完善后申请实施复检。

对于实施检定者来说，实施检定的主体是全国度量衡局或地方度量衡检定所、分所；实施检定的机构受理申请书后，应实施检定或赴度量衡器具所在地实施现场检定；实施检定时对被检定度量衡器具各项指标及基本信息要予以详细记录；检定合格的度量衡器具应錾盖图印或发给检定证书；检定不合格的度量衡器具可进行修理，修理完善后复检合格的，应錾盖图印允许使用；复检不合格或无法修理的度量衡器具应予以作废或没收。

（1）《度量衡法》中关于度量衡器具检定的有关规定

《度量衡法》中关于度量衡器具检定的有关规定如下<sup>[2]</sup>：

第十条　副原器每届十年须照原器检定一次，地方标准器每五年须照副原器检定一次。

第十五条　度量衡器具非依法检定附有印证者，不得贩卖使用。度量衡检定规则，由工商部另定之。

（2）《度量衡法施行细则》中关于度量衡器具检定的有关规定

《度量衡法施行细则》中关于度量衡器具检定的有关规定如下<sup>[3]</sup>：

第三十六条　各种度量衡器具制造后应受全国度量衡局或地方度量衡检定所或分所之检定。前项规定于国外输入之度量

---

[1]　吴承洛《划一全国度量衡之前瞻与回顾》·《工业标准与度量衡》，1937年，第3卷第8-9期。

[2]　《度量衡法》·《中华民国法规大全（第6册）》·上海：商务印书馆，1936年。

[3]　《度量衡法施行细则》·《中华民国法规大全（第6册）》·上海：商务印书馆，1936年。

衡器适用之。

第三十七条　应受检定之度量衡器具须具呈请书连同度量衡器具送请全国度量衡局或地方度量衡检定所或分所检定。

第三十八条　度量衡器具检定合格者由原检定之局所鋈盖图印或给予证书。

第三十九条　受检定之度量衡器具应缴纳检定费，其额数由全国度量衡局拟订呈请实业部以部令公布。

第四十条　检定时所用图印或证书之式样由全国度量衡局定之。

（3）《度量衡检定规则》的具体规定

工商部于1929年4月公布了《度量衡检定规则》（见文3-15），该规则规定：第一，各类公用、民用度量衡器具均应接受检定，检定后的度量衡器具还需要接受检查。第二，实施检定的形式可以采取送检也可以根据需要实施现场检定。第三，接受检定需缴纳检定费，被检定的度量衡器具需要鋈盖或烙印检定图印。《度量衡检定规则》还对实施检定的环境条件、检定器具存放保管、检定记录等也做出了具体规定。

文3-15《度量衡检定规则》[1]

1929年4月

第一条　政府及民间制造之度量衡器具应由全国度量衡局或地方检定所或分所检定之。

第二条　应受检定之度量衡器具应付［附］申请书一并送请全国度量衡局或地方检定所或分所。上项申请书之程式另定之。

第三条　度量衡局或地方检定所或分所接受申请书后应即依法检定或派员携带检定器前往检定之。

第四条　度量衡检定场所当设于干燥静稳之处。

---

[1]《度量衡检定规则》·《中华民国法规大全（第6册）》·上海：商务印书馆，1936年。

第五条 检定度量衡器具应在坚牢平坦之地面及台桌举行之。

第六条 检定器须妥为储藏以避湿气温度之剧变及尘埃之沾染。

第七条 度量衡器具之检定当以左列顺序行之：（一）记载呈请检定之人名或机关及其负责人并住址；（二）记载所检定器具之记号图印或曾经检定之凭证；（三）记载所检定之器具为度器、量器或衡器及其件数；（四）记载所检定器具之为标准制市用制或两制并用；（五）记载所检定器具之种类形状物质及构造式样；（六）记载所检定器具之分度以及度器之长度、量器之容量、衡器之秤量；（七）记载所检定器具之公差；（八）记载检定之年月日及检定时之温度。

第八条 各器具检定后认为合法者应由局所整盖图印或给予证书。

第九条 受检定之度量衡器具应分别缴纳检定费。上项检定费额另定之。

第十条 已经检定之各器具仍应随时受度量衡局或地方检定所或分所之检查。

第十一条 检定时发现不合法之度量衡器具应另于一定期限内修整完善送请复检。前项限期临时酌定之。

第十二条 复检后认为合格者应加盖图印，准其出售或使用。

第十三条 检定时认为不堪修整或复检时仍未能完全合格者，应加盖作废图记不准出售或使用，不遵者得毁坏或某没收之。

第十四条 本规则自公布日施行。

## 2. 检定收费

在《度量衡法施行细则》及《度量衡检定规则》等法规制度中均规定度量衡器具接受检定后应缴纳检定费。1931年1月实业部公布《度量衡器具检定费征收规则》，现在天津计量博物馆还收藏有1931年2月天津社会局收文第243号的实业部向天津社会局签发的工字第500号训令，要求天津社会局执行1931年1月公布的《度量衡器具检定费征收规则》的档案资料。之后，因《度量衡法施行细则》修订时对度量衡器具有所调整，加之经济状况及物价成本变化，故实业部也先后修订过《度量衡器具检定费征收规则》。虽然《度量衡器具检定费征收规则》经过几次修订，不过从各地实际开展检定收费的情况看，还是存在一些争议和纠纷。举江苏省东台县的例子略作说明。

江苏省东台县在实施检定工作中发现，当地油、酱等行业所用的液体量器均以竹或铅皮等材质制成，且这些容器的量值又多在一市升以内。关于这些容器的检定费如何收取，出现了一些争议和问题。《度量衡器具检定费征收规则》中规定，"以一升起算，每器具检定费国币二分，每加一升加一分，不足一升的按一升计算，金属、玻璃、窖瓷材质的，加倍收取"。如果按照上述规则执行，似乎收费标准很明确，也不会造成什么异议。但是，东台县各商铺平日所用的液体量器，小者数两，大者一、二斤，折合容量，均不足一升。比如，竹制一两或二两液量器，其本身的售价不过数分钱，而检定费则须缴纳二分钱；又比如，用铅皮等普通金属制成的一两或二两的液量器，其制造成本也比较低，但检定费必须缴纳四分钱。这样一来，在商、民心中就会认为上述容器接受检定所缴纳的检定费与这些容器本身的成本比较起来，显得检定收费过高，增加了商、民负担并影响了新制度量衡的推行前途。东台县政府为此参照检定费征收规则拟订了三项建议：第一，用竹或铅皮等普通金属制造的液体量器，以五市合起算，每个量器的检定费一分，此类量器的容量每加五市合则增加一分检定费，不足五市合的量器以五市合计；第二，用玻璃、窖瓷或珍贵金属制造的液体量器，检定费相对于上述竹或普通金属制成的量器加倍；第三，刻有分度线的液体量器，应依照检定玻璃量器暂行办法的有关规定办理。当时江苏省建设厅将东台县上述三项建议呈送全国度量衡局鉴核。全国度量衡局审核后，在回函中指出：液体量器检定费依照征收规则征收并不高，为避免分歧，"无庸再予变更"；

至于用铅皮等普通金属所制造的液体量器，其检定费可依照竹木材质的量器征收。从全国度量衡局的上述回函分析，对检定费征收规则中"金属加倍收取"的规定进行了调整，但也未完全采纳江苏省东台县的意见。[1]

表 3-10 展示了 1932 年度量衡器具检定收费标准。

表 3-10 1932 年度量衡器具检定收费标准

| | 种类 | 收费标准和收费原则 |
|---|---|---|
| 市用制 | 度器 | 1. 竹木制的，一尺起算，每支检定费国币 5 厘；每加一尺加收 5 厘，不足一尺按一尺计算。<br>2. 金属、牙骨、麻革、各种赛珍品材质的，加倍收取 |
| | 量器 | 1. 以一升起算每具检定费国币 2 分，每加一升加一分，不足一升的按一升计算。<br>2. 金属、玻璃、窖瓷材质的，加倍收取 |
| 市用制 | 衡器 | 1. 天平：每架检定费国币 5 角，其秤量在五千分之一以下的，加倍收取；万分之一以下的加三倍收取。<br>2. 砝码：不满一市斤的，每个检定费国币 2 分；不满十市斤的，3 分；十市斤以上的，5 分。<br>3. 台秤：以二百市斤称量起算，每具检定费国币 3 角，每加一百市斤加 1 角；连带的秤锤不另收检定费。<br>4. 杆秤：以二十市斤称量起算，每具检定费国币 2 分，每加十市斤加 1 分；连带的秤锤不另收检定费。<br>5. 戥秤：每具检定费国币 5 分。<br>6. 盘秤：每具检定费国币 5 分 |
| 标准制 | | 标准制度量衡器具检定费按照上述市用制比例计算征收 |
| 备注 | | 1. 上述未列举的度量衡器具种类，其检定费应比照酌拟后实业部核准。<br>2. 科学用精密度量衡器具的检定费另行规定。<br>3. 使用辅币或铜元折合国币缴纳检定费的，不得高抬或低减 |

数据来源：《度量衡器具检定费征收规则》·《中华民国法规大全（第 6 册）》·上海：商务印书馆，1936 年。

---

[1] 彭宓蕾《南京政府度政改革研究（1927—1935 年）（硕士论文）》·华中师范大学，2011 年 5 月，第 65-66 页。

### 3. 检定图印

《度量衡法施行细则》《度量衡检定规则》等法规制度中均明确规定度量衡器具接受检定后，需要加盖检定图印。全国度量衡局于 1931 年 1 月公布了《度量衡器具盖印规则》并附《度量衡检定用印各省区外加国音注音符号分配表》，1932 年 9 月、1937 年 1 月又分别对盖印规则等进行了修订。

检定图印的图样主要是"同""销""合""否"及"国音注音符号"和"县记号"等。图印主要分为"錾印"和"烙印"两种。一般来说，"錾印"多用于铜、铁材质的度量衡器具上；"烙印"多用于竹、木材质的度量衡器具上[1]。"錾印"一般分为大、中、小三种规格，大号 4 公厘平方，中号 3 公厘平方，小号 2 公厘平方；"烙印"一般分为大、小两种规格，大号 12 公厘平方，小号 6 公厘平方。对于玻璃量器则要使用双线式图印，也分为大、小两种规格，大号 12 公厘平方，小号 6 公厘平方。检定图印的形制，一般可用圆形和长方形。使用圆形图印的，其直径要符合錾印、烙印及玻璃器皿图印的尺寸规定；使用长方形图印的，该长方形纵边应符合錾印、烙印图印的尺寸规定，长方形的横边应为纵边的一倍半。图印加盖在度量衡器具的什么位置，也是有明确规定的。度器的图印通常加盖在其最末分度线的左右；量器的图印通常加盖在其全量名称的旁边或上方。衡器的图印位置比较复杂，要区别对待。天平等衡器图印通常加盖在其横梁的中央或附近；台秤、案秤等衡器图印通常加盖在其杆的末端标记秤量的旁边及增锤台增锤的上面；自动秤、簧秤等衡器图印通常加盖在其分度盘的上面。对于难于依照上述规定的位置加盖图印的度量衡器具，也可以因器制宜，在该

---

[1] 陈传岭《历代度量衡检定印鉴》·《中国计量》，2016 年，第 10 期，第 63 页、第 85 页。

器具的其他适当明显的位置加盖图印，但是对于"精细度量衡器具一般不錾印、不烙印，只填发证书，以免损坏"[1]。

（1）关于"同"字图印。度量衡器具检定合格后，需加盖"同"字图印。之所以使用"同"字，据说取《虞书》中"同律度量衡"之"同"，也有取孙中山所言"世界大同"之"同"以及"资之官而后天下同"之"同"[2]；当然也不能说与中国古人实施度量衡器具检定时"仲春之月，日夜分，则同度量，钧衡石、角斗甬，正权概；仲秋之月，日夜分，则同度量，平权衡，正钧石，角斗甬"之"同"不无联系。全国度量衡局施行检定后直接使用的图印为"同"字；各省、特别市度量衡检定所施行检定后所用图印是"同"字加"国音注音符号"，加国音注音符号的目的是对实施检定的省、特别市予以区别；各县、普通市度量衡检定分所施行检定所用图印是"同"字加其所在省或特别市"国音注音符号"再加本县或普通市的"县记号"，加县记号的目的是同一省、特别市内对实施检定的县、普通市予以区别。其实，除了"同""国音注音符号"以及"县记号"等法规制度规定的图印记号外，在实际检定过程中，检定员为了分清责任、便于识别，往往还会加上一些暗号，即"此外尚有检定员之暗号……设法志别也"[3]。表 3-11 为度量衡检定用印"国音注音符号"表。

---

[1]　陈传岭《历代度量衡检定印鉴》·《中国计量》，2016 年，第 10 期，第 63 页、第 85 页。

[2]　吴承洛《历代度量衡制度之变迁与其行政上的措施》·《工业标准与度量衡》，1934 年，第 2 期。

[3]　吴承洛《历代度量衡制度之变迁与其行政上的措施》·《工业标准与度量衡》，1934 年，第 2 期。

表 3-11　度量衡检定用印"国音注音符号"表

| 省区 | 符号 | 音读 | 省区 | 符号 | 音读 |
|---|---|---|---|---|---|
| 江苏 | ㄅ | B 伯 | 吉林 | ㄕ | Sh 诗 |
| 浙江 | ㄆ | P 迫 | 黑龙江 | ㄖ | R 日 |
| 安徽 | ㄇ | M 墨 | 热河 | ㄗ | Tz 资 |
| 江西 | ㄈ | F 佛 | 察哈尔 | ㄘ | Ts 雌 |
| 福建 | 万 | V 窝 | 绥远 | ㄙ | S 思 |
| 广东 | ㄉ | D 德 | 新疆 | ㄨ | U 乌 |
| 广西 | ㄊ | T 特 | 宁夏 | ㄩ | Lu 迂 |
| 贵州 | ㄋ | N 讷 | 青海 | ㄚ | A 啊 |
| 云南 | ㄌ | L 肋 | 西康 | ㄛ | ○痾（宁音） |
| 湖南 | ㄍ | G 格 | 蒙古 | ㄜ | E 厄 |
| 湖北 | ㄎ | K 客 | 西藏 | ㄝ | E 哀（苏音） |
| 河南 | ㄫ | g 额（苏音） | 广州 | ㄠ | Au 熬 |
| 山东 | ㄏ | H 赫 | 青岛 | ㄡ | Ou 欧 |
| 河北 | ㄐ | Ji 基 | 汉口 | ㄢ | An 安 |
| 山西 | ㄑ | Chi 欺 | 天津 | ㄣ | En 恩 |
| 陕西 | ㄬ | En 尼（苏音） | 北平 | ㄤ | Ang 昂 |
| 四川 | ㄒ | Shi 希 | 上海 | ㄥ | Eng 亨 |
| 甘肃 | ㄓ | J 知 | 南京 | ㄦ | Er 儿 |
| 辽宁 | ㄔ | Ch 痴 |  |  |  |

数据来源：《令全国度量衡局据呈送度量衡器具检定费征收规则及度量衡器具盖印规则等仰遵令办理由（工字第 303 号）》·《实业公报》，1931 年 2 月，第 5 期。

对于"县记号",通常以阿拉伯数字来标明,不过也有使用汉字或汉字的偏旁部首来标明的。以甘肃省为例,甘肃省建设厅就曾拟订以阿拉伯数字作为检定图印中的"县记号";后经报请甘肃省政府查核并报国民政府实业部备查;全国度量衡局为此"咨以本省检定记号尚属妥善"。比如,当时甘肃省的皋兰县的县记号为1、靖远县的县记号为3、定西县的县记号为5、临夏县的县记号为14、庆阳县的县记号为21、天水县的县记号为37、礼县的县记号为46、张掖县的县记号为53、酒泉县的县记号为61、玉门县的县记号为65等[1]。再以河南省为例,从1933年10月全国度量衡局刊载的《河南省各县市度量衡检定用记号一览表》中可以看出,河南省规定的"县记号",使用的是汉字和汉字的偏旁部首,具体见表3-12。

表3-12 度量衡检定用印河南省"县记号"表

| 县 名 | 县记号 | 县 名 | 县记号 |
|---|---|---|---|
| 开封县 | 土 | 杞 县 | 己 |
| 兰封县 | 圭 | 通许县 | 午 |
| 商丘县 | 丘 | 永城县 | 永 |
| 睿陵县 | 而 | 睢 县 | 目 |
| 鹿邑县 | 比 | 柘城县 | 石 |
| 虞城县 | 戈 | 淮阳县 | 亻 |
| 夏邑县 | 巴 | 民权县 | 民 |
| 太康县 | 太 | 新乡县 | 辛 |
| 中牟县 | 中 | 辉 县 | 申 |
| 彰德县 | 安 | 获嘉县 | 加 |

---

[1]《规定本省各县度量衡检定记号》·《甘肃省政府行政报告》,1935年4月,第36-38页。

| 县 名 | 县记号 | 县 名 | 县记号 |
|------|-------|------|-------|
| 汤阴县 | 今 | 淇 县 | 其 |
| 临漳县 | 早 | 延津县 | 乄 |
| 武安县 | 弋 | 浚 县 | 氵 |
| 内黄县 | 内 | 封丘县 | 寸 |
| 清化县 | 夊 | 济源县 | 了 |
| 修武县 | 彡 | 陈留县 | 刀 |
| 武陟县 | 止 | 考城县 | 考 |
| 原武县 | 小 | 汲 县 | 及 |
| 阳武县 | 旦 | 沁阳县 | 心 |
| 滑 县 | 月 | 孟 县 | 子 |
| 温 县 | 皿 | | |

数据来源:《河南省各县市度量衡检定用记号一览表》·全国度量衡局,1933 年 10 月。

（2）关于"销"字图印。全国度量衡局依据《度量衡检定规则》第十三条，"检定时认为不堪修理或复检时仍未能完全合格者，应加盖作废图记，不准出售或使用，不遵者得毁坏或没收之"的规定，对于需要作废的度量衡器具加盖"销"字图印。

（3）关于"合"字和"否"字图印。1931 年 1 月和 1932 年9 月公布的《度量衡器具盖印规则》中均对"合"字、"否"字两图印的使用情景做出了明确规定。"合"字、"否"字两个图印主要是配合《度量衡法施行细则》第四十七条"度量衡法实施前所用之度量衡器具种类、名称合于度量衡法第四条、第六条之规定者，应依本细则第三十七条之规定呈请检定"的规定而制定的特别图印。1932 年 9 月的《度量衡器具盖印规则》第六条规定，"依照度量衡法施行细则第四十七条呈请检定之所用图印，其合格者为'合'字，不合格者为'否'字"。也就是说，度量衡法施行前的度量衡器具符合标准制［万国权度通制］或市用制名称及定位规定的，加盖"合"字图印，否则加盖"否"字图印。不过，1937年1月公布的《度量衡器具盖印规则》未再提及上述两字图印（见文3-16）。

文 3-16《度量衡器具盖印规则》[1]

1937 年 1 月

第一条　度量衡器具施行检定或检查时所盖图印均依本规则之规定。

第二条　检定及检查图印分錾印、烙印两种。

第三条　錾印分大中小三式，大者四公厘平方，中者三公厘平方，小者二公厘平方。

第四条　烙印分大小二式，大者十二公厘平方，小者六公厘平方。

第五条　玻璃量器用双线式图印，分大小二式，大者十二公厘平方，小者六公厘平方。

第六条　检定检查图印之用圆形者其直径应分别比照第三条、第四条、第五条之规定，用长方形者其纵边应分别比照第三条、第四条之规定，其横边应为纵边之一倍半。

第七条　实业部全国度量衡局施行检定所用图印为"同"字，各省市区度量衡检定所施行检定所用图印除仍为"同"字外加国音注音符号，各县市度量衡检定分所施行检定所用图印除"同"字及国音注音符号外另加县记号以示区别。

第八条　度量衡检定规则第十三条规定之作废图记为"销"字。

第九条　常年检查或复查所认为合格之度量衡器具应加盖本年民国年数号码图印。

---

[1]《修正度量衡器具盖印规则》·《现行工商法规》·成都：四川账表工业社，1942年。

第十条　度量衡器具应鏨盖检定检查图印于左列之地位：（一）度器，最末分度线之左右；（二）量器，全量名称之旁或上方；（三）天平，横梁之中央或其附近；（四）台秤及案秤，杆之末端表记称量之旁边及增锤台增锤之上面；（五）自动秤及簧秤，分度盘之上面；（六）杆秤，支点之旁边或杆之末端及秤锤之上面；（七）砝码，上面、侧面或底面。凡难于依照上列规定地位盖印者得盖印于其他适当显明之地位。

第十一条　所有图印均由实业部全国度量衡局颁发。

第十二条　本规则自公布日施行。

### （三）度量衡检查

对度量衡器具实施检查是继续保证接受检定后的度量衡器具形制合法合规、量值完整准确以及确保度量衡器具依法制造、贩卖、使用的管理手段之一。《度量衡法》《度量衡法施行细则》以及《度量衡器具检查执行规则》等法律法规对度量衡器具的检查均做出了规定。

1.《度量衡法》中对度量衡器具检查的有关规定

《度量衡法》中对度量衡器具检查的有关规定如下[1]：

第十六条　全国公私使用之度量衡器具须受检查。

2.《度量衡法施行细则》中对度量衡器具检查的有关规定

《度量衡法施行细则》中对度量衡器具检查的有关规定如下[2]：

第四十一条　检定合格之度量衡器具应定期或随时受全国度量衡局或地方度量衡检定所或分所之检查。

第四十二条　度量衡器具经检查后，有与原检定不符者应

[1]《度量衡法》·《中华民国法规大全（第 6 册）》·上海：商务印书馆，1936 年。
[2]《度量衡法施行细则》·《中华民国法规大全（第 6 册）》·上海：商务印书馆，1936 年。

将原检定图印或证书取消之，除不堪修理者即行销毁外，得限期修理送请复查，但寻常用器检查时之公差或感量在制造时二倍以内者不在此限。

第四十三条 依前条复查之度量衡器具合格者准用本细则第三十八条之规定，不合格者销毁之。

第四十四条 检查时所用图印由全国度量衡局定之，并于一定期限内改定一次。前项期限由全国度量衡局定之。

第四十五条 检查时所用检查器具其图样由全国度量衡局拟订颁发。前项检查器具依样制成后应由全国度量衡局或度量衡检定所或分所核准之。

第四十六条 检查事务由全国度量衡局或地方度量衡检定所或分所会同地方商业团体及公安主管机关执行。

3.《度量衡器具检查执行规则》的规定

《度量衡器具检查执行规则》是对《度量衡法》和《度量衡法施行细则》中涉及度量衡检查规定的进一步细化，见文3-17。该规则规定：第一，经检定合格的度量衡器具也应定期或不定期接受全国度量衡局以及地方度量衡检定所、分所的检查，度量衡机构实施检查时还要会同公安机关的警察一同开展。第二，"定期检查"的周期一般为一年一次，对于已经检定或检查并鉴有图印也颁发相关凭证的度量衡器具，出现增损等情况时，可实施临时检查。第三，如果某区域实施度量衡检查后，有新建或新迁入的店铺、商号等，其度量衡器具要接受补充检查；店铺、商号等迁入前已接受过度量衡检查的，需要提供有关凭证。第四，度量衡器具经过检查，如果与原检定不符合的，要取消原检定图印和证书，不能修理的要及时销毁，能够修理的应及时修理后再送复检，经复检的度量衡器具依然不合格的，也要予以销毁。第五，各类度量衡器具接受检查时，不需要缴纳任何费用。第六，度量衡器具检查合格或经修理复查合格后，需要錾盖图印或给予有关检查凭证。检查图印式样是实施检查及复查年度的"民国年数号码"的长方形錾印。这个长方形錾印通常窄边长 3 公厘，宽边长 4.5 公厘，四周还要加以边线；对于木量器、粗砝码等度量衡器具检查合格后其图印应加盖于检定用印"同"字之下，对于普通度器、木杆秤类度量衡器具检查合格后其图印应加盖于检定用印"同"字之旁并紧接排列[1]。

文 3-17《度量衡器具检查执行规则》[2]

1932 年 12 月

第一条　凡各公务机关及民间营业用度量衡器具之检查，除度量衡法施行细则第三章已有规定外，依本规则行之。

第二条　定期检查每年一次，其区域及日期由检定所或分所定之，除会同公安机关先期布告外，并通知各同业公会及应受检查之公务机关。

第三条　已经检查之区域有新设或迁入之机关或行号，应将使用之度量衡器具送检定所或分所补行检查，其已另有凭证者，附送凭证。

第四条　施行检查时，由检查人员同警士于每日业务时间内前往。

第五条　检查人员应携带奉派检查之证明书。前项证明书须粘贴该检查人员之二寸半身像片。

第六条　度量衡器具之检查概不收费。

第七条　凡经检查合格之度量衡器具，应加錾图印或给予凭证。

第八条　已受检查之度量衡器具应由地方检定所或分所详细登记。

第九条　各地方度量衡检定所或分所应将每届检查情形及其结果呈报全国度量衡局。

第十条　施行检查后，各行号不得使用未经检查錾印或未给予凭证之度量衡器具。

---

[1]　陈传岭《历代度量衡检定印鉴》·《中国计量》，2016 年，第 10 期第 85 页。

[2]　《度量衡器具检查执行规则》·《中华民国法规大全（第 6 册）》·上海：商务印书馆，1936 年。

第十一条 已经检定或检查鉴有图印或给予凭证之度量衡器具，如发现增损不合之情形时，得施行临时检查。

第十二条 造成冒用检查图印或凭证者，移送法院依法处断。

第十三条 检定人员违法舞弊情事经举发，查实后除免职外并送法院依法惩办。

第十四条 违反本规则第十条之规定者，处五元以下之罚金，由公安机关执行。

第十五条 本规则自公布之日施行。

### 4. 警士与度量衡检查人员的配合

虽然上述《度量衡器具检查执行规则》中第二条、第四条均规定了度量衡检查时，为防止抗拒或不服检查的情况发生，度量衡检查人员要会同警士共同办理。但是在实际检查工作中，警士与度量衡检查人员的配合还仍存在一定的问题。如河南省度量衡检定所向全国度量衡局反映，在实施度量衡检查时商请警士配合存在一些困难和问题，"（一）在请求派同警员时，需种种手续，且于时间上诸多浪费。（二）每分局、所的警员，仅能在所辖区域内执行职务，若遇一街衢［qú］为数局、所管辖时，则须更换警员数次。（三）检查工作应无定时执行，前项处理方法，是必受时间之限制。（四）若不预为请派警员，在执行时请求就近岗警协助，以就近岗警，本负有其维持秩序或交通等项之责任，对此常藉事推诿，且有时在较为偏僻之街衢，距离岗位甚远，以致呼叫不应者。（五）请派之警员，多对于推行度量衡新制缺乏常识，虽经多方讲解，然在执行时，仍有以此事［度量衡检查］无关轻重，致无形中阻碍工作进行者"。除河南外，实业部、全国度量衡局也相继收到其他省市开展度量衡检查时遇到与河南省类似问题的反映，即"近来迭据各地检定机关报告，常有感受上述同样情事，以致检查工作未能顺利进行"。为此，1934 年 9 月，实业部以工字第 10608 号函咨内政部，请求内政部"训令各省市高级公安机关通饬所属，凡遇检定人员执行检查请求派警同往时，务须遴派得力警士，随同前往，加意协助，以利检查工作"。[1]根据实业部咨函，内政部随即发布了警字第 2028 号咨各地公安机关对度量衡检查予以配合、协助[2]。1934 年 12 月，内政部还颁行了《商人私用旧制度量衡器具随时没收案》，该案指出各省市公安机关"如发现商人在检定员执行检查后，仍私自使用旧制度量衡器具，随时予以没收"[3]。实践证明，实施对度量衡器具的有效检查，警士与度量衡专业人员的密切配合必不可少。比如，1932 年无锡县公安局在《本局办理推行新制度量衡经过》一文中的记述已证明这一点，"查本邑自划一新制度量衡推行以来，瞬历三载。惟商民狃（niǔ）于积习，骤改旧制，每多阳奉阴违，虽曾令劝导，乃言者谆谆而听者藐藐，推行改革，成效殊鲜。自去岁建厅特派检定员来锡后，切实进行，并由本局暨所属各分局所协力推行。先由城市，后及乡镇，再于肩挑走卒、城乡住户等，定期分别执行检查。遇有未备新器，或已备新器而以旧器兼用者，初则没收旧器，继则按章处罚。……执行检查后，没收旧器，……报解县政府备核销毁。嗣后仍当督属继续切实检查，俾得百业通商交易，均有一致之准则……"[4]。

---

［1］《咨内政部请训令各省市高级公安机关转饬所属对于度量衡检定人员执行检查时务派得力警士加意协助由（工字第 10608 号）》·《实业公报》，1934 年 10-11 月，第 196 期。

［2］《省政府训令（第 7347 号）》·河北省民政厅警务处《警务旬报》，1934 年 10 月，第 74 期。

［3］《通行警察法规汇编》·上海：上海警声印刷厂印制，1946 年，第 898 页。

［4］《无锡县公安局年鉴（1932 年）》中《本局办理推行新制度量衡经过》·无锡：锡丰印刷公司，1933 年。

## （四）度量衡营业

南京政府推行度量衡划一改革，其中一项措施就是施行度量衡器具的检定制，而不是专卖制。因此，除了各类度量衡标准器由国家专门负责制造、颁发外，其他度量衡器具允许民间制造、贩卖和修理，此谓"提倡国产度量衡，其道有二：一曰使用国产度量衡，一曰制造国产度量衡，不使用不足以资划一……不制造不足以应需要，需要之充分供给，责在许可商人之努力"[1]。

1.《度量衡法》中对度量衡营业的有关规定

《度量衡法》中对度量衡营业的有关规定如下[2]：

第十四条 度量衡器具之种类、式样、物质公差及其使用之限制由工商部以部令定之。

第十七条 凡以制造、贩卖及修理度量衡器具为业者须得地方主管机关之许可。度量衡器具营业条例另定之。

第十八条 凡经许可制造、贩卖或修理度量衡器具之营业者有违背本法之行为时，该管机关得取消或停止其营业。

2.《度量衡法施行细则》中对度量衡营业的有关规定

《度量衡法施行细则》中对度量衡营业的有关规定如下[3]：

第三十六条 各种度量衡器具制造后应受全国度量衡局或地方度量衡检定所或分所之检定。前项规定于国外输入之度量衡器适用之。

第四十八条 度量衡法施行满一定期限后，不得制造或贩卖不合度量衡法及本细则规定之度量衡器具，但期限未满前原

---

[1] 吴承洛《复兴农村提倡国货与实行新生活三个大问题和划一的度量衡标准》·《工业标准与度量衡》，1934年，第3期。

[2]《度量衡法》·《中华民国法规大全（第6册）》·上海：商务印书馆，1936年。

[3]《度量衡法施行细则》·《中华民国法规大全（第6册）》·上海：商务印书馆，1936年。

有器具暂得使用。前项期限由全国度量衡局就各地方情形分别拟订呈请实业部核准公布之。

第四十九条　前条暂得使用之度量衡器具应受本细则第十一条规定之检查，全国度量衡局或度量衡检定所或分所得令其依法改造。

3.《度量衡器具营业条例》的制定及具体条款

工商部于1929年4月公布了《度量衡器具营业规程》，1930年9月南京政府按照《度量衡法》第十七条的规定将上述营业规程升格为《度量衡器具营业条例》（见文3-18），并由实业部于1931年1月配套公布了《度量衡器具营业条例施行细则》。规范度量衡器具营业，施行许可制度，是保证国民政府公布《全国度量衡划一程序》中涉及"禁止制造旧器""禁止贩卖旧器""举行营业登记""指导改造旧器""指导制造新器"等几项主要划一推行工作能够落实的重要手段和措施之一。度量衡器具的营业主要涉及度量衡器具的制造、贩卖以及修理等三个领域，均需在申领许可执照后才可以开始营业，许可执照有效期一般为10年［北京政府时期特许营业执照规定有效期为15年］，执照不得让与或转借使用；并且领取制造许可执照的店铺必须兼营贩卖和修理业务，领取贩卖许可执照的店铺也必须兼营修理业务。

1930年9月公布的《度量衡器具营业条例》和1931年1月公布的《度量衡器具营业条例施行细则》执行后，各地在实际执行中遇到了一些《度量衡器具营业条例》及施行细则中并未明确界定的问题。为此，各地纷纷向实业部、全国度量衡局致函请示。实业部和全国度量衡局对这些问题进行了答复。举例如下：

第一，福建省度量衡检定所曾向实业部、全国度量衡局请示"外国籍人可否许其为度量衡营业"。为此，实业部于1931年

3 月 14 日发布工字第 624 号指令不允许向外国人发放度量衡器具营业许可。该指令指出，"度量衡统一，为国家要政，政府由切实监督之必要。度量衡法及度量衡器具营业条例既无外国人可为是项营业之规定，自应以本国人为限，其非本国人而为是项营业之请求者即可不予许可。纵使朦混其间希图营利，察觉后亦应撤销其许可"[1]。

第二，广西省工商局曾向实业部、全国度量衡局请示，对于度量衡器具营业的店主由两人变更为两人中的一人时，原领取的营业许可执照是否应重新换领。为此，实业部 1935 年 6 月 17 日发布工字第 12629 号指令，该指令指出，上述情况"可由地方主管机关于原发执照上批注，加盖印信，毋庸另发新照"[2]。1936 年 9 月公布《修正度量衡器具营业条例施行细则》时，对此问题在修订的施行细则第十条第二款中予以了明确，即"联名领照之店主或厂主，其中有人退出时，其所领执照应报由当地主管机关批准盖印，并转报全国度量衡局备案"。

第三，南京市社会局曾向实业部、全国度量衡局请示，对于已获得营业许可的商号，如果更改商号名称，是否需要更换营业执照并收取费用。为此，实业部 1936 年 7 月 25 日发布工字第 16489 号指令，要求对于已获得营业许可的商号，如果更改商号名称，情况属实的，无需另行发放许可证，即"自可于

---

[1]《令全国度量衡局呈据福建检定所所长何岑请示外国籍人可否许其为度量衡营业事关法律祈鉴核解释由（工字第 624 号）》·《实业公报》，1931 年 3-4 月，第 11 期。

[2]《令全国度量衡局呈一件为准广西工商局函度量衡店主由两人变更为一人其前领之许可执照应否换领一案转请核示由（工字第 12629 号）》·《实业公报》，1935 年 7 月，第 236 期。

原执照上批准变更，无须换给执照"[1]。

第四，上海市度量衡检定所曾向实业部、全国度量衡局请示，对于已获得营业许可执照的商人亡故后，其继承人是否可继承营业许可执照。为此，实业部 1936 年 7 月 29 日发布工字第 16539 号指令，指出对已获得营业许可的商人亡故后，其继承人可继承营业执照，无需另行发放许可证，即"度量衡营业者如本人亡故，其继承人继承营业，申请登记时，可于原发许可执照上，加以批注，毋庸换领执照"[2]。1936 年 9 月，公布《修正度量衡器具营业条例施行细则》时，对此问题在修订的施行细则中第十一条中予以了明确，即"度量衡营业者死亡，其法定继承人继续营业时，应将原领营业执照，报由当地主管机关批注盖印，并转报全国度量衡局备案"。

第五，1936 年 9 月《修正度量衡器具营业条例施行细则》对于度量衡器具营业商铺开设分号且不向主管机关呈请核发证明书件的情况，当如何处理，未做明确规定。为此，南京市社会局曾向实业部、全国度量衡局请示。实业部 1937 年 7 月 21 日发布工字第 21030 号指令，该指令指出，"度量衡营业者，开设分店或分厂，而不向当地主管检定机关呈请核发证明书件时，只能限期饬令呈请，倘再抗不遵行，可依行政执行法第四条第一款〔第四条有左列情形之一者，该管行政官署得处以罚锾。一、依法令或本于法令之处分，负有行为义务而不为

---

[1]《令全国度量衡局二十五年七月四日度字第 13917 号呈一件为准南京市社会局请解释商人变更店号换领执照是否再收照费一案转请鉴核令遵由（工字第 16489 号）》·《实业公报》，1936 年 8 月，第 291 期。

[2]《令全国度量衡局二十五年七月十一日度字第 13991 号呈一件据上海市度量衡检定所代电请解释度量衡营业者之继承人应如何换照一案转祈鉴核示遵由（工字第 16539 号）》·《实业公报》，1936 年 8 月，第 291 期。

其行为，非官署或第三人所能代执行者……[1] 之规定办理，不得援用度量衡法第十九条［第十九条违反第十五条或第十八条之规定，不受检定或拒绝检查者，处三十元以下之罚金］之规定"[2]。

文 3-18《度量衡器具营业条例》[3]

1930 年 9 月

第一条　以制造、贩卖或修理度量衡器具为业者，应呈请地方主管机关核发许可执照，转报全国度量衡局备案。前项许可执照由全国度量衡局刊发地方主管机关备用。

第二条　度量衡器具营业之许可以十年为有效期间，自发照之日起算但期满得呈请续展十年不收执照费。

第三条　以制造为业之呈请人应依左列各款缴纳执照费：（一）用原动力机械，平时雇用工人在三十人以上者，五十元；（二）用原动力机械，平时雇用工人不满三十人者，三十元；（三）用手工制造，平时雇用工人在三十人以上者，二十元；（四）用手工制造，平时雇用工人在十人以上者，十元；（五）用手工制造，平时雇用工人不满十人者，五元。

第四条　以贩卖或修理为业之呈请人应依左列各款缴纳执照费：（一）贩卖者二元；（二）修理者一元。

第五条　领有制造执照者得兼营贩卖及修理业，领有贩卖执照者得兼营修理业。

---

［1］《行政执行法》·国民政府文官处印铸局编《国民政府法规汇编（第 4 编）》，1932 年。

［2］《令南京市社会局二十六年七月七日政字第 4013 号呈一件为度量衡器具营业条例施行细则第七条之规定于度量衡营业者开设分店或分厂而不向当地主管检定机关呈请核发证明书件时是否可以援照适用祈鉴核示遵由（工字第 21030 号）》·《实业公报》，1937 年 7 月，第 342 期。

［3］《度量衡器具营业条例》·《中华民国法规大全（第 6 册）》·上海：商务印书馆，1936 年。

第六条　领有制造执照者应备价承领标准器。

第七条　有左列各款情事之一者不得为度量衡器具营业：（一）犯刑法第十三章（1935年刑法为第十四章）规定各罪而受刑罚之宣告，自执行终了或免除执行之日起，尚未经过一年者；（二）依度量衡法第十八条或本条例之规定，撤销执照或停止其营业后，尚未经过一年者。

第八条　领有许可执照者如犯刑法第十三章［1935年刑法为第十四章］规定各罪受刑罚之宣告时，应撤销其执照。

第九条　本条例自公布日施行。

### 4. 度量衡器具营业税费

《度量衡器具营业条例施行细则》在《度量衡器具营业条例》第三条、第四条所规定的执照费基础上，进一步明确了执照费、印花税标准以及执照费、印花税收缴后中央、省、市、县各级的分成比例。

《度量衡器具营业条例》和1931年1月公布的《度量衡器具营业条例施行细则》虽然规定了领取度量衡器具营业许可执照应缴纳执照费和印花税，但是对于原领有度量衡制造营业许可执照的厂店，其工人增加或手工变为机械动力时，换领许可执照时如何缴费，没有做出明确规定；领取了营业许可执照厂店的分店，其有关"证明书件"是否需要缴纳印花税，也没有作出明确规定。实业部、全国度量衡局对此进行了研究和明确。

第一，实业部于1932年11月22日发布工字第5722号指令，明确工人数额增加或动力改变后，换领营业许可执照时应补缴费用，即"工人增加或手工变为动力时，换领执照与初次领照时适用之法条已不相合，自应依照度量衡器具营业条例第三条［第三条　以制造为业之呈请人应依左列各款缴纳执照费：（一）用原动力机械平时雇用工人在三十人以上者五十元；（二）用原动力机械平时雇用工人不满三十人者三十元；（三）用手工制造平时雇用工人在三十人以上者二十元；（四）用手工制造平时雇用工人在十人以上者十元；（五）用手工制造平时雇用工人不满十人者五元〕各款规定，补缴照费"[1]。

　　第二，广西遇到分店"证明书件"是否需要缴纳印花税问题后，曾向实业部、全国度量衡局请示。为此，实业部于1936年4月25日发布工字第15544号指令，指出，"度量衡商厂分店证明书件，其格式内容既未必与营业许可执照相同，自不能适用印花税法第三条第七款'副本抄本免贴'之规定。且此项证明书件，亦属主管官署核准发给有关营业许可证照之一种，仍应依印花税法第十六条第三十二类〔第十六条　应纳印花税之凭证及税率，依左列之所定。第三十二类关于营业之各项许可证照……每照贴印花1元……[2]〕之规定纳税"[3]。1936年9月《修正度量衡器具营业条例施行细则》公布时，对此问题在修订的施行细则第九条第一款中予以了明确，即"凡于检定所或分所管辖区域内取得许可执照者，如设分店或分厂于本区域或其它区域时，应备具申请书连同本店或本厂原领许可执照及印花税费1元，向当地主管检定机关，呈请核发证明书件"。

　　表3-13为度量衡器具营业许可执照期限和税费表。

---

〔1〕《令全国度量衡局呈一件呈为领有执照之度量衡营业增加工人补充营业时应如何办理祈核示由（工字第5722号）》·《实业公报》，1932年12月，第99-100期合刊。

〔2〕《印花税法》·《税务公报》，1935年7-9月，第4卷第1-3期。

〔3〕《令全国度量衡局二十五年四月十七日度字第13145号呈一件据广西省检定所电呈度量衡商厂分店证明书件应否贴用印花税票并须若干一案呈请鉴核示遵由（工字第15544号）》·《实业公报》，1936年5月，第278期。

表 3-13 度量衡器具营业许可执照期限和税费表

| 营业类型 | | 许可执照期限 | 申请许可执照税费 | | 许可执照税费分成比例 | | | | |
|---|---|---|---|---|---|---|---|---|---|
| | | | | | 省 | | | 特别市 | |
| | | | 执照费 | 印花税 | 国家 | 省 | 县 | 国家 | 市 |
| 制造 | 用原动力机械平时雇用工人30人以上 | 10年 | 50元 | 1元 | 50% | 30%+印花税 | 20% | 50% | 50%+印花税 |
| | 用原动力机械平时雇用工人不满30人 | 10年 | 30元 | 1元 | 50% | 30%+印花税 | 20% | 50% | 50%+印花税 |
| | 用手工制造平时雇用工人30人以上 | 10年 | 20元 | 1元 | 50% | 30%+印花税 | 20% | 50% | 50%+印花税 |
| | 用手工制造平时雇用工人10人以上 | 10年 | 10元 | 1元 | 50% | 30%+印花税 | 20% | 50% | 50%+印花税 |
| | 用手工制造平时雇用工人不满10人 | 10年 | 5元 | 1元 | 50% | 30%+印花税 | 20% | 50% | 50%+印花税 |
| 贩卖 | | 10年 | 2元 | 1角 | 50% | 30%+印花税 | 20% | 50% | 50%+印花税 |
| 修理 | | 10年 | 1元 | 1角 | 50% | 30%+印花税 | 20% | 50% | 50%+印花税 |

| 说明 | 1.营业许可执照届满十年后可续展十年且不收费。<br>2.营业需要实施检定的度量衡器具，按照检定收费标准收取检定费。<br>3.异地设分厂、分店的，不重复领取许可执照，原执照需向当地备案，不收取费用。<br>4.营业许可执照遗失补领需缴纳执照费定额的 1/5。 |
|---|---|

数据来源：《度量衡器具营业条例》·《中华民国法规大全（第6册）》·上海：商务印书馆1936年；《修正度量衡器具营业条例施行细则》·四川省政府建设厅《现行工商法规》·成都：四川账表工业社，1942年8月。

5. 度量衡器具制造法和改造法

鉴于"民国二十一年［1932年］一月一日起，市面各种不合法之器具，一律不得再用，为日无多，各省区须同时并进，方能如期划一，市上需用度量衡器具，为数甚多，新器如何制造，旧器如何改造，亟应使全国制造度量衡器具者明了"[1]，为指导各类度量衡器具制造、改造、修理，配合《全国度量衡划一程序》中所提出的"禁止制造旧器""指导制造新器""指导改造旧器"以及划一时间的要求，工商部组织编制、刊行了《度量衡器具制造法及改造法》一书。《度量衡器具制造法及改造法》中分"度器""量器""衡器"等三章，详细讲述了度量衡器具制造及改造的方法，比如，画线、印刷、订星三种度器分度方法；圆柱形木升、方柱形木升、圆柱形及方柱形斗合、方锥形五斗、木概等五种新量器的制造法以及圆柱、方柱、圆锥、方锥形旧制量器的改造法；钩秤、盘秤、戥秤等新制衡器的制造法及两个刀纽秤、一个刀纽一个绳纽秤、两个绳纽秤以及三纽秤的改造法等。《度量衡器具制造法及改造法》的刊行和后续的配套宣传，使得民众、商会、同业公会以及申领度量衡器具营业许可的制造、修理店铺、厂家等都能够接受指导，如法仿行，这在一定程度上促进了新制度量衡的推行。

（五）度量衡旧器调查和废除

《度量衡法施行细则》第五十条对度量衡器具调查做出了相应的规定，"全国度量衡局或度量衡检定所或分所应随时调查度量衡器具使用之状况，编制统计及新、旧制物价秤合简表"。南京政府公布的《全国度量衡划一程序》中也规定了"调查旧器"和"废除旧器"等两项重要的工作。为落实《度量衡法施行细则》的要求，配合度量衡划一工作按既定程序推进，全国度量

---

[1]《度量衡器具制造法及改造法》·南京：京华印书馆，1930年，第1页。

衡局分别于 1930 年 2 月和 1932 年 11 月制定公布了《度量衡临时调查规程》和《废除度量衡旧制器具办法》。

1. 调查旧器

1930 年 2 月公布的《度量衡临时调查规程》（见文 3-19）中规定，度量衡器具临时调查工作主要是：第一，调查度量衡法施行时各县、市公用、民用度量衡器具情况。第二，调查时主要使用的"度器"为一支公尺，使用的"量器"为附带概板和漏斗的升、合各一个，使用的衡器包括一个五百公分的砝码、两个一两的铜砝码以及一支二十两的戥秤。第三，调查度器时，以公尺的刻度与旧尺的刻度平列对齐，查看旧尺另一端尽头处合公分数的情况。第四，调查量器时，将被调查的旧器平盛小米或菜籽或其他类似的种籽，用漏斗倒入新器，查看旧器容量合公升数，对于不适用前面方法进行调查的旧制量器，可依其容积进行计算。第五，调查衡器时，根据不同的衡器种类分为三种方法：对于杆秤类，查看秤的大小，以五百公分或一两砝码称之，得到新衡器一斤或一两与旧衡器的比较数；对于砝码类，以戥秤权其轻重，得旧制砝码与新制砝码的比较数；对于天平类衡器，以相等砝码两个分置左右盘内查验其是否准确。第六，调查工作主要由主管度量衡的机关或度量衡检定所或分所先期知照辖区各商会或各同业公会后实施，调查、统计度量衡器具时还要记录被调查度量衡器具的种类、名称、用途、材质以及与新制度量衡的折合数、比较数等。第七，调查工作不允许收取任何费用。

文 3-19《度量衡临时调查规程》[1]

1930 年 2 月

第一条　度量衡法施行时，各县市主管度量衡行政机关或度量衡

---

[1]《度量衡临时调查规程》·《中华民国法规大全（第 6 册）》·上海：商务印书馆，1936 年。

检定所或其分所应将各该县市公用及民用度量衡器具依本规程实施调查。

第二条　县市主管度量衡行政机关或度量衡检定所或其分所于实施调查前,应规定调查日期呈请各该县市政府核准公布并转报全国度量衡局备案。

第三条　度量衡器具之调查由县市主管度量衡行政机关或度量衡检定所或其分所先期知照各该地商会或各同业公会调集各业所用器具至该会所行之。

第四条　调查时用器如左:(一)度器,公尺一支;(二)量器,升、合各一个连概并漏斗;(三)衡器,五百公分(即一市斤)砝码一个,一两铜砝码二个,二十两戥秤一支。

第五条　调查度器时,以公尺之刻度与旧尺之刻度平列密合,齐其一端视旧尺他端尽处合公分数。

第六条　调查量器时,将该旧器平盛小米或菜籽或其相类之种籽,以漏斗倾入新器,视其合公升数。量器调查不适用前项方法时得依容积计算之。

第七条　调查衡器,依器之种别分为下列三方法:(一)杆秤类,视秤之大小以五百公分或一两砝码称之,得新器一斤或一两与旧器之比较数;(二)砝码类,以戥秤权其轻重,得旧砝码与新制之比较数;(三)天平类,以相等砝码两个分置左右盘内验其是否准确。

第八条　度量衡器具调查时应备表格记载下列事项:(一)种类,如度器、量器或衡器等;(二)名称,如裁尺、漕秤或海租[jū]斜等;(三)用途,如成衣用或粮食用等;(四)物质,如红木或黄铜等;(五)量器,如由八十斤起星至三百斤秤等;(六)合数,如一尺合公分数等;(七)地点及公会名称。

第九条　县市主管度量衡行政机关或度量衡检定所或其分所应统计之事项如左:(一)折数,如某旧尺合市尺若干等;(二)比较,如某旧秤一斤比新制市斤较重或较轻若干等。

第十条　县市主管度量衡行政机关或度量衡检定所或其分所应将调查结果并以市面最通行之器具及各同业公会所用之旧标准器数种与新制比较说明，列为简表公布之，并分报该县市政府及全国度量衡局。

第十一条　依第三条所调集之旧度量衡器具，县市主管度量衡行政机关、度量衡检定所或其分所择其最通行者征集保管。

第十二条　县市主管度量衡行政机关、度量衡检定所或分所执行调查时，不得以任何名义向被调查者征收费用。

第十三条　本规程自公布日施行。

## 2. 废除旧器

经实业部核准，全国度量衡局于 1932 年 11 月公布了《废除度量衡旧制器具办法》（见文 3-20），指导废除旧制度量衡器具的工作。

文 3-20《废除度量衡旧制器具办法》[1]

1932 年 11 月

一、在未宣布废除旧器以前，应有下列之准备：

1. 该区域内各户所有各种旧器，须先由检定机关派员率同警士举行登记，并须注明该器可否加以修改，同时制发知单通告该用户。

2. 编制该区域内旧器具总数量之精确统计。

3. 估计新器及能修改之旧器数量可否足代旧器之用。

二、废除旧器日期及举行检查日期预于一月以前会同公安主管机关先行布告，并由警士传知该区域以内各店家及住户一体知照。

三、凡可修改之旧器，须于废除旧器日期以前，迅速修改送所检定。

四、凡不堪修改之旧器，须于废除旧器日期以前，自动送所存储，不得私自匿藏。

五、经过废除旧器日期即于规定检查日期内举行临户总检查，凡

---

[1]《废除度量衡旧制器具办法》·《福建建设报告》，1934 年 2 月，第 4 册。

藏有不堪修改之旧器及可以修改而尚未修改各旧器，一体没收存积所内。

六、拟定日期举行旧器大焚毁，并先期会同公安主管机关布告周知，届时并请公安主管机关派员在场监视。

七、废除旧器以后，除文化机关、学术团体得作为历史之参考品外，不得存留。

各地根据《废除度量衡旧制器具办法》的有关要求，纷纷开展了相应的工作。比如，四川省政府1935年发布《四川省政府通饬禁止制造度量衡旧器以利推行新制令（建字第5082号训令）》；南京市度量衡检定所1935年9月和1935年10月集中检查菜市场，没收旧制度量衡器具总计1633件[1]。成都市度量衡检定分所1936年统一焚毁旧制度量衡器具12 856件、提存旧制度量衡器具116件；1937年6月统一焚毁旧制度量衡器具12 671件，提存旧制度量衡器具32件[2]。上海市还专门制定了《上海市学术机关保存废制度量衡器暂行办法》。

## （六）度量衡器具输入取缔

南京政府着手推进度量衡划一改革，面临着一个重要的现实问题，那就是如何对待和处置从国外输入的度量衡制度及度量衡器具。尽管北京政府时期即认识到这个问题，并在公布的《权度法》中取消了之前《权度条例》中关于"凡输入权度器具，经制造地之国家检定，附有印证者，得免其检定"的规定。但是，时至南京政府度量衡划一改革初期，与中国商品贸易最多、最密切的仍属英、美等国家。英、美两国主要应用的是英制度量衡制度。英制度量衡器具及其他相关商品在当时的

---

[1] 马超俊《南京社会调查统计资料专刊》·南京市社会局，1935年11月。

[2]《成都市市政统计》·成都市政府秘书处，1940年7月。

中国使用比较广泛。《度量衡法》公布实施后，这些英制度量衡器具与南京政府法定的万国权度通制度量衡器具及市用制度量衡器具明显不同。如果南京政府继续允许使用英制或其他与万国权度通制、市用制等不一致的外来度量衡制度和相关器具，明显不利于南京政府推进的度量衡划一改革，正所谓"以国家力量，推行新制，虽旨在划一，但苟因是而间接推销外货，亦有背划一之初衷"[1]、"以外国输入度量衡器具，种类繁多，大小参差，长此以往，不加取缔，于划一前途，妨害实多"[2]。况且，如果对外来度量衡制度和输入的度量衡器具不加限制的话，也不利于中国当时自己尚属弱小、尚不健全的度量衡工业的健康发展，"因我国度量衡工业，尚属幼稚，不得不予特别之保护也"[3]。

《度量衡法施行细则》第三十六条规定，"各种度量衡器具制造后应受全国度量衡局或地方度量衡检定所或分所之检定。前项规定于国外输入之度量衡器适用之"。《度量衡器具输入取缔规则》中规定，除了供研究或实验使用的度量衡器具外，其他需要输入的度量衡器具必须符合《度量衡法》法定的标准制和市用制名称和定位，且必须经检定合格鉴印发证后方可报关进口输入。不过《度量衡器具输入取缔规则》（见文3-21）于1937年2月才经南京政府行政院核准后由实业部公布。在《度量衡器具输入取缔规则》公布执行前，对外来输入度量衡器具的管制缺乏专门规章制度管理，全国度量衡局为此做了解释、

---

[1] 吴承洛《复兴农村提倡国货与实行新生活三个大问题和划一的度量衡标准》·《工业标准与度量衡》，1934年，第3期。

[2] 《云南省政府咨实业部为关于度量衡输入器具应实行严密检定及取缔一案已转饬遵办由》·《云南建设月刊》，1937年7月，第1卷第67号。

[3] 吴承洛《历代度量衡制度之变迁与其行政上的措施》·《工业标准与度量衡》，1934年，第2期。

协调工作。比如，关于英制与万国权度通制刻度合在同一度量衡器具上的输入器具如何处理问题。为此，全国度量衡局指出，对于一面是英尺刻度、一面是公尺刻度或者一边是英尺刻度、一边是公尺刻度的度器，应视这个度器的全长是以英制为主还是以万国权度通制为主，如果度器以万国权度通制为主而英制仅表示折合参考之用，其万国权度通制部分得按照修订后的《度量衡法施行细则》第四十七条的规定，予以检定，检定合格者，錾盖"合"字图印，并照章征收检定费，其英制部分则錾盖"销"字图印；反之，如果度器以英制为主而万国权度通制仅是作为折合参考之用，则不论英制部分还是万国权度通制部分，一律錾盖"销"字图印[1]。全国度量衡局还指出，对于已经输入的英制度器，如果不需要检定而仅是錾盖"销"字图印的，则不收取任何费用[2]。

文3-21《度量衡器具输入取缔规则》[3]

1937年2月

第一条　凡国外输入之度量衡器具依本规则取缔之。

第二条　输入之度量衡器具以合于度量衡法第四条、第六条之规定并不与他制合刻者为限。

第三条　输入之度量衡器具应受检定，合格者錾盖图印并给予证书准予报关进口。

第四条　未经检定及不合格之度量衡器具一律不得输入。

第五条　第三条之拟订由全国度量衡局指派检定员或指定检定机关就输入地点行之。前项检定地点由全国度量衡局另表定之。

---

[1]《全国各省市县度量衡行政组织及办理经过》·《工业标准与度量衡》，1934年9月，第1卷第3期。

[2]《英制度器加盖"销"字图印不收手续费案》·《工业标准与度量衡》，1934年9月，第1卷第3期。

[3]《度量衡器具输入取缔规则》·经济部《经济法规汇编（工业类）》，1938年。

第六条　未经另表规定之地点遇有度量衡器具输入时，应改赴附近检定机关报请检定。

第七条　以输入度量衡器具为业者，应依照度量衡器具营业条例请另许可执照。

第八条　供研究或实验之度量衡器具得不受本规则之限制，但须开具左列各事项呈由主管部会或省市厅局转请经济部［此时应为实业部，经济部 1938 年 1 月成立］核准。（一）机关或团体之名称及地址；（二）购入种类；（三）研究或实验之目的；（四）研究或实验者姓名履历。

第九条　本规则未规定事项适用度量衡检定规则及度量衡器具营业条例之规定。

第十条　本规则自公布之日起六个月后施行。


# 第四节　南京政府度量衡划一改革程序步骤、改革成效和改革不彻底的原因分析

## 一、度量衡划一改革的程序步骤

### （一）公布《全国度量衡划一程序》

#### 1.《全国度量衡划一程序》

《权度标准方案》的公布，客观上讲就拉开了南京政府推进度量衡划一改革的序幕，并且继《权度标准方案》之后南京政府又先后公布了《度量衡法》《度量衡法施行细则》等一系列配套法律法规和制度措施，为度量衡划一改革提供了依据和推手。

1929 年 7 月，国民党中央执行委员会[1]会议决议，"责成各院部会就主管部分拟订划一度量衡年度计划分配表，从 1930 年起施行，到 1935 年完成划一"[2]，历时六年。紧接着，工商部根据国民党中央执行委员会会议决议，于 1929 年 9 月 24 日召集度量衡推行委员会会议，议决全国度量衡划一程序的各项议案，并呈报国民政府。1929 年 10 月 29 日《全国度量衡划一程序》（见文 3-22）经南京政府核准后公布。

随后，在 1930 年 11 月召开的全国度量衡会议上形成了《请各省市政府依限划一度量衡办法案》《完成公用度量衡划一办法案》《划一度量衡进行概况》《推行度量衡新制办法案》《促成各省市一律限期成立检定所案》《修改度量衡法施行细则案》等涉及度量衡推行、制造、检定等各类议案共 108 项，其中获得通过或修改后获得通过的议案达到 88 件，约占总议案的81.5%，这些均为进一步推动度量衡划一改革起到一定的积极作用。

文 3-22《全国度量衡划一程序》[3]

1929 年 10 月

第一条　工商部依照度量衡法第二十一条之规定，以民国十九年［1930 年］一月一日为度量衡法施行日期。

第二条　全国各区域度量衡完成划一之先后，依其交通及经济

---

［1］《中华民国法规汇编（第 1 编）》·上海：中华书局，1935 年，第 45 页；1928 年《训政纲领》规定"中华民国于训政期间，由中国国民党全国代表大会代表国民大会领导国民行使政权……指导监督国民政府重大国务之施行，由中国国民党中央执行委员会政治会议行之"。说明：孙中山在《建国大纲》中指出建立"民国"的程序分为军政、训政和宪政三个时期，计划在 1935 年实现民主宪政，1935 年以前是训政时期。

［2］　关增建等《中国近现代计量史稿》·济南：山东教育出版社，2005 年，第97 页。

［3］《全国度量衡划一程序》·《中华民国法规大全（第 6 册）》·上海：商务印书馆，1936 年。

发展之差异程度,分三期如左:(一)第一期江苏、浙江、江西、安徽、湖北、湖南、福建、广东、广西、河北、河南、山东、山西、辽宁、吉林、黑龙江及各特别市应于民国二十年［1931年］终以前完成划一;(二)第二期四川、云南、贵州、陕西、甘肃、宁夏、新疆、热河、察哈尔、绥远应于民国二十一年［1932年］终以前完成划一;(三)第三期青海、西康、蒙古、西藏应于民国二十二年［1933年］终以前完成划一。

第三条　前条规定之期限不得延展,但有特殊情形时得由各该地方政府申叙理由,咨由工商部呈请国民政府核夺。

第四条　工商部应于度量衡法施行之日成立全国度量衡局,扩充度量衡制造所,设立度量衡检定人员养成所。

第五条　各省区及各特别市政府应于本程序所规定该省区或该特别市完成划一之前一年半,成立度量衡检定所。

第六条　各省区及各特别市政府应于度量衡法施行之日起六个月内,制定该省区或该特别市度量衡划一程序,咨请工商部审核备案。

第七条　各县市政府依据各该省度量衡划一程序之规定,附设度量衡检定分所。

第八条　各省区及各特别市所需要之度量衡检定人员得由该政府依照工商部全国度量衡局度量衡检定人员养成所规则第五条及第六条之规定咨送人员至养成所训练。

第九条　各县市政府所需要之度量衡检定人员应由各该省检定所就地训练之。

第十条　各省区、各特别市及各县市推行度量衡新制之次第如左:(一)宣传新制,依照全国度量衡局颁发之新制说明图表及其他宣传办法举行宣传。(二)调查旧器,依照全国度量衡局度量衡临时调查规程举行调查。(三)禁止制造旧器,依照度量衡法施行细则第三十六条之规定,凡以制造度量衡旧制器具为营业者,应于本程序规定完成划一期限之前一年,令其一律停止制造。(四)举行营业登记,凡制造及贩卖或修理度量衡器具者，应依照度量衡器具营业规程第一条之规定呈请登记兼领取许可执照。（五）指导制造新器，依照度量衡法施行细则指导制造新制度量衡器具。（六）指导改造旧器，依照全国度量衡局所规定改造度量衡旧制器具办法指导改造。（七）禁止贩卖旧器，依照度量衡法施行细则第三十六条之规定，限期禁止贩卖旧制度量衡器具。（八）检查度量衡器具，依照度量衡器具检查执行规则第二条之规定举行临时检查。（九）废除旧器，检查后，凡旧制器具之不能改造者，应一体作废。（十）宣布划一，各省区、各特别市应于本程序规定划一期限之内定期宣布完成划一，咨由工商部呈报国民政府备案。

第十一条　某省区或某特别市宣布划一后，工商部应令全国度量衡局派员前往视察并将视察结果详为审核，据实呈报国民政府考核。

第十二条　本程序自公布日施行。

### 2. 工商部拟订度量衡划一改革的六年计划

根据国民党中央执行委员会第三届第二次全体会议决议及《全国度量衡划一程序》的规定，工商部拟订了训政时期［六年］划一工作分配年表，见表3-14。

### 3. 全国区划说明

在《全国度量衡划一程序》中的第二条提及了各省、特别市度量衡划一的分期、分区问题。鉴于清末、北京政府时期、南京政府时期，中国的行政区划进行过多次调整，因此有必要将当时全国行政区划的基本情况做适当简要说明。[1]

（1）民国初年，各省以及蒙古、西藏、青海等地的划分沿袭了前清的做法，但是废除了前清时期的"府州"建制，保留了"道""县"，为"省""道""县"三级制，同时还设立了六个特别区域，即京兆特别区、热河特别区、察哈尔特别区、绥远特别区、川边特别区以及东省特别区等。

---

[1]《中华民国行政区域简表》·上海：商务印书馆，1947年。

表 3-14　工商部拟订训政时期划一工作分配年表

| 第一年（1930年） | 第二年（1931年） | 第三年（1932年） | 第四年（1933年） | 第五年（1934年） | 第六年（1935年） |
| --- | --- | --- | --- | --- | --- |
| 制造度量衡标准器及标本器 | 继续制造度量衡标准器及标本器 | 完成制造标准器及标本器 | 制造副原器及特种标准器与标本器 | 继续制造副原器及特种标准器与标本器 | 制造度量衡特种标准器及其他工业标准器，精细科学仪器 |
| 除中央各机关、各省特别市政府标准器已经须发外，颁发第一期各县市标准器及标本器 | 完成颁发第一期各县市标准器及标本器并颁发第二期各县市标准器及标本器 | 完成颁发第二期及第三期各县市标准器及标本器 | 呈颁中央各机关及各省各特别市政府度量衡副原器 | 完成颁发上年副原器并颁发特种标准器于特种机关 | 继续颁发特种标准器于特种机关 |
| 咨请各省市政府酌量地方情形，筹设'官办度量衡制造厂'并指导民设立民办制造厂 | 继续促进各省筹设'官办度量衡制造厂'并指导民设立民办制造厂 | — | — | — | — |
| 设立全国度量衡局，进行全国度量衡划一事宜 | 继续进行全国度量衡划一事宜 | 继续进行全国度量衡划一事宜 | 继续进行全国度量衡划一事宜，制定特种度量衡标准器颁布推行 | — | — |
| 召集第一次度量衡推行委员会 | 召集第二次度量衡推行委员会 | 召集第三次度量衡推行委员会 | 召集第四次度量衡推行委员会 | 召集第五次度量衡推行委员会 | 召集第六次度量衡推行委员会 |

续表

| 第一年<br>（1930年） | 第二年<br>（1931年） | 第三年<br>（1932年） | 第四年<br>（1933年） | 第五年<br>（1934年） | 第六年<br>（1935年） |
|---|---|---|---|---|---|
| 制定全国度量衡划一程序，呈请国民政府通令全国，并咨商各部院会订公用度量衡划一办法 | 审核各省各特别区各该区市所制定之各该区域度量衡划一程序 | — | — | — | — |
| 设立度量衡所，训练中央及各省各特别市需要检定人员 | 训练中央及各省各特别市需要检定人员并促进各省训练各县市需要检定人员 | 训练中央及各省各特别市需要检定人员并促进各省训练各县市需要检定人员 | 裁撤检定人员养成所，以后训练归全国度量衡局检定科办理 | 于必要时仍由检定科训练检定人员 | — |
| 促成第一期推行新制各省属各市县检定所 | 促成第一期推行新制各省属各市县检定分所，并第二期新制各省检定所推行新制各省特别市 | 促成第二期推行新制各省属各市县检定分所，并第三期新制各省检定所 | 促成第三期推行新制各省属县市检定分所 | 完成全国各省区各特别市各县市度量衡检定所并分所 | — |
| 依照公用度量衡划一办法进行划一中央及各省特别市各机关公用度量衡，并于各省直辖各特别市度量衡 | 完成划一公用度量衡并依照全国度量衡划一程序，划一第一期各省区度量衡特别市第一期度量衡之工作 | 完成划一第一期各省区度量衡之工作并进行划一第二期各省区度量衡之工作 | 完成划一第二期各省区度量衡之工作并进行划一第三期各省区度量衡之工作 | 完成划一第三期各省区度量衡之工作并宣布全国度量衡划一 | — |

数据来源：《工商部全国度量衡会议汇编》·南京：中华印刷公司，1931年。

（2）国民政府定都南京后，又废除了北京政府时期保留的前清"道"这一管理级次，变为"省""县"二级制；将原直隶省改名为河北省、将原奉天省改名为辽宁省；将原热河、绥远、察哈尔等三个特别区改为同名的三个省，即热河省、绥远省和察哈尔省；将川边特别区改名为西康省。南京政府成立后至抗日战争初期，全国共有 28 个省、6 个行政院所辖特别市、15 个普通市、1 935 个县。28 个省分别是：江苏、安徽、江西、湖北、湖南、四川、西康、云南、贵州、广东、广西、福建、浙江、山东、山西、河南、河北、陕西、甘肃、宁夏、青海、新疆、辽宁、吉林、黑龙江、热河、绥远、察哈尔；6 个行政院所辖特别市分别是：南京、上海、北平、天津、青岛、西京［西安］。

（3）抗日战争胜利后，1947 年 6 月国民政府公布全国区划调整，共设有 35 个省、12 个行政院所辖特别市、1 个地方、57 个普通市、2 016 个县。35 个省分别是：江苏、浙江、安徽、江西、湖北、湖南、四川、西康、福建、台湾、广东、广西、云南、贵州、河北、山东、河南、山西、陕西、甘肃、宁夏、青海、绥远、察哈尔、热河、辽宁、安东、辽北、吉林、松江、合江、黑龙江、嫩江、兴安、新疆；12 个行政院所辖特别市分别是：南京、上海、北平、青岛、天津、重庆、大连、哈尔滨、汉口、广州、西安、沈阳；1 个地方为：西藏。

（二）首先推进公用度量衡划一

要有效推动度量衡划一工作，公用度量衡的划一则首当其冲。1929 年 9 月召开的度量衡推行委员会会议决定，"于十九年［1930 年］终以前，将公用度量衡划一"[1]。同时，公用度量衡的划一无疑也是民用度量衡划一的前提和示范，即所谓"以

---

[1] 吴承洛《中国度量衡史》民国沪上初版图书复制版·上海：三联书店，2014 年，第 380 页。

为民用器具划一之倡导"[1]。工商部于 1929 年 4 月就公布了《公用度量衡器具颁发规则》，又于 1930 年 11 月审议通过了《完成公用度量衡划一办法案》，这些均为公用度量衡划一提供了程序上、制度上、手段上的保障。

1.《公用度量衡器具颁发规则》

1929 年 4 月工商部公布《公用度量衡器具颁发规则》（见文 3-23）。该规则规定公用度量衡器具的使用机关需要备款购置公用度量衡器具，公用度量衡器具均应符合《度量衡法》规定的标准制［万国权度通制］，各类公用度量衡器具均须按要求接受检定和检查。

文 3-23《公用度量衡器具颁发规则》[2]

1929 年 4 月

第一条　凡政府各机关使用度量衡器具，应以工商部所颁发之标准制为标准。

第二条　应行颁发度量衡器具之机关，由工商部会同主管各院部会及各省、各特别市政府定之。

第三条　前条所定各机关应照全国度量衡局所规定之度量衡器具价值备款购置。

第四条　各机关所管事务限于一部分者得申叙理由，择定度量衡器具之种类及件数备价请领。

第五条　各机关度量衡器具之检定及检查适用度量衡法及度量衡法施行细则之规定。

第六题　凡经前项检定或检查后，认为不合格之度量衡器具得由该机关备具申请书送请全国度量衡局整理或更换之。

第七条　本规则施行日期由工商部以部令定之。

---

[1]《工商部全国度量衡会议汇编》·南京：中华印刷公司，1931 年。
[2]《公用度量衡器具颁发规则》·《中华民国法规大全（第 6 册）》·上海：商务印书馆，1936 年。

2.《完成公用度量衡划一办法》

1930 年 11 月，全国度量衡会议的第二次大会通过了《完成公用度量衡划一办法》。该办法提出了十七条具体措施[1]，由工商部咨各部门推进完成公用度量衡划一改革，主要是：

（1）咨中央各机关、各省市政府于 1930 年 12 月底以前，严令通饬所属各机关，凡公文、函件及各种刊物上所列有关度量衡单位名称的，自 1931 年 1 月起一律改用《度量衡法》所规定的标准制［万国权度通制］单位和名称。

（2）咨在京中央各机关和京外中央部门直属机关，需要在 1930 年年底以前向工商部领购度量衡标本器一份。

（3）咨中央各机关和各省市政府，对于为完成公用度量衡划一工作而另行制定办法规定的，要在 1930 年年底前呈送工商部备案。

（4）咨各省市政府和所属机关，对其所需使用的度量衡器具种类及数额应在 1930 年内向工商部领购。

（5）要求各省市的地方度量衡制造厂制造的度量衡器具，应首先用于公用度量衡划一，并且要将有关情况及时报请工商部备案。

（6）咨农矿部，要严令所属全国农、林、矿、垦、渔、牧等机关，凡涉及有关度量衡的事项，自 1931 年 1 月起一律改用《度量衡法》所规定的标准制［万国权度通制］。

（7）咨交通部，要严令所属邮政、航政、电务等机关，凡涉及有关度量衡的事项，自 1931 年 1 月起一律改用《度量衡法》所规定的标准制［万国权度通制］。

（8）咨内政部，要严令所属土地及土木工程等机关，凡涉及有关度量衡的事项，自 1931 年 1 月起一律改用《度量衡法》

---

[1]《完成公用度量衡划一办法》·《中华民国法规大全（第 6 册）》·上海：商务印书馆，1936 年。

所规定的标准制［万国权度通制］。

（9）咨中央研究院会同内政部，要通饬天文测量人员，对于气象报告中凡涉及有关度量衡的事项，自 1932 年 1 月起一律改用《度量衡法》所规定的标准制［万国权度通制］进行折合。

（10）咨军政部，要严令所属机关部队以及兵工人员，凡涉及度量衡的事项，一律改用《度量衡法》所规定的标准制［万国权度通制］。

（11）咨财政部，要严令所属行政机关及各海关的税收机关、盐务机关、税则委员会等，凡涉及度量衡的事项，自 1931 年 1 月起一律改用《度量衡法》所规定的标准制［万国权度通制］。

（12）咨参谋本部，要通饬所属机关暨各省陆海军测绘局等部门，凡涉及度量衡的事项，自 1931 年 1 月起一律改用《度量衡法》所规定的标准制［万国权度通制］。

（13）咨卫生部，要通饬所属机关、团体，凡涉及度量衡的事项，自 1931 年 1 月起一律改用《度量衡法》所规定的标准制［万国权度通制］。

（14）咨外交部，要照会通商各国，在规定期限内，原订涉及度量衡条款一律以《度量衡法》所规定的标准制［万国权度通制］为定则。

（15）咨司法行政部，要通饬全国司法行政机关，凡判决及一切诉讼案件与度量衡有关的，自 1931 年 1 月起一律使用《度量衡法》所规定的标准制［万国权度通制］，但涉及私人买卖交易事项与度量衡有关的，可暂时使用《度量衡法》规定的市用制。

（16）咨教育部，要通饬全国教育行政机关，于 1931 年 1 月起，一切书籍以及研究实验所用的仪器涉及度量衡的，一律改用《度量衡法》所规定的标准制［万国权度通制］；国内各图书局、所应将标准制、市用制编入教科书；如现行课本中涉及度量衡的，也要一律改正。

（17）咨铁道部，要通饬所属机关暨全国各铁路局，一切参用非标准制度量衡或其他外国度量衡制度的，均应一律改用《度量衡法》所规定的标准制［万国权度通制］。

### 3.《完成公用度量衡实施办法》

1930 年 11 月，工商部还咨各省《完成公用度量衡实施办法》，各省市对此予以响应，在公用度量衡划一方面大多做出了一定的努力。多数省份在工商部规定的时限内基本完成了公用度量衡的划一，即使是一些边远省份，在其民用度量衡划一尚未筹备时，也已经首先着手在推动公用度量衡的划一工作。

### 4. 两个公用度量衡划一相对滞后的领域

在公用度量衡划一改革过程中，有两个重要领域与全国公用度量衡划一步调比较起来，略显滞后。这两个重要领域一个是海关，一个是船政。

（1）海关领域。海关一直杂用各国制度，"容量以美加仑、英加仑为单位，长度以英尺、英码为单位，重量以长吨、短吨为单位"[1]，很不规范，亟待统一，经南京政府实业部、财政部、外交部等多部门的协调、争取，最终促成自 1934 年 2 月 1 日起海关一律改用《度量衡法》规定的新制度量衡。

（2）船政领域。截至 1934 年，航政行业仍未改用《度量衡法》规定的新制度量衡。为此，财政部、实业部及全国度量衡局、交通部及航政局等多方经过协调，最终达成一致，在 1935 年 5 月公布实施了《检丈船舶改用新制补充办法》。该办法主要规定：第一，检查船舶，如其设计图样及构造方法均系英制，一时不能全部更改，可将重要部分先行折算公制（1 英尺 =

---

[1]　孙毅霖《民国时期的划一度量衡工作》·《中国计量》，2006 年，第 3 期，第 48 页。

0.304 8公尺）；至填送书表时，公制尺寸之外，准附注英制尺寸。第二，气压计算，原用每方寸之磅数，今改为每平方公分之公斤数；在气压表未更换之船舶，可将计算结果再行折合公斤，并准附注磅数。第三，丈量船舶均用公尺；计算吨位以公尺为单位；小数以下三位为止。第四，船舶之容积，以2.83立方公尺为1吨；以担数表示容量之船舶，以0.283立方公尺为1担；载货吨以1.13立方公尺为1吨。第五，航程计算，自依海图为依据；惟船舶速率，于各项书表栏内，仍应将海里折合公里（1海里=1.852公里），以归一律，但仍准附注海里数目。第六，船舶吃水以公尺计，于入坞［wù］时逐渐更正。第七，推进机所用地位之吨位，所有百分数及系数，均毋庸变更；航船之系数，亦不必变更。第八，乘客定额，应照所颁计算表折算；吨位证书，应照所附书式修改"[1]。至此，航政行业开始采用新制度量衡。航政采用新制度量衡后，一方面既有利于全国海陆领域度量衡的彻底划一，另一方面也有利于促进海关进一步深入推进采用新制度量衡。

## （三）持续推进地方度量衡划一

在1930年11月召开的全国度量衡会议上形成了《请各省市政府依限划一度量衡办法案》《划一度量衡进行概况》《推行度量衡新制办法案》《促成各省市一律限期成立检定所案》等涉及推行度量衡划一改革的各种议案，这为进一步推动地方度量衡划一改革起到了一定的积极作用。

### 1.工商部拟订地方度量衡划一分期

第一期要在1931年年底前完成度量衡划一的省份分别是：江苏、浙江、江西、安徽、湖北、湖南、福建、广东、广

---

[1]《检丈船舶改用新制补充办法》·《工业标准与度量衡》，1935年1月，第68-69页。

西、河北、河南、山东、山西、辽宁、吉林、黑龙江及各特别市；第二期要在 1932 年年底前完成度量衡划一的省份分别是：四川、云南、贵州、陕西、甘肃、宁夏、新疆、热河、察哈尔、绥远；第三期要在 1933 年年底前完成度量衡划一的省份分别是：青海、西康、蒙古、西藏。在 1930 年 11 月召开的全国度量衡会议上，还公布了江苏等 11 个省和南京等 6 个特别市已经经过工商部审核备案的本地区度量衡划一程序推行办法。

表 3-15 为 1930 年 11 月 17 省市度量衡划一程序推行办法表。

2. 工商部［1930 年 12 月后为实业部］对各省、各特别市报备本省、市度量衡划一程序的审核

根据《全国度量衡划一程序》第六条的规定，"各省、区及各特别市政府应于度量衡法施行之日起六个月内，制定该省、区或该特别市度量衡划一程序，咨请工商部审核备案"。工商部及 1930 年 12 月后成立的实业部按照上述第六条的规定，对各省、区和特别市报备的本省、区、特别市度量衡划一程序予以审核。如 1931 年 4 月，实业部对甘肃省报备的本省度量衡划一程序审核后，即以工字第 1000 号咨甘肃省政府，并对该省报备的度量衡划一程序提出了修正意见，实业部指出甘肃省报备的度量衡划一程序文中"工商部应改为实业部""第四条第一期第四项应改为'拟订全省需用三等检定员训练班规则'，因一、二等检定员照章须送由中央度量衡检定人员养成所训练"、县市度量衡检定"所"前应加"分"字等[1]。工商部［1930 年 12 月后为实业部］对各省、区、特别市报备度量衡划一程序审核回函举例见表 3-16。

---

[1]《咨甘肃省政府准咨转建设厅所拟甘肃省度量衡划一程序尚有应加修正之处请饬遵改见复以凭备案由（工字第 1000 号）》，《实业公报》，1935 年 4 月，第 16 期。

表3-15　1930年11月17省市度量衡划一程序推行办法表

| 推行期 | 省市 | 推行程序 | 检定所及分所成立期 | 程序备案期 |
|---|---|---|---|---|
| 第一期 | 江苏 | 分三期，准备期1930年5月至12月，推行期1931年1月至6月，完成期1931年7月至12月 | 在准备时期内设检定所 | 1930年6月7日 |
| | 浙江 | 以省内各处交通经济状况定推行次第，先自杭州、宁波两县起推行 | 1930年4月成立检定所，1930年10月至12月设分所 | 1930年8月11日 |
| | 江西 | 分两期完成，第一期1931年6月底，第二期1931年12月底 | 1930年7月1日成立检定所，各县于完成期前六个月成立分所 | 1930年6月24日 |
| | 安徽 | 分三期，准备期1930年6月至12月，推行期1931年1月至6月，完成期1931年7月至12月 | 1930年9月成立检定所，1930年2月以前设分所 | 1930年8月26日 |
| | 湖北 | 分四期完成，第一期1930年6月底前，第二期1930年7月至12月，第三期1931年1月至6月，第四期1931年7月至12月 | 第一期内设检定所，第二期内设检定分所 | 1930年7月25日 |
| | 湖南 | 全省分中、南、西三路完成，中路1931年4月底，南路1931年8月底，西路1931年12月底 | 1930年7月1日成立检定所 | 1930年4月26日 |

续表

| 推行期 | 省市 | 推行程序 | 检定所及分所成立期 | 程序备案期 |
|---|---|---|---|---|
| | 河南 | 分三期完成，第一期 1930 年年底前，第二期 1931 年 6 月底前，第三期 1931 年 12 月底前 | 1930 年 5 月前成立检定所，1930 年 6 月前成立第一期分所，1930 年年底前成立第二期分所，1931 年 6 月前成立第三期分所 | 1930 年 3 月 8 日 |
| | 山东 | 分四期推行，1930 年 1 月起六个月为一期 | 第三期内设检定所，第三期内设分所 | 1930 年 3 月 4 日 |
| | 广东 | 1931 年 6 月前分两期完成，第一期四十二县，第二期五十二县 | 依照全国度量衡划一程序之程序限期设检定所，惟不设分所 | 1930 年 5 月 1 日 |
| | 福建 | 分四区完成，第一区 1930 年 8 月前完成，第二区 1930 年 12 月前完成，第三区 1931 年 4 月前完成，第四区 1931 年 8 月前完成 | 依照全国划一程序规定期限成立检定所，按各县事务繁简交通经济状况设分所 | 1930 年 3 月 21 日 |
| 第一期 | 广州 | 提前于 1930 年年终以前完成，1931 年元月改行新制 | 市检定所变通归省检定所兼办 | 1930 年 5 月 31 日 |
| | 天津 | 统归 1931 年年底完成 | 1930 年 7 月成立检定所 | 1930 年 3 月 3 日 |
| | 汉口 | 1931 年年底完成，1930 年 3 月 1 日起先采用新量器 | 1930 年 7 月成立检定所 | 1930 年 1 月 20 日 |

续表

| 推行期 | 省市 | 推行程序 | 检定所及分所成立期 | 程序备案期 |
|---|---|---|---|---|
|  | 上海 | 分四期完成，第一期 1930 年 3 月至 6 月，第二期 1930 年 7 月至 12 月，第三期 1931 年 1 月至 6 月，第四期 1931 年 7 月至 12 月 | 1930 年 7 月 1 日成立检定所 | 1930 年 3 月 16 日 |
| 第一期 | 青岛 | 1931 年 7 月 1 日为完成期 | 1930 年 7 月以前成立检定所 | 1930 年 3 月 3 日 |
|  | 南京 | 分三期，第一期 1930 年 1 月至 6 月准备，第二期 1930 年 7 月至 9 月推行，第三期 1930 年 10 月至 12 月完成 | 1930 年 1 月后即成立检定所 | 1930 年 1 月 25 日 |
| 第二期 | 贵州 | 分三期，第一期 1931 年年底完成，第二期 1932 年 6 月底完成，第三期 1932 年年底完成 | 1930 年 7 月成立检定所，各县于完成前一年半成立检定分所 | 1930 年 4 月 28 日 |

数据来源：《工商部全国度量衡会议汇编》。南京：中华印刷公司，1931 年。

表 3-16　对部分省市报备度量衡划一程序审核函举例

| 时间 | 编号 | 地区 | 公牍题目 |
|---|---|---|---|
| 1930 年 5 月 | 工字第 1091 号 | 四川 | 咨四川省政府咨复川省度量衡划一程序既经改正应准备案由 |
| 1931 年 1 月 | 工字第 129 号 | 北平 | 咨北平市政府北平市度量衡仍请依限完成划一原送程序尚有应加修正之点分别列举请饬局遵改见复以凭备案由 |
| 1931 年 1 月 | 工字第 300 号 | 山东 | 咨山东省政府准咨转农矿厅所拟划一度量衡实施计划应准备案由 |
| 1931 年 1 月 | 工字第 307 号 | 察哈尔 | 咨察哈尔省政府准咨转察哈尔省度量衡完成划一办法尚有应加修正各点请饬厅遵改见复备案由 |
| 1931 年 3 月 | 工字第 570 号 | 湖南 | 咨湖南省政府湘省度量衡划一期限请饬厅仍照已经备案之划一程序所规定者办理所拟展限一节碍难照准由 |
| 1931 年 3 月 | 工字第 571 号 | 吉林 | 咨吉林省政府准咨转建设厅修正吉省度量衡划一程序已照章备案第八条尚有误字请饬更正 |
| 1931 年 3 月 | 工字第 674 号 | 江苏 | 咨江苏省政府咨请按照江苏省度量衡划一程序规定之期限将应办各事从速进行以便如期完成划一由 |
| 1931 年 3 月 | 工字第 694 号 | 宁夏 | 咨宁夏省政府准咨送宁夏省度量衡划一程序查尚有应行修正之处请饬厅分别遵改见复以便备案由 |
| 1931 年 4 月 | 工字第 871 号 | 陕西 | 咨陕西省政府准咨转建设厅修正陕省度量衡划一程序应准照章备案复请查照转知由 |
| 1931 年 4 月 | 工字第 944 号 | 河北 | 咨河北省政府准咨转河北省度量衡划一程序查各条办法及文字尚须修正分别列举请饬应遵改见复以便备案由 |

续表

| 时间 | 编号 | 地区 | 公牍题目 |
|------|------|------|----------|
| 1931年 4月 | 丁字第 1000号 | 甘肃 | 咨甘肃省政府准咨转建设厅所拟甘肃省度量衡划一程序尚有应加修正之处请饬遵改见复以凭备案由 |
| 1931年 7月 | 工字第 1848号 | 天津 | 咨河北省政府准咨送天津市划一度量衡办法尚属周祥复请查照由 |
| 1931年 9月 | 工字第 2220号 | 热河 | 咨热河省政府准咨转建设厅呈送修正热河依限划一度量衡进行情形及将来计划准予备案复请查照由 |
| 1931年 11月 | 工字第 2915号 | 江西 | 咨江西省政府准咨请将赣省度量衡划一展限半年已呈请行政院转请国府核示复请查照由 |
| 1931年 11月 | 工字第 2930号 | 河南 | 咨河南省政府河南省度量衡划一期限应准延展半年除呈请核示外先行复请查照由 |
| 1932年 12月 | 工字第 5952号 | 广西 | 咨广西省政府准咨转建设厅拟具广西省度量衡划一程序查核大致尚合已予备案复请查照由 |
| 1937年 5月 | 工字第 20350号 | 云南 | 咨云南省政府关于云南省度量衡划一程序展订划一限期部分业经呈奉核准除将前送程序备案并转行知照外咨请查照由 |

**3. 地方度量衡划一改革的主要工作**

南京政府推进的度量衡划一改革，除建立机构、拟订工作程序、培训度量衡专门人才外，还需要各地方具体落实十项主要工作：

（1）宣传新制。各地要通过编印新制度量衡标准、图表、图册等，用以宣传旧制度量衡的弊端和新制度量衡的便利，以便进一步减少推行新制度量衡的各种阻力。

（2）调查旧器。各地要组织力量调查民间旧制度量衡器具的使用情况；调查旧制度量衡器具的种类、名称、用途、材料等；调查新制度量衡器具与旧制度量衡器具之间的差异及折合、比例关系等。

（3）禁止制造旧器。各地要在工商部拟订的完成度量衡划一期限之前的一年内，禁止各类度量衡器具制造厂、店再行生产旧制度量衡器具。

（4）举行营业登记。各地在禁止旧制度量衡器具制造后，新制度量衡器具的生产、贩卖、修理等均应按照《度量衡营业条例》等法规制度的规定，在法定的期限内进行营业登记。

（5）指导制造新器。各地要依照《度量衡法施行细则》的有关要求，及时指导制造新制度量衡器具。

（6）指导改造旧器。各地要依照全国度量衡局所规定的改造旧制度量衡器具的办法，切实指导属地旧制度量衡器具的改造，还要对不熟悉改造旧制度量衡器的营业者进行必要的培训。

（7）禁止贩卖旧器。各地要杜绝、切断旧制度量衡器具的来源，包括禁止贩卖旧制度量衡器具。

（8）检查度量衡器具。各地对于旧制度量衡器具实施检查后，要根据《度量衡检定规则》《度量衡器具盖印规则》等法规制度的规定，视检查情况分别对接受检查的旧制度量衡器具加盖"合""否""销"等图印。

（9）废除旧器。各地在推行新制度量衡器具过程中，要依法废除旧制度量衡器具，如发现继续使用旧制度量衡器具或继续使用其他不合格的度量衡器具的，要按照《刑法》等有关法律规定予以制裁。

（10）宣布划一。各地应在工商部规定的度量衡划一期限之内，完成辖区的度量衡划一工作；各地宣布完成划一后，还要向工商部报告，由工商部进行视察审核，并呈报国民政府备案、考核。

## 4. 实业部拟订度量衡划一的"新六年计划"

《全国度量衡划一程序》公布施行一年多以后，1930年12月改组成立的实业部曾较为乐观地指出，"……其已完全划一者有：浙江、山东、江苏、河北四省，南京、上海、北平、青岛四市，及福建、江西、宁夏、湖南、湖北、河南之各省省会；其划一工作已进行一半者有：安徽、江西、福建、湖南、贵州、湖北、河南、陕西等八省；其正在积极进行划一者有：广东、广西、云南、甘肃、察哈尔、绥远、青海等七省；其已准备举办者有：四川、山西二省；其已办而中因变故停止者有：热河、辽宁、吉林、黑龙江四省；所未办者：只新疆、西康二省及蒙古、西藏二区。倘再以今年中央与地方之共同努力，料除边远省如蒙、藏、新疆、西康等省区外，当能于本年内一致完成划一也"[1]。但是，地方度量衡划一事宜的实际情况并未像前述那么乐观，1934年1月全国度量衡局向实业部呈报曰，度量衡新制自1930年实施以来，瞬将四载，依照全国度量衡划一程序的规定，本应于1933年年底以前完成划一，中间因种种关系，未能如期办竣[2]。1935年是原工商部拟订的度量衡划一"六年计划"的最后一年，全国度量衡划一的预期计划目标并没有能够如期实现。针对这种情况，1936年实业部全国度量衡局又制定了度量衡划一的"新六年计划"——《完成全国度量衡划一六年计划纲要》[简称"新六年计划"]。"新六年计划"拟从1937年起开始实施，计划至1942年时彻底完成全国度量衡划一。从"新六年计划"的内容分析，其重点是推进促成各地度量衡检定所、分所的建设。不过，遗憾的是日本侵略者悍然入侵，1937年抗日战争爆发后，"新六年计划"也并没有得到有效实施。

---

[1]《中国经济年鉴》·上海：商务印书馆，1934年，第203页。
[2]《编送划一概况及法规汇刊案》·《工业标准与度量衡》，1934年7月，第1卷第1期。

表 3-17 为《完成全国度量衡划一六年计划纲要》具体
内容。

表 3-17  《完成全国度量衡划一六年计划纲要》具体内容

| 年度 | 主要任务 |
| --- | --- |
| 第一年<br>1937 年 | 1. 原列第一划一期南京、上海、北平、武汉、青岛、天津、广州七个特别市及浙江、江苏、福建、河北、湖南、安徽、广东、湖南、广西、江西、山东、山西、河南等十三省，第二期绥远、宁夏、四川、陕西、云南、贵州、甘肃八省，第三期青海省一律依法改组设立健全检定所；<br>2. 安徽、浙江、福建、江苏、河南、湖南、河北、江西、山东、广西、湖北、绥远、宁夏等十三省之各县市或各区一律成立检定分所并照章健全组织；<br>3. 督促其他各省广设各县市检定分所或区分所；<br>4. 促请新疆、西康两省筹备检定所开办事宜 |
| 第二年<br>1938 年 | 1. 浙江、江苏、山东、安徽、河北、江西、广西、福建、湖北、河南、绥远、湖南、宁夏等十三省彻底完成普通度量衡之划一；<br>2. 山西、广东、四川、陕西、贵州、云南、甘肃、察哈尔、青海等九省之各县市或各区一体设立检定分所并健全组织；<br>3. 新疆、西康两省成立度量衡检定所并广设各县市区检定分所；<br>4. 促请蒙古、西藏两区筹备检定所开办事宜 |
| 第三年<br>1939 年 | 1. 督促山西、广东、四川、陕西、贵州、云南、甘肃、察哈尔、青海等九省加紧推行；<br>2. 新疆、西康两省之各县市区一律设立检定分所并健全组织；<br>3. 蒙古、西藏两区成立度量衡检定所并广设各旗城检定分所；<br>4. 督促已完成普通度量衡划一之各省推行精密度量衡之检定 |
| 第四年<br>1940 年 | 1. 督促山西、广东、四川、陕西、贵州、云南、甘肃、察哈尔、青海九省彻底完成划一；<br>2. 新疆、西康两省加紧推进；<br>3. 蒙古、西藏各旗城检定分所一律成立并健全组织；<br>4. 督促已完成普通度量衡划一之各省推行精密度量衡之检定 |

续表

| 年度 | 主要任务 |
|------|----------|
| 第五年 1941 年 | 1. 新疆、西康两省普通度量衡彻底完成划一；<br>2. 督促蒙占、西藏两区加紧推行并兼行精密度量衡之检定；<br>3. 督促已完成划一之各省推行精密度量衡之检定 |
| 第六年 1942 年 | 1. 蒙古、西藏普通度量衡彻底完成划一，全国各省市精密度量衡亦告划一 |

数据来源:《完成全国度量衡划一六年计划纲要》·《度量衡同志》，1937 年，第 21 期，第 13-15 页。

## 二、度量衡划一改革的成效

由于政局不稳、战乱频繁、经费不足等原因，至抗日战争爆发前夕，南京政府推进的全国度量衡划一改革工作，只有东部沿海等少数几个省份基本完成，其他省份虽有不同程度的划一效果，但进展程度比预期的要缓慢不少。

尽管如此，客观地讲，南京政府在 1927 年至 1937 年间推进度量衡划一改革所取得的效果是不能被忽视的，它较晚清政府和民国初年北京政府的度量衡划一改革所取得的成效更大、更广泛。在一定程度上可以这样说，南京政府推进的此次度量衡划一改革是截至二十世纪三十年代，我国度量衡历史上较为系统的一次度量衡划一改革。

### （一）健全法规措施，完善制度保障

应该说，南京政府在法律法规制定上体现了对度量衡划一改革工作的重视，具体表现是：

（1）在《宪法》中对涉及度量衡事宜予以体现，如"1930 年 10 月《中华民国约法草案》第五十五条左列事项由国家立法并

执行之，（四）度量衡之制造及检查"；再如"1934年3月《中华民国立法院公布之宪法草案初稿》第六十一条左列事项之立法权属于中央，（13）历度量衡及其他全国应有一致规定之计算制度"[1]等。

（2）自《权度标准方案》公布以后，南京政府、工商部[1930年12月后为实业部]以及全国度量衡局为推进全国度量衡划一改革先后出台了数十部法律、法规及政策措施，为全国度量衡划一改革提供了政策依据和制度保障。

（3）中央各院部会及各省市在全国度量衡划一改革过程中，也制定了相应的措施、办法，以利推动本行业、本地区度量衡划一改革事务。就中央部门来说，如1929年11月内政部公布的《修正土地测量应用尺度章程》；1930年2月铁道部公布的《铁路施行法定度量衡办法》；1934年12月内政部公布的《商人私用旧制度量衡器具随时没收案》；1935年4月交通部公布的《检丈船舶改用新制补充办法》；1937年8月铁道部公布的《国营铁道衡器检定及检查办法》等。就地方各省、各特别市来说，也相应制定了度量衡方面的办法、制度，如上海市先后制定公布了《上海市度量衡划一程序》《上海市度量衡检定所规程》《上海市公用度量衡划一规程》《上海市管理度量衡器具营业规则》《上海市度量衡器具检查执行规则》《上海市社会局度量衡器制造者讲习会规程》《上海市度量衡检定所检查员服务规则》《上海市度量衡检定所会同警察机关及工商团体协助度量衡检查办法》以及《上海市度量衡器具制造厂股份有限公司章程》《上海市学术机关保存废制度量衡器暂行办法》等；浙江省先后制定公布了《浙江省度量衡划一程序》《浙江省度量衡检定所组织规程》《浙江省度量衡检定所视察各县划一度量衡办法》《浙

---

[1] 吴承洛《度量衡在各国宪法上之地位》·《工业标准与度量衡》，1934年，第1期。

江省检定人员训练班章程》等。

### （二）搭建机构框架，提供组织保障

南京政府自1929年公布《度量衡法》后，即着手推进搭建从中央到地方的度量衡管理和执行机构。

在中央层面，先后成立了全国度量衡局及其所属的度量衡制造所、度量衡检定人员养成所等；还有由工商部［1930年12月后为实业部］牵头组织的度量衡推行委员会、审定特种度量衡委员会等协调议事机构。

在地方层面，截至1937年1月，全国各省及特别市等共建立度量衡检定所29个，全国2 000多个县、普通市共建立度量衡检定分所1 147个，具体见表3-18和表3-19。

表3-18 截至1937年1月全国各省市度量衡检定所数量表

| 检定机构名称 | 数目 | 说明 |
|---|---|---|
| 省度量衡检定所 | 14 | 计有江苏、浙江、安徽、山东、江西、广西、广东、云南、宁夏、山西、青海等十四省 |
| 各省建设厅代办度量衡检定所 | 8 | 计有福建、湖南、湖北、贵州、河北、河南、察哈尔、甘肃等八省 |
| 直属行政院之市度量衡检定所 | 4 | 计有南京、上海、青岛、北平等四市，北平并设有海甸［海淀］分所 |
| 重要市度量衡检定分所 | 2 | 计有汉口、天津两市（注：该两市曾一度被改为普通市） |
| 特区度量衡检定所 | 1 | 计有威海卫一区 |
| 统计 | 29 | |

数据来源：《全国度量衡推行工作概况》·《标准》，1947年，第6期，第13页。

表 3-19　截至 1937 年 1 月全国各县市度量衡检定分所数量表

| 省别 | 全省县数 | 区检定分所数目 | 县检定分所数目 |
|------|---------|---------------|---------------|
| 江苏 | 61 | | 61 |
| 浙江 | 75 | | 75 |
| 山东 | 108 | | 108 |
| 河北 | 129 | | 129 |
| 江西 | 83 | | 83 |
| 四川 | 148 | 10 | 117 |
| 绥远 | 16 | | 16 |
| 陕西 | 92 | | 28 |
| 广西 | 94 | | 94 |
| 广东 | 97 | | |
| 福建 | 62 | 7 | 62 |
| 湖南 | 75 | | 75 |
| 湖北 | 69 | 8 | 69 |
| 安徽 | 63 | | 63 |
| 河南 | 103 | 11 | 103 |
| 云南 | 110 | | 1 |
| 贵州 | 84 | | 24 |
| 察哈尔 | 16 | | 1 |
| 甘肃 | 66 | | 1 |
| 青海 | 16 | | 1 |
| 宁夏 | 10 | | 10 |
| 山西 | 105 | | |
| 总计 | 1 682 | 36 | 1 111 |

数据来源：《全国度量衡推行工作概况》·《标准》，1947 年，第 6 期，第 13-14 页。

各地度量衡检定所、分所建立后,着实开展了一些度量衡划一改革工作,比如,上海市度量衡检定所 1931 年至 1933 年 6 月实施度量衡器具检定 428 420 件,查获旧制度量衡器具 19 623 件,其中对 65 家制售度量衡器具的店铺实施检查,查获旧制度量衡器具 56 件;对 11 000 个菜摊实施检查,无一例外全部使用的是旧制度量衡器具;对 6 551 个工商业者实施检查,查获使用旧制度量衡器具 8 061 件[1]。南京市度量衡检定所 1931 年至 1935 年 6 月实施度量衡器具检定合计 41 952 件[2]。浙江省度量衡检定所及县、普通市分所 1931 年至 1933 年在全省推行新制度量衡器具 329 041 件,其中新制度器 106 028 件、新制量器 30 719 件、新制衡器 192 294 件[3]。北平市度量衡检定所 1932 年至 1933 年开展新制度量衡宣传 377 次,开展度量衡器具调查 88 次,开展度量衡器具检查 441 次,检定度量衡器具 54 269 件,没收旧制度量衡器具 4 947 件[4]。广西省度量衡检定所 1933 年至 1936 年实施度量衡器具检定合计数量 255 522 件,其中检定度器 24 400 件,检定量器 67 547 件,检定衡器 163 575 件[5]。

可以说在抗日战争前,南京政府经过近十年的努力,已经初步搭建了从中央到地方的度量衡管理和执行的机构网络框架体系。度量衡最高执行机关是全国度量衡局,它接受工商部[1930 年 12 月后为实业部]的领导。处于承上启下位置的度量衡执行机构是省及特别市的度量衡检定所,它接受所属政府和主办厅局的领导,接受全国度量衡局的指导和监督。末级度量衡执行机构是县和普通市的度量衡检定分所,它接受所属政府

[1]《上海市政概要》·台北:文海出版社,"社会"章,第 7-8 页。

[2]《南京社会调查统计资料专刊》·南京:华东印务局,1935 年,第 48-52 页。

[3]《浙江省情》·杭州:正中书局,1935 年,第 112 页。

[4]《北平市政府二十二年度行政统计》·台北:文海出版社。

[5]《广西年鉴(第 3 回)》·广西省政府统计处,1944 年 11 月,第 700 页。

和主管局的领导，接受上级度量衡检定机构的指导和监督。度量衡管理和执行机构网络框架体系，为全国推行度量衡划一改革工作提供了组织保障。时任全国度量衡局局长的吴承洛还依托上述机构系统，于 1929 年起赴东南、西南、西北、中部、北部等 20 多个省、市视察指导，实地调研、解决度量衡划一改革中的有关问题。

表 3-20 为全国度量衡局视察地方情形表。

表 3-20 全国度量衡局视察地方情形表

| 序号 | 年份 | 视察省份（地区） |
|---|---|---|
| 1 | 1929 年 | 广东（广州等地），辽宁（沈阳、大连等地），吉林（长春、安东等地） |
| 2 | 1932 年 | 河北（唐山、塘沽等地），天津，北平，山东（济南、德州、博山、青岛等地），江苏（徐州等地） |
| 3 | 1933 年 | 河南（开封等地），湖北（汉口、武昌、汉阳、大冶等地），湖南（长沙、衡阳等地），江西（九江、南昌、南城等地），安徽（安庆、芜湖等地） |
| 4 | 1934 年 | 广东（香港、广州、三水等地），江苏（镇江、无锡、苏州、常州等地），广西（梧州、南宁、桂林等地），云南（昆明、石龙、安宁、个旧等地），浙江（杭州、萧山、金华、诸暨、奉化等地） |
| 5 | 1935 年 | 南京，上海 |
| 6 | 1936 年 | 江西（南昌、九江等地），绥远（归绥、包头、萨拉齐河套附近等地），宁夏（宁朔等地），甘肃（皋兰附近等地），青海（西宁附近等地），陕西（西安、咸阳、泾阳、临潼等地） |

数据来源：吴承洛《全国度量衡初步划一之回顾与前瞻（下）》·《时事月报》，1937 年，第 16 卷第 6 期。

另外，除了度量衡管理和执行机构外，1930年7月还成立了度量衡学术性团体——中国度量衡学会，吴承洛为会长。该学会以"研究应用学术，共图推行中国度量衡新制"[1]为宗旨，围绕着度量衡划一改革工作提供资料整理、数据统计、学术交流等服务，编辑出版会刊《度量衡同志》及《工业标准化与度量衡》等，为专家、学者研讨和交流度量衡改革相关问题搭建交流平台，是向社会宣传普及度量衡划一改革相关知识提供的载体。截至1936年，中国度量衡学会会员已发展到535人[2]。

### （三）训练检定人员，提供智力支持

南京政府推行度量衡划一改革时，有一个较为普遍的共识，那就是"度量衡行政之推行，首需检定专才，已往我国历次划一度量衡之所以不能成功，即由检定专才缺乏之故……故在尚未实际推行以前，即以训练检定专才为首务"[3]。吴承洛作为度量衡检定人员养成所的第一任所长也曾指出，"要划一全国的度量衡，首先须培养此项技术的专才"[4]。

一等检定员［后来也称：高级检定员、甲种检定员］、二等检定员［后来也称：初级检定员、乙种检定员］由全国度量衡局检定人员养成所组织培训；三等检定员［后来也称：低级检定员、丙种检定员］通常由地方度量衡机构组织培训。

《工商部度量衡检定人员养成所办事细则》以及度量衡检定人员养成所各期招考学员办法对一、二等检定员参训资格、参

---

［1］《中华民国史档案资料汇编（第5辑第2编文化（2））》·南京：江苏古籍出版社，1994年，第473页。

［2］ 吴珊眉等《吴承洛与中国近代计量和工业标准化》·北京：中国质检出版社，2018年，序言第3页。

［3］《全国度量衡推行工作概况》·《标准》，1947年，第6期，第14页。

［4］《工商部全国度量衡局度量衡检定人员养成所第一次报告书》·南京：中华印刷公司，1930年。

训课程、考试科目等都做出了规定。各期培训时虽有一定的调整，但主要内容变化不大。

参加一等检定员培训的学员必须是国内外理科或工科大学毕业生、专科毕业生；参加二等检定员培训班的学员必须是高级中学毕业生、或大学预科及旧制甲种实业学校毕业生、或旧四年制中学毕业生。

参加一、二等检定员培训的学员还需要通过所在省、特别市组织的资格考试；一等检定员资格考试的应考科目主要是国文、英文、经济大要、数学（包括代数、几何、三角、微积分）、高等物理、化学通论、机械学、机械制图等；二等检定员资格考试的应考科目主要是国文、英文、数学（包括算数、代数、几何、三角）、物理、化学等。

一等检定员入学后，培训的主要课程是法学通论、行政法、公文程式、计量学、中国度量衡史、世界度量衡制、度量衡法规、度量衡制造法、度量衡检定法、度量衡换算法、统计学以及检定实习、换算实习、绘图实习、宣传实习等；二等检定员入学后，培训的主要课程是法学通论、行政法、公文程式、中国度量衡史、世界度量衡制、度量衡法规、度量衡制造法、度量衡检定法、度量衡换算法以及检定实习、换算实习、绘图实习、宣传实习等。

三等检定员的培训一般由省、特别市度量衡机构组织实施，培训课程与一、二等检定员的培训课程类似。比如，安徽省度量衡检定人员训练班简章中规定的培训课程主要是中外度量衡史概要、度量衡法规、度量衡制造法、度量衡检定法、度量衡换算法、检定实习、换算实习以及公文程式等[1]；1935 年 6 月四

---

[1]《安徽省单行法规汇编（2）》中《修正安徽省度量衡检定所附设度量衡检定人员训练班简章》·安庆：东方印书馆，1933 年。

川省度量衡检定人员训练班简章中规定的培训课程除上述列举的课程外，还增加了"统计学"。

自1930年3月至1937年年底，全国度量衡局检定人员养成所共举办了八期培训班，其中举办一等检定员培训班12个，培训一等检定员96人；举办二等检定员培训班18个，培训二等检定员444人；全国度量衡检定人员养成所还于1933年年底开设有三等检定员培训班，代替有关省、市对68名三等检定员进行培训；八期培训班培训一等、二等、三等检定员合计608人。这期间，江苏、浙江、安徽、湖北、湖南、福建、广西、河南、河北、山东、四川、绥远、宁夏、陕西、贵州、上海、北平等18个省、特别市也自行开办了三等检定员培训班，合计培训三等检定员2 120人，具体见表3-21。

表3-21　1930年3月至1937年年底培训检定人员数量表

| 区域 | 度量衡检定人员养成所培训 | | | 地方自行培训 | 区域 | 度量衡检定人员养成所培训 | | | 地方自行培训 |
|---|---|---|---|---|---|---|---|---|---|
| | 一等 | 二等 | 三等 | 三等 | | 一等 | 二等 | 三等 | 三等 |
| 本部 | 10 | 1 | | | 汉口 | | 6 | | |
| 江苏 | 6 | 30 | 14 | 62 | 湖南 | 10 | 30 | 10 | 101 |
| 南京 | 2 | 9 | | | 江西 | 5 | 7 | | 217 |
| 上海 | 6 | 15 | 1 | 4 | 福建 | 2 | 39 | 4 | 40 |
| 浙江 | 7 | 8 | 1 | 109 | 广东 | 1 | 37 | 10 | |
| 山东 | 7 | 7 | | 380 | 广州 | 2 | 1 | | |
| 青岛 | | 6 | | | 广西 | 4 | 7 | | 121 |
| 威海卫 | | 2 | | | 云南 | | 11 | 1 | |
| 河北 | 3 | 6 | | 344 | 贵州 | 3 | 23 | | 101 |
| 北平 | | 12 | | 6 | 四川 | 4 | 23 | 9 | 245 |

续表

| 区域 | 度量衡检定人员养成所培训 | | | 地方自行培训 | 区域 | 度量衡检定人员养成所培训 | | | 地方自行培训 |
|---|---|---|---|---|---|---|---|---|---|
| | 一等 | 二等 | 三等 | 三等 | | 一等 | 二等 | 三等 | 三等 |
| 天津 | 1 | 4 | | | 陕西 | | 17 | | 50 |
| 河南 | 4 | 26 | | 121 | 甘肃 | 1 | 7 | 2 | |
| 安徽 | 5 | 52 | 4 | 50 | 青海 | | 2 | | |
| 湖北 | 3 | 21 | 3 | 139 | 宁夏 | 1 | 1 | 5 | 14 |
| 绥远 | | 2 | | 16 | 热河 | 2 | 2 | | |
| 山西 | 5 | 4 | | | 辽宁 | 1 | 3 | | |
| 察哈尔 | | 1 | 1 | | 吉林 | | 4 | | |
| 蒙藏 | | 2 | | | 黑龙江 | | | | |
| 西康 | | | | | 自行投考 | 1 | 16 | 3 | |
| 新疆 | | | | | 总计 | 96 | 444 | 68 | 2 120 |

数据来源：吴承洛《划一全国度量衡之前瞻与回顾》，《工业标准与度量衡》，1937年，第3卷第8-9期。

另外，为了保证有限数量的检定人员专心从事度量衡检定、检查等事务，实业部曾于1936年7月22日以工字第16454号函咨司法行政部，要求对于度量衡检定机关查获并向法院移送的涉及度量衡犯罪的案件，在法院审理时，不要随意传唤检定人员到庭，即"查度量衡新制推行以来，因各地民众未能严格奉行，致被当地检定机关查获，移送法院办理者，确属时有发现，而各省所属县市检定机关之组织，大都限于经费，仅设置检定员一人，其办理日常检定、检查等事务已属力有未逮，若法院对于此类案件，均须令其到庭质讯，势必影响工作，妨碍

度政进行"。为此，司法行政部于 1936 年 8 月 29 日专门发布第
4394 号训令，规定对于涉及度量衡犯罪的案件，"如为明了犯罪
真相，有查询之必要时，可先向原移送之检定机关函查，不得
传讯检定人员"[1]。

## （四）制发度量衡器，夯实条件基础

北京政府时期对度量衡器具采取的是"检定制"的政策，
南京政府延续了这一做法。南京政府为推行度量衡划一改革，
1930 年 1 月《度量衡法》正式实施后，立即配套公布了《度量
衡检定规则》《度量衡器具营业规程》以及《度量衡器具检查
执行规则》等制度措施，还出版了《公用民用度量衡器具检定
方法》等工具书籍，除确保度量衡标准器具由全国度量衡局度
量衡制造所制造、颁发外，国家并不垄断其他度量衡器具的制
造与贩卖，允许并鼓励商、民从事度量衡器具的相关营业，此
谓"欲得器具之供给，必须有制造工作，以开新器之来源"[2]。
在工商部［1930 年 12 月后为实业部］及全国度量衡局的推动
下，各类度量衡标准器具和其他民用度量衡器具的制造、营业
体系逐渐健全和规范，这为推行度量衡划一改革提供了条件
保障。

### 1. 度量衡标准器的制造和颁发

各类度量衡标准器的制造和颁发对推行度量衡划一改革尤
为重要，即"划一度量衡必须有准确之标准器，以为比较之标
准，俾法律有所公证，检校有所依据，人民有所取法；同时欲
求民间仿造易于实行，又需标本器以为民间仿造之模范，再各

---

［1］《湖南省高等法院训令（训字第 507 号）》·《湖南司法公报》，1936 年 8 月，第
3 期。

［2］　吴承洛《中国度量衡史》民国沪上初版图书复制版·上海：三联书店，2014 年，
第 379 页。

省市检定所，需要检定用器及检查用器，又度量衡制造商店，需要制造用及检校用器之设备，以为检定之标准及制造之工具"[1]。截至 1936 年 12 月底，全国度量衡局共向全国各省、特别市、县及普通市颁发各类度量衡标准器具约十万七千件，这为推行度量衡划一改革提供了必要的条件保障，具体数据见表 3-22。

2. 鼓励度量衡营业

除各类度量衡标准器具要由国家制造、颁行外，南京政府制定了关于度量衡器具营业的相关法规措施，以鼓励商、民从事度量衡器具的营业。截至 1936 年 6 月底经全国度量衡局备案，全国各省、特别市发放度量衡器具营业许可执照数共计 3 066 个，具体数据见表 3-23。

## （五）发挥商会作用，增加力量支持

商会能否在推进度量衡划一改革中扮演重要角色，在清末度量衡划一改革时，对此就有一定的认识，当时拟订的《推行画 [划] 一度量权衡制度暂行章程》中即已经提及"各处商务总会、分会均有帮同地方官督察、检定度量权衡之责"[2]。据统计，自 1902 年至 1912 年的十年间，全国已累计建立商务总会 57 个，商务分会 871 个以及为数更多的商务分所[3]，可惜清末的这次度量衡划一改革并未更多地付诸实施。

---

[1]《十年来之中国经济建设》·南京：扶轮日报社，1937 年，第 159 页。
[2]《会议政务处奏议覆农工商部等奏会拟画一度量权衡图说总表及推行章程折》·《东方杂志》，1908 年，第 10 期。
[3] 张宪文等《中华民国史（第 1 卷）》·南京：南京大学出版社，2013 年，第 35 页。

表 3-22 截至 1936 年 12 月颁发各省市县标准器具数量表

| 省别 | 小计 | 标准器 | | | 标本器 | | | 检定用器 | | | 铜印 | 液体量器 | 制造用器 | 天平台秤 | 特种用器 |
|---|---|---|---|---|---|---|---|---|---|---|---|---|---|---|---|
| | | 度 | 量 | 衡 | 度 | 量 | 衡 | 度 | 量 | 衡 | | | | | |
| 合计 | 107 139 | 2 032 | 1 147 | 45 494 | 3 405 | 2 364 | 4 501 | 884 | 3 664 | 17 500 | 20 189 | 1 043 | 1 376 | 340 | 3 200 |
| 江苏 | 9 439 | 134 | 69 | 2 772 | 164 | 400 | 334 | 75 | 354 | 1 709 | 2 800 | 111 | 357 | 27 | 133 |
| 浙江 | 8 182 | 165 | 82 | 3 402 | 255 | 146 | 294 | 85 | 408 | 1 347 | 1 915 | 13 | 42 | 23 | 5 |
| 山东 | 9 880 | 222 | 111 | 4 662 | 243 | 241 | 460 | 35 | 143 | 723 | 1 792 | 26 | 59 | 9 | 1 154 |
| 河北 | 15 342 | 262 | 130 | 5 460 | 375 | 374 | 623 | 184 | 559 | 2 456 | 3 710 | 173 | 278 | 20 | 738 |
| 河南 | 3 686 | 43 | 21 | 840 | 104 | 52 | 58 | 100 | 440 | 383 | 1 406 | 56 | 129 | 5 | 49 |
| 安徽 | 6 024 | 15 | 7 | 3 486 | 177 | 59 | 224 | 50 | 169 | 990 | 678 | 117 | 39 | 10 | 3 |
| 江西 | 1 864 | 26 | 14 | 550 | 25 | 23 | 36 | 30 | 75 | 450 | 549 | 23 | 29 | 1 | 33 |
| 湖北 | 2 501 | 61 | 31 | 1 344 | 42 | 45 | 69 | 17 | 75 | 239 | 220 | 23 | 49 | 3 | 283 |
| 湖南 | 8 882 | 164 | 82 | 3 404 | 79 | 86 | 144 | 31 | 516 | 2 267 | 2 003 | | 95 | 10 | 1 |
| 福建 | 4 859 | 130 | 65 | 2 730 | 9 | 8 | 14 | 47 | 105 | 611 | 704 | 430 | 4 | 2 | |
| 广西 | 3 628 | 88 | 44 | 1 840 | 21 | 13 | 20 | 34 | 346 | 293 | 918 | | | 11 | |
| 广东 | 754 | 26 | 78 | 546 | 12 | 12 | 30 | 1 | 4 | 35 | 10 | | | | |
| 云南 | 2 894 | 110 | 59 | 2 310 | 104 | 96 | 125 | 2 | 5 | 11 | 70 | | 2 | | |
| 贵州 | 2 813 | 122 | 61 | 2 582 | 4 | 2 | 8 | 1 | 4 | 29 | | | | | |
| 四川 | 7 804 | 124 | 62 | 2 622 | 326 | 145 | 313 | 147 | 403 | 290 | 3 222 | 26 | 68 | 15 | 41 |
| 陕西 | 598 | 14 | 8 | 254 | 14 | 12 | 33 | 9 | 10 | 132 | 103 | | 2 | 6 | 1 |

续表

| 省别 | 小计 | 标准器 | | | 标本器 | | | 检定用器 | | | 铜印 | 液体量器 | 制造用器 | 天平台秤 | 特种用器 |
|---|---|---|---|---|---|---|---|---|---|---|---|---|---|---|---|
| | | 度 | 量 | 衡 | 度 | 量 | 衡 | 度 | 量 | 衡 | | | | | |
| 山西 | 161 | 2 | 1 | 42 | 61 | 14 | | 1 | 1 | 29 | 10 | | | | |
| 察哈尔 | 758 | 28 | 14 | 588 | 20 | 20 | 39 | | 2 | 28 | | | 17 | 2 | |
| 绥远 | 557 | 24 | 12 | 404 | 4 | 4 | 6 | 1 | 7 | 87 | 8 | | | | |
| 宁夏 | 74 | 2 | 1 | 42 | 2 | 2 | 7 | 2 | 3 | 1 | 10 | | | 2 | |
| 甘肃 | 750 | 24 | 12 | 504 | 14 | 14 | 27 | 3 | 10 | 48 | 49 | 45 | | | |
| 青海 | 80 | 2 | 1 | 24 | 2 | 2 | 3 | 1 | 5 | 30 | 10 | | | | |
| 新疆 | 45 | 2 | 1 | 42 | | | | | | | | | | | |
| 辽吉黑热 | 3 384 | 140 | 70 | 2 940 | 64 | 64 | 106 | | | | | | | | |
| 西康 | 0 | | | | | | | | | | | | | | |
| 蒙藏 | 0 | | | | | | | | | | | | | | |
| 其他 | 12 180 | 102 | 111 | 2 104 | 1 284 | 530 | 1 528 | 28 | 20 | 5 312 | 2 | | 206 | 194 | 759 |

说明：原稿汇总数据与明细数据有出入，未采用原稿汇总数据。

数据来源：吴承洛《划一全国度量衡之前瞻与回顾》·《工业标准与度量衡》，1937年，第3卷第8-9期。

表3-23 截至1936年6月度量衡器具营业许可执照备案数表

| 省别 | 数量 | 省别 | 数量 | 省别 | 数量 |
|------|------|------|------|------|------|
| 山东 | 597 | 浙江 | 436 | 河北 | 193 |
| 河南 | 158 | 北平 | 138 | 福建 | 89 |
| 广西 | 50 | 绥远 | 40 | 安徽 | 87 |
| 察哈尔 | 1 | 江苏 | 481 | 湖北 | 198 |
| 湖南 | 188 | 上海 | 148 | 江西 | 101 |
| 天津 | 78 | 南京 | 42 | 青岛 | 37 |
| 威海卫 | 4 | 合计:3 066 | | | |

数据来源:《十年来之中国经济建设(第十四节度量衡之划一及推行)》·南京:扶轮日报社,1937年,第161页。

1912年10月底,孙中山在南昌阅兵时,南昌商务总会还向其进言请求,"度量权衡须全国一律统一"[1]。民初,北京政府公布《权度法》后,有关法律法规中也多提及商会在度量衡划一改革中的角色和应发挥的作用。但是,在实际推行中,北京政府甚少主动征求商会的意见和建议,因此商会对当时政府推进的度量衡划一改革并无太多积极性,更多的只是消极应付。对于上述这种情况,时任北京政府农商部总长认为,商会不肯协助是度量衡改制难以推进的主要原因[2]。

南京政府在启动度量衡划一改革时,汲取了上述经验教训,比较注意调动商会的积极性,发挥商会在度量衡划一改革中的正向推动作用。比如,1928年6月,在上海召开的全国经济会议上,上海、汉口、天津等地商会提交的度量衡划一议案受到政府部门的重视,并采纳了所提议案的部分内容,这样一来,无疑调动了商会参与度量衡划一改革的积极性。之后,在1929年

[1]《专电·南昌电》·《申报》,1912年10月27日,第1张第2版。
[2]《农商部统一权度之计划》·《申报》,1924年7月10日,第13版。

9月工商部组织召开的度量衡推行委员会会议上、在1930年11月全国度量衡会议上，均吸纳了商会代表参加会议，各商会代表也积极进言献策。随之，陆续出台的度量衡方面的法律法规中也多提及并注意体现商会在度量衡划一改革中的作用，如《度量衡临时调查规程》第三条、《度量衡法施行细则》第五十六条等。

商会的积极性被调动起来后，对南京政府实施度量衡划一改革起到了正向助推作用，具体表现为，第一，《度量衡法》及其施行细则公布实施后，各地商会立即将度量衡法规文本、度量衡宣传大纲及相关图表等抄发给各同业公会，并呼吁在同行业中广泛宣传；同时各地商会还协助政府向商界解答关于度量衡划一程序的有关疑问等。第二，政府实施度量衡器具调查时，也多先期知照各地商会或各同业公会，以便于调集各行业所用度量衡器具送至商会或同业公会集中，便利于政府部门开展调查。第三，政府实施度量衡器具检查时，度量衡检定机构一般都要会同警察和商会共同办理。第四，福建省还曾把商会协助进行度量衡新制推行列为本省"度量衡紧要办法五项"之一，即"关于度量衡新制之推行，应督促各县政府令当地商会切实协助"[1]。第五，《度量衡器具营业条例》公布实施之初，各地主动前往申请登记开展度量衡器具营业的商号、厂店并不踊跃，门可罗雀、寥寥无几。为打破这种冷清的局面，各地商会随即组织力量多次进行深入宣传、劝告，之后前往申请度量衡营业登记的商号、厂店才逐渐多起来。第六，各地商会还配合政府，在推行新制度量衡过程中扮演了调解商界矛盾纠纷的角色。第七，商会还是帮助政府推进海关等特殊领域、在华外国租界中的华商等特殊群体积极改用新制度量衡的重要助推者。可以说，

---

[1]《度量衡紧要办法五项》·《福建建设报告》，1934年2月，第4册，第6页。

在南京政府推进度量衡划一改革中，商会在一定层面、一定程度上起到了承上启下、正向助推催化的作用。

### （六）率先公用划一，全面经验示范

1929 年 9 月，南京政府决定在 1930 年年底前，基本实现公用度量衡的划一。这个决定得到了国民政府各院部会及各省、特别市的响应。除海关［1934 年 2 月 1 日起改用新制度量衡］、船政［1935 年 5 月公布实施《检丈船舶改用新制补充办法》］外，全国公路、铁路、航空、税务、盐务、教育、水利、气象、土地、邮政、电政、市政以及军事等各公务机关、各有关行业先后基本完成了公用度量衡的划一工作。举例如下：

（1）内政部门公布的《修正土地测量应用尺度章程》中规定，学术研究、大地测量等均要使用《度量衡法》规定的标准制［万国权度通制］，涉及人民产权的土地丈量等事宜也要规范使用《度量衡法》规定的市用制。

（2）铁道部 1930 年 2 月公布了《铁路施行法定度量衡办法》，该办法主要用以铁路等领域配合公用度量衡划一。

（3）水利部门进行水位测量时，原来普遍使用"英尺"作为测量单位，现在已一律改为以《度量衡法》规定的标准制［万国权度通制］单位"公尺"为测量单位。

（4）公路货运计重，由原先"英吨""英磅"等作为单位，现在已一律改为《度量衡法》规定的标准制［万国权度通制］单位和市用制单位；公路车辆的油量表、速度表一律改用《度量衡法》规定的标准制［万国权度通制］单位。

（5）气象部门测量蒸发量、雨量、气压等，已经均以《度量衡法》规定的标准制［万国权度通制］为单位。

（6）自来水部门原计量水量以英制的"加仑"为单位，现在已一律改为以《度量衡法》规定的标准制［万国权度通制］

单位"公升"以及"立方公尺"或以25公斤水桶为单位。

（7）药品的计量单位，由原使用的英制或日制单位，现已经一律改用《度量衡法》规定的标准制［万国权度通制］单位。

（8）军事上对于射程的测量，已经使用《度量衡法》规定的标准制［万国权度通制］单位"公尺"；弹药重量的测量，已经改用《度量衡法》规定的标准制［万国权度通制］单位"公斤"或"公吨"。

（9）体育项目上，测量游泳、跳高、跳远等距离，由原先使用的英制单位"英尺"，现已改为《度量衡法》规定的标准制［万国权度通制］单位"公尺"；测量铁饼的重量，由原先使用英制单位"英磅"，现已改用《度量衡法》规定的标准制［万国权度通制］单位"公斤"。

（10）市政马路修建、房屋建造等，由原来使用的"旧工尺"或"英尺"为单位，现已一律改用《度量衡法》规定的标准制［万国权度通制］单位"公尺"。

（11）盐务上的"盐斤"仍使用"担"为单位，1933年12月盐务稽核总所514号通令规定"一担"合《度量衡法》规定的市用制斤127斤，不再使用原来的"司马斤"（1担=100司马斤），也不允许再使用其他旧有度量衡名称；不过，1933年12月29日盐务稽核总所552号通电又规定"以新市秤100斤为一担，不得按新市秤127斤计算"[1]。

对于公用度量衡划一过程中出现的违规情况，实业部通常以公函咨主管部门予以纠正，比如，针对体育赛事中所用度量衡名称违规的问题，1933年10月实业部曾以工字第8183号咨教育部，"查本年各省市举行全国运动会预赛，……竞赛规则内所列各项运动项目，有推十六磅铅球、五十米、百米、二百米、

―――――――――

[1]《中华民国工商税收史料选编（第2辑 盐税 下册）》·南京：南京大学出版社，1995年，第1 390-1 392页。

四百米赛跑、游泳……等项……磅系英制，与吾国现行衡制不合；米虽与吾国现行标准制之长短相符，然依法应称公尺……亟应预为纠正，以免分歧……"[1]。还有邮政部门习惯使用的格阑姆，经实业部咨交通部门，已饬令一律改用"公分"；军事上一向使用的"密达"，也经实业部咨军政部及训练总监部，已饬令一律改用"公尺"[2]。

客观地讲，公用度量衡领域的初步划一，为《全国度量衡划一程序》中所规定的各省、各特别市分三期推进民用度量衡划一工作起到了一定的示范和借鉴作用。

### （七）督进地方改革，初显划一成效

截至1935年年底，工商部制定的度量衡划一"六年计划"虽没能按预期目标完成，但也取得了一定的进展和成效。

1.推行度量衡划一最有成效的六省五市一区

根据有关资料显示，截至1935年基本完成度量衡划一的地区主要是山东、河北、浙江、江苏、绥远、宁夏等六省，上海、汉口、北平、青岛、南京等五市及威海卫一区，"可谓粗告划一完成"[3]。这其中，上海于1931年7月宣布提前完成度量衡划一，"推为全国先河"[4]。

（1）六省推进度量衡划一工作主要取得的成效是：第一，六省均初步设立了各自的度量衡检定所；第二，六省的省会城市度量衡划一工作均宣布基本完成；第三，六省所属各县、各普通市

---

[1]《咨教育部请令饬全国运动会及各省市教育主管机关更正竞赛规则关于度量衡之名称由》·《实业公报》，1933年11-12月，第146-147期合刊。

[2]《度量衡标准制法定名称之解释及其在科学上之应用》·中国度量衡学会《对于度量衡标准制法定名称之意见》，1934年，第3页。

[3]《中国经济年鉴》·上海：商务印书馆，1936年，第252页。

[4]《全国度量衡划一概况》·南京：国民书局印刷部，1933年，第54-55页。

均基本改用度量衡新制并且还向县和普通市派有度量衡检定员,各县和普通市开展度量衡相关工作也有相对固定的经费支持;第四,六省已经着手将度量衡新制进一步向辖区的乡镇和农村进行深度推广。

（2）五市一区推进度量衡划一工作主要取得的成效是:第一,五市一区均已初步设立各自的度量衡检定所,并宣布度量衡划一工作初步完成;第二,五市一区持续不断实施对旧制度量衡器具的检查,已经基本将旧制度量衡器具废除殆尽;第三,五市一区还积极办理英制度量衡的登记工作,同时拟订措施对《度量衡法》规定的标准制和市用制以外的度量衡制度予以限制;第四,五市一区还深入推进学校、工厂等领域使用新制度量衡;第五,五市一区还积极推进完善油、酒等所使用量器的划一工作等。

2. 推行度量衡划一较有成效的四省

根据有关资料显示,截至1935年推行度量衡划一较有成效的有江西、河南、湖北、福建等四省,即"全省各县之在一致进行者有江西、河南、湖北、福建四省"[1]。

这四省推进度量衡划一工作的主要做法和成效是:第一,江西、河南、福建的度量衡检定所均附设有度量衡制造厂,其中以江西省度量衡检定所附设的度量衡制造厂规模较为宏大。第二,江西、河南两省向所辖县、普通市派遣了度量衡检定人员,县城推行度量衡划一工作已经基本完成,还有约一半的乡镇也在推行度量衡划一工作。第三,江西省施行了对度量衡器具贩卖的管控政策,凡是商、民所制造的度量衡器具均需经由省立的度量衡制造厂转为发售。第四,河南省要求本省各县、各普通市于1936年6月底前完成度量衡划一,不得拖延;并派

---

[1]《中国经济年鉴》·上海:商务印书馆,1936年,第252页。

有度量衡的视察员前往各县、各普通市专司度量衡划一相关工作的视察，一旦发现对推行度量衡划一工作不力的情况，则予以惩戒。第五，湖北、福建两省依度量衡督察专员所在地，分区设立了度量衡检定分所，检定分所所在的各县、各普通市多已初步完成度量衡划一工作。

3. 实现度量衡局部划一的四省

根据有关资料显示，截至1935年，初步实现度量衡局部划一的有安徽、湖南、广西、贵州等四省。

这四省推行度量衡划一工作的主要做法和成效是：第一，安徽省根据所辖各县的财力，先后向五十多个县委派了度量衡检定人员，并且大致有一半数量的县初步完成了度量衡划一工作；第二，湖南省已有二十四个县派有度量衡检定人员，初步完成度量衡划一工作，并且湘西、湘南等地区各县已着手推进度量衡划一工作；第三，广西省的度量衡检定所附设的度量衡制造厂规模较大，赶制新制度量衡器具供各县所需，操办训练三等检定员，鼓励建设民办度量衡器具制造厂，所辖八十多个县中已有五十多个县初步完成了度量衡划一工作；第四，贵州省已初步完成贵阳的度量衡划一工作，并向全省大多数县委派有度量衡检定人员，虽然该省度量衡划一工作整体推行较为迟缓，但省政府尚能积极推广。

4. 其余各省推行度量衡划一的情况

根据有关资料显示，除上述度量衡划一工作已有一定成效的省、特别市外，全国其余地区度量衡划一工作仅有一些不同程度的推进。比如，云南省1934年设立了昆明市度量衡检定分所，1935年夏成立了云南省度量衡检定所筹备处，并筹建度量衡制造厂以制造新制度量衡器具，用于向全省各县推行之用。广东省起初对于推进民用度量衡划一工作采取自愿措施，但效果不好，政府又不得不采取强迫措施，培训检定人员，核定预算经费，在 1935 年恢复了广东省度量衡检定所。1932 年陕西省因旱灾未及时推行度量衡划一工作，直到 1935 年才开始着手准备度量衡划一工作，该省还请求实业部帮助制定建设度量衡制造厂的计划，1935 年 9 月恢复了陕西省度量衡检定所。甘肃省的度量衡划一工作，起初仅仅围绕着兰州市开展，并设立了度量衡制造厂，制造度量衡器具向所辖各县推广、使用。察哈尔、青海等省于 1935 年开始任用度量衡检定人员以开展调查旧制度量衡器具的工作，并拟订本省推行度量衡划一工作的计划。四川省起初因连年内战未能切实顾及到推行度量衡划一工作，1934 年起才陆续开始培训度量衡检定人员，并购置大量度量衡标准器、标本器及检定用器，还筹款四万余元开办度量衡检定所及度量衡制造厂，从速开展推行度量衡划一的工作。山西省在省政府内设立了"权度划一处"，任用培训合格的检定人员开展推行度量衡划一工作。截至 1935 年年末，还有蒙古、西藏、新疆和西康等边远省份尚未切实开展度量衡划一改革工作。

## 三、度量衡划一改革不彻底的原因分析

南京政府在抗日战争爆发前推进的度量衡划一改革工作，应该说是截至二十世纪三十年代，中国度量衡历史上最成功、最具成效的一次，使清晚期，特别是第一次鸦片战争以来全国性的度量衡混乱局面得以有效遏制和改善。这次改革是进一步将中国融入全球权度体系的催化剂和助推剂，带有国际化、标准化、制度化、全面化的基本特点。但是，由于当时的历史环境、政治环境、社会环境以及经济环境所限，加之南京政府并不是一个强有力的政府，且其制定的度量衡划一改革的各项政策措施也不乏缺陷，因而南京政府在推进度量衡划一改革过程中也注定只能扮演一个"推进者"的角色，其发起的度量衡划

一改革也必然会是不彻底、不完整的。分析其不彻底、不完整的原因，归纳起来可以概括为政局动荡、财力有限、基础不牢等三点。

## （一）政局动荡

1927年，南京政府成立，1928年"皇姑屯事件"后东北易帜，南京政府实现了形式上的全国统一。但是，南京政府面对着内部纷争阻碍、战乱连绵不断的情况，加之日本侵略者悍然入侵，在度量衡划一改革问题上虽然予以了必要的重视和支持，但推行起来举步维艰。

### 1.政治方面

蒋介石与汪精卫、胡汉民既纷争又合作。国民政府虽是五院制体制，但由于国民党的党权无处不在，加之蒋介石个人权力的膨胀，五院制体制不能充分发挥实际作用。

### 2.军事方面

国民政府成立初期，各地仍处于分裂割据状态，各军事实力派拥兵自重。军事实力派中实力较强的是蒋介石的"中央军"、冯玉祥的"西北军"、阎锡山的"晋系"、李宗仁和白崇禧的"桂系"等。这期间爆发的中原大战，动用兵力达到一百六十万以上，伤亡达到三四十万，战火燃及大半个中国，如此规模之大、时间之久的内战，是中国历史上所罕见的，战火所到之处无不惨遭糜烂[1]。

### 3.日本侵略者入侵

接连爆发的"九·一八"事变、"一·二八"淞沪抗战等以及伪满洲国傀儡政权直接脱离国民政府的实际控制，这些都必然注定南京政府的度量衡划一改革，其政令不可能一以贯之，

---

[1]　张宪文等《中华民国史（第2卷）》·南京：南京大学出版社，2013年，第76页。

全国不可能步调一致。

在这样政局动荡的形势下，企盼南京政府全力以赴推进度量衡划一改革是完全不可能的，"各省政局屡变，……，外患频仍，加以天灾流行，……，故政令有时不易到达，即达到而因实际上之困难，有时不免无形搁置"[1]。

### （二）财力有限

南京政府虽然将度量衡划一改革提升到"国家一切庶政之基础，解决民生问题之先决条件"[2]的高度来认识，但当时中央及地方各级政府的财力毕竟十分有限，这在很大程度上制约了度量衡划一改革不断向纵深推进。

#### 1. 中央层面

从中央层面来说，1928 年至 1937 年 6 月军费开支成了南京政府中央财政支出的最大头，多数年份的军费支出占比在中央总支出的 40% 以上。除了军费开支外，另一个重大支出就是债务费，1928 年至 1933 年债务费开支占比均占中央总支出的 28% 以上，1930 年甚至达到了 40.6%。扣除军费和债务费支出，在中央总支出中用于政务支出的比例份额很小，比如政务支出 1928 年占中央总支出的 7.5%、1929 年占 9.5%、1930 年占 8.4%、1931 年占 8.2%，1932 年和 1933 年政务支出占比略高，分别达到 28.3% 和 18.7%[3]。1928 年至 1936 年中央财政赤字均在 12% 以上，其中 1928 年、1930 年、1934 年、1935 年、1936 年的中央财政赤字分别达到 23%、28%、20.8%、23.8% 以

---

［1］　吴承洛《划一度量衡与提倡国货》·《度量衡同志》，1934 年，第 10 期，第 3-6 页。

［2］　方伟《民国度量衡制度改革研究（博士论文）》·安徽大学，2017 年 1 月，第 135 页。

［3］　《中华民国工商税收史料选编（第 1 辑综合类下册）》·南京：南京大学出版社，1996 年，第 1 452-1 454 页。

及25.4%[1]。在政务开支中，全国度量衡局的开支不可能占有较高比例，这与度量衡划一改革所需经费比较，无疑是不够的。

表3-24为1928至1937年6月中央总支出与军务费开支对比表。

表3-24　1928至1937年6月中央总支出与军务费开支对比表

| 年度<br>（单位：国币亿元） | 中央总支出 | 中央军务费支出 | 中央军务费支出占比 |
|---|---|---|---|
| 1928年 | 4.34 | 2.1 | 48.4% |
| 1929年 | 5.39 | 2.45 | 45.5% |
| 1930年 | 7.14 | 3.12 | 43.7% |
| 1931年 | 6.83 | 3.04 | 44.5% |
| 1932年 | 7.88 | 3.35 | 42.5% |
| 1933年7月至1934年6月 | 8.98 | 3.62 | 40.3% |
| 1934年7月至1935年6月 | 12.12 | 3.68 | 30.4% |
| 1935年7月至1936年6月 | 11.07 | 3.66 | 33.1% |
| 1936年7月至1937年6月 | 11.95 | 4.51 | 37.7% |

数据来源：江苏省中华民国工商税收史编写组、中国第二历史档案馆《中华民国工商税收史料选编（第1辑综合类下册）》·南京：南京大学出版社，1996年，第1 452-1 454页。

2. 地方层面

从地方层面看，并不是所有地方均能在预算中对度量衡划一改革所需经费予以保障，即使一些地方将度量衡划一改革所需经费列入了政府预算予以保障，其额度也十分有限。有的地方甚至还以种种借口克扣或挪用度量衡划一经费。这正如1935年全国度量衡局所指出的，"各省市县对于此项经费［度

[1]　徐建生《民国时期经济政策的延续与变异（1912-1937）（博士论文）》·中国社会科学院，2001年5月。

政经费]，多未确定，或经确定而任意挪用，以致各该地度政，时作时辍，未能彻底完成"[1]。比如，湖南省一等县度量衡经费支出预算为 1 510 元/年、二等县为 1 120 元/年、三等县为 790 元/年[2]，这个预算标准确实符合全国度量衡局 1935 年时提出的《县市度量衡检定分所年度岁出经常费最低概算书》中各等级县度量衡工作经费的支出标准，但是概算书中这个标准仅是经费标准的"及格线"，要全面开展度量衡划一工作，这有限的经费简直是杯水车薪。再比如，1932 年江西省审核一、二、三等各县度量衡检定分所经费时就曾指出，"现在各县财政类皆入不敷出，人民负担过重，亦复无可再加此项划一度量衡办法，若援照他省成案，设立各县检定分所，诚恐无此财力……各县检定事项由县政府督率技士或建设局办理，毋庸另设机关，藉节经费"[3]。

可见，经费短缺在很大程度上阻碍了度量衡划一改革的推进，"划一度量衡事业推行之迟速，以有无固定之经费为转移"[4]。

### （三）基础不牢

二十世纪三十年代，中国各地区的经济社会发展水平极不平衡，加之战乱不断，通讯、交通等基础设施尚不完善，人们的思想意识、文化教养等尚禁锢于传统和旧习惯，在这种情况下，推行度量衡划一改革的各项基础条件尚不理想且并不牢靠。

[1]《咨各省政府据全国度量衡局呈请咨各省饬属确定地方度政经费一案抄同原呈概算书咨请查核办理见复由（工字第 14034 号）》·《实业公报》，1935 年 12 月，第 257-258 期合刊。

[2]《湘省进行划一度量衡》·《实业部月刊》，1936 年，第 1 卷第 5 期，第 404 页。

[3]《审核各县度量衡检定所经费情形》·《江西财政月刊》，1932 年 12 月，第 12 期。

[4]《转令确定推行度量衡新制经费并不得挪用》·《江西省政府公报》，1934 年，第 87 期，第 55 页。

主要是：

（1）鉴于中国中、东部地区经济发展水平尚好，按照南京政府度量衡划一推行的程序，抗日战争爆发前，中、东部地区推行整体较好，但实现度量衡初步划一的多集中在国民政府行政院特别市、省会城市以及重要的县、镇等地区，稍偏远的县、普通市也未能全面实现度量衡划一；西部地区经济发展相对落后并碍于交通、通信的不畅，川、滇、陕、甘、蒙、青、藏、西康以及新疆等地区在抗日战争爆发前均未能全面实现度量衡划一。

（2）在当时的历史环境下，南京政府并不是一个极具权威性和号召力的政府，其实际控制的区域仅限于首都南京及周边的苏、沪、浙、皖等几个省区，面对全国并不能完全做到政令畅通，各地方政府对度量衡划一改革的积极性大打折扣，被"视为无关重要之行政，或搁置不理，或办理不力……各县奉令自觉过多，无暇推广，大抵城市可行，推及乡村，即不易为"[1]。

（3）二十世纪三十年代的中国，受传统思维习惯、传统文化意识以及大多数民众自身知识水平和文化教养等因素的影响，在一定程度上阻碍了度量衡划一改革的持续推进，"度量衡惟欲彻底达到划一，尚有待于人人之自觉"[2]。这其中既有商会、商人追求利益最大化、阳奉阴违的情况，"图利心切，私造铁砝码等器，自相授受，以讹传讹，影响匪浅"[3]的情况；也有民众

---

[1] 吴承洛《划一度量衡经过阶段及完成划一今后应合作之点》·《度量衡同志》，1934年，第10期，第5-10页。

[2] 吴承洛《复兴农村提倡国货与实行新生活三个大问题和划一的度量衡标准》·《工业标准与度量衡》，1934年，第3期。

[3] 周逢源《度量衡制造的前途》·《实业部度量衡制造所季刊》，1932年，第1期，第8-10页。

"因习用参差不齐之度量衡旧器已久，浪漫性成，反已为便，既不知采用划一度量衡新制之重要，亦不明不划一的旧制度量衡的弊害。如是奸诈狡猾者，乃利用机会，以贪图小利，人民受其蒙蔽，反对新制加以怀疑"[1] 的情况。

---

[1]　吴承洛《划一度量衡与提倡国货》·《度量衡同志》，1934 年，第 10 期，第 3-6 页。

# 第四章　1937年至1949年度量衡管理和实践

## 第一节　国民政府度量衡管理和实践
### （1937 年至 1949 年）

1937 年 7 月 7 日，卢沟桥事变爆发，拉开了抗日战争的序幕。同年 11 月 20 日，南京政府发表《移驻重庆宣言》，并开始迁都重庆。抗日战争胜利后，1945 年 8 月 18 日，国民政府拟订还都计划，1945 年 12 月 5 日起开始陆续还都。1946 年 4 月 30 日，国民政府发布还都令，同年 5 月 5 日正式还都南京。

### 一、度量衡法规

抗日战争爆发后，中国的各方面形势受到战争影响，发生了巨大变化。在度量衡划一改革方面，南京政府原先制定的一系列法律法规、政策措施等能够有效执行的政治环境、社会环境、经济环境等均发生了相应的变化，显然有些规定和措施已经不能适应战时的需要。经济部〔1938 年 1 月由原实业部改组而成〕和所属全国度量衡局在内迁重庆时期及还都南京后，根据战时和战后的需要，对涉及度量衡的法律法规、政策措施等进行了力所能及的、必要的制（修）订。制（修）订后的度量衡法律法规、政策措施在一定程度上保证了度量衡划一改革的继续推进。表 4-01 为抗战及抗战后部分度量衡法规制（修）订表。

表 4-01　抗战及抗战后部分度量衡法规制（修）订表

| 序号 | 法律法规制度办法名称 | 公布机关 | 公布日期 | 备注 |
|---|---|---|---|---|
| 1 | 《经济部全国度量衡局组织条例》 | 国民政府 | 1940年5月 | 上一版本1932年5月修订，1947年2月又公布《经济部中央标准局组织条例》 |
| 2 | 《度量衡器具营业条例》 | 国民政府 | 1943年12月 | 上一版本1930年9月公布，国民政府1946年11月修订 |
| 3 | 《特种考试度量衡检定人员考试规则》 | 考试院 | 1942年1月 | |
| 4 | 《度量衡检定员任用规程》 | 考试院 | 1942年8月 | 上一版本1931年10月公布，考试院1944年10月修订为《度量衡检定员任用规则》 |
| 5 | 《度量衡检定员升等考试规则》 | 考试院 | 1945年2月 | |
| 6 | 《经济部全国度量衡局度量衡检定员升等考试委员会组织规程》 | 考试院备案 | 1945年6月 | |
| 7 | 《度量衡器具检定费征收规则》 | 经济部 | 1941年2月 | 上一版本1933年2月修订，经济部于1942年6月、1943年5月、1945年6月、1946年4月、1946年8月、1948年分别修订 |
| 8 | 《颁发度量衡地方标准器暂行办法》 | 经济部 | 1942年6月 | |
| 9 | 《经济部全国度量衡局度量衡检定人员养成所组织规程》 | 经济部 | 1942年7月 | 上一版本1929年4月公布，1947年9月又公布《中央标准局度量衡检定人员训练所组织规程》 |
| 10 | 《经济部全国度量衡局度量衡制造所组织规程》 | 经济部 | 1942年12月 | 上一版本1931年12月修订，1947年7月又公布《中央标准局度量衡制造所组织规程》 |

续表

| 序号 | 法律法规制度办法名称 | 公布机关 | 公布日期 | 备注 |
|---|---|---|---|---|
| 11 | 《度量衡器具检查执行规则》 | 经济部 | 1943 年 5 月 | 上一版本 1937 年 6 月修订，经济部 1948 年修订 |
| 12 | 《检定温度计办法》 | 经济部 | 1943 年 12 月 | |
| 13 | 《检定酒精计办法》 | 经济部 | 1944 年 1 月 | |
| 14 | 《度量衡器具营业条例施行细则》 | 经济部 | 1944 年 3 月 | 上一版本 1936 年 9 月公布 |
| 15 | 《度量衡法施行细则》 | 经济部 | 1944 年 5 月 | 上一版本 1931 年 12 月修订 |
| 16 | 《各省市度量衡检定所组织规程》 | 经济部 | 1945 年 1 月 | 上一版本 1937 年 2 月修订 |
| 17 | 《度量衡器具输出管理规则》 | 经济部 | 1947 年 4 月 | 上一版本 1937 年 8 月公布 |
| 18 | 《度政人员登记规则》 | 全国度量衡局 | 1939 年 9 月 | |
| 19 | 《度量衡制造研究委员会章程》 | 全国度量衡局 | 1939 年 11 月 | |
| 20 | 《度量衡器具盖印规则》 | 全国度量衡局 | 1941 年 6 月 | 上一版本 1937 年 1 月修订，经济部 1944 年 9 月修订 |
| 21 | 《经济部全国度量衡局度量衡检定人员养成所训练章程》 | 全国度量衡局 | 1942 年 8 月 | 1936 年 11 月公布过训育工作大纲 |

　　除中央层面度量衡法规制度的制（修）订外，各地方也相应地公布、制（修）订了本辖区的度量衡制度措施。如战时的陪都重庆，1939 年 5 月先后制定公布了《取缔非常时期乘机利用违法度量衡器取巧牟利办法》《整理盐秤涤除积弊办法》《彻底划一米粮业量器办法》《取缔米粮商贩行使旧器办法》；

1941 年先后公布了《重庆市度量衡检定所管理米市量器办法》
《重庆市度量衡检定所划一接管市区量器办法》；1943 年公布
了《重庆市度量衡检定所组织规程》等。再如，西康省 1939 年
4 月公布了《重订西康省度量衡划一程序》，1939 年 6 月公布了
《西康省各县区局度量衡检定员服务规则》，1939 年 10 月公布了
《经济部全国度量衡局与西康省政府建设厅合组西康省度量衡制
造厂办法》等。

## 二、度量衡机构

### （一）中央机构

1930 年，工商部设立了全国度量衡局，同年 12 月，工商
部改组为实业部，全国度量衡局遂隶属实业部。1937 年，抗日
战争爆发后，全国度量衡局机关及所属度量衡制造所于 1937 年
11 月底撤离南京，历经一年左右的时间，由水路经武汉，再由
武汉辗转经长沙去重庆，直到 1938 年年底才抵达重庆。全国度
量衡局搬迁到重庆后，先在上清寺附近的一座 400 平方米民宅
中办公，之后于 1941 年秋又迁到离重庆市中心 24 公里左右的
北碚镇办公。

1938 年 1 月，国民政府发布《调整中央行政机构令》，将
1930 年 12 月成立的实业部又改组为经济部，全国度量衡局也
随之改隶经济部。国民政府于 1939 年 2 月公布《经济部全国度
量衡局组织条例》，1940 年 5 月予以修订。在修订后的条例中
规定，"全国度量衡局掌理划一全国度量衡并兼办工业标准事
务……附设度量衡制造所、度量衡检定人员养成所"[1] 并继续赋

---

[1]《经济部全国度量衡局组织条例》,《经济部公报》, 1940 年 6 月, 第 3 卷第
11-12 期合刊。

予全国度量衡局对全国各省、特别市度量衡检定所有指导和监督之责。国民政府任命郑礼明为经济部全国度量衡局局长，其任期为1938年5月至1947年2月。经济部于1942年7月和1942年12月还分别公布《全国度量衡局度量衡制造所组织规程》《全国度量衡局度量衡检定人员养成所组织规程》。

抗日战争期间，全国度量衡局继续在力所能及的条件下实施度量衡管理，推进度量衡划一改革的有关工作，所做的主要工作归纳起来有：第一，推动各地恢复、建立、完善度量衡检定机构；第二，组织力量批量生产新制度量衡器具，包括度量衡标准器、标本器、检定用器以及受委托制造的度量衡器具等；第三，开展度量衡器具的检定工作；第四，开展度量衡检定人员的训练、培养工作；第五，宣传战时度量衡划一的重要性，如中国度量衡学会坚持出版《工业标准与度量衡》《度量衡同志》等刊物，原全国度量衡局局长吴承洛、时任全国度量衡局局长郑礼明分别撰文宣传战时度量衡划一的深远意义和重要作用，包括吴承洛1940年发表的《争取抗日战争胜利与划一度量衡》、1941年发表的《抗日战争建国与培养国民守法精神及划一度量衡之关系》等；郑礼明1938年发表的《抗日战争时期划一度量衡之重要性》、1939年发表的《欲求行政效率之提高，必先完成度量衡之划一》等。另外，因全国度量衡局还担负着工业标准化等相关工作，1939年，在该局和工业标准委员会的共同努力下，制定工业标准695种……同时又收集二十余国家的标准及刊物二万二千种[1]；该局还于1940年4月、1940年6月呈奉经济部核准，公布执行《经济部全国度量衡局编制工业标准与各界合作暂行规则》和《经济部全国度量衡局工业标准起草

---

[1]　向贤德《由我国工业说到标准化工作》·《工业标准与度量衡》，1939年，第1-6期。

委员会暂行规则》等涉及标准化工作的规章制度[1]等。

抗日战争胜利后，国民政府及中央各部院会等陆续还都南京。鉴于"为促进各种货品、尺度、符号、名称等之标准化……将设立中央标准局"[2]的需要，及1946年9月南京政府公布的《标准化法》的规定，1947年3月，全国度量衡局与工业标准委员会合并改组成立中央标准局，新成立的中央标准局仍隶属于经济部。南京政府1947年2月就公布了《经济部中央标准局组织条例》，该条例规定，中央标准局设立四科一室，其中第三科掌理各类度量衡事务；中央标准局附设度量衡制造所和度量衡检定人员训练所；中央标准局对全国各省、特别市度量衡检定所行使指挥监督之权[3]。中央标准局首任局长戴经尘，其任期是1947年3月至1948年12月，但实际主持工作的是副局长向贤德。之后，经济部又于1947年7月和1947年9月，分别公布了《中央标准局度量衡制造所组织规程》《中央标准局度量衡检定人员训练所组织规程》。中央标准局为制造副原器及标准器，除附设度量衡制造所外，还于有关重要的地区设立制造分厂，以适应和满足各地对度量衡器具的需要。1947年9月，中央标准局在南京召开第一次，也是该局成立以来唯一的一次全国度政会议，会议上提交了各种议案合计167件。另外，中央标准局还曾参考英、美、法、荷等国家当时执行的度量衡制度，拟订了在中国《推行度量衡办法［十条］》，不过无论是度政会议的提案还是《推行度量衡办法［十条］》，后来均由于种种原

［1］谭熙鸿《十年来之中国经济（下册）》·上海：中华书局，1948年。

［2］《谋货名品质尺度等标准化经济部将设中央标准局法案已由立法院审查通过》·《西北实业月刊》，1946年11月，第1卷第4期，第91页。

［3］《经济部中央标准局组织条例》·国民政府文官处印铸局《国民政府法规汇编（第19编）》，1947年。

因未能得到实际落实和贯彻[1]。

### （二）地方机构

根据《度量衡法》的规定，各地应设置度量衡检定所或检定分所，以承担推行度量衡划一改革的各项工作，包括核发该地区制造、贩卖及修理度量衡器具厂店的许可执照，实施度量衡器具的检定及检查等工作。自 1927 年至 1937 年抗日战争爆发前，国民政府推行度量衡划一改革工作历经了近十年，虽未达到预期效果，但取得的成效也不可忽视。截至 1937 年 1 月，全国各省及特别市等共成立度量衡检定所 29 个，全国 2 000 多个县、普通市，共成立度量衡检定分所 1 147 个。但是，抗日战争爆发后，刚刚铺展开的度量衡划一局面即遭到了沉重打击，导致全国各省、特别市度量衡检定机构工作均不能正常开展。东北地区早已在日本侵略者的控制、奴役之下，度量衡划一工作自不用说，完全不可能再按照国民政府的要求实施。到 1939 年，国民政府能够实施行政控制的只有四川、云南、广西、甘肃、宁夏、陕西、青海、西康、湖南、湖北、福建、安徽、江西等省。在这种困难的情况下，全国度量衡局为全力推动各省、各特别市恢复或建立度量衡检定机构，除了于 1942 年 10 月在重庆北碚召开各省、各特别市、各中央部门参加的度量衡会议外，还专门派人赴有关地区，极力与地方政府商洽，恳请地方政府支持建设或恢复度量衡相关机构。

1940 年，甘肃、湖南两省新建了本省的度量衡检定所；宁夏、江西两省恢复了本省的度量衡检定所[2]，其中江西省度量衡检定所附设的制造厂 1940 年当年生产度量衡器具就达到

---

[1]　方伟《民国度量衡制度改革研究（博士论文）》·安徽大学，2017 年 1 月，第 172-174 页。

[2]　《新中国计量史》·北京：中国质检出版社，2015 年，第 33 页。

1 700 件[1]。山西省政府在抗日战争爆发后，虽暂迁陕西境内，但仍坚持筹划办理本省的度量衡划一事务。青海省虽尚存度量衡检定机构，但是受到战争的影响，导致该机构的工作几乎停滞。陕西省度量衡划一工作在抗日战争期间进展非常缓慢，几乎无所作为。安徽省虽遭沦陷，但设立了度量衡模范制造厂。广东省在1943年复设了该省度量衡检定机构。广西省在省建设厅内设有度政股。河南省于1944年设立了省度量衡检定所筹备处。湖北省于1942年在省建设厅内设立了度量衡检定室。中国西南地区是当时抗日战争期间国民政府的大后方，四川省度量衡检定机构尚能够断断续续地坚持开展工作。云南省虽仍存有度量衡检定机构，但工作几乎停滞。西康省"1939年与全国度量衡局合资筹办西康度量衡制造厂"[2]，1941年设立了西康省度量衡检定所。贵州省战时的度量衡划一工作进展非常缓慢、非常困难。重庆作为国民政府的陪都，建立了市度量衡检定所，其推行度量衡划一工作成为当时的"全国冠者"[3]。

　　1945年1月，经济部公布《各省市度量衡检定所组织规程》，重新规定各省、各特别市度量衡检定所的职责，主要是：第一，负责推行新制度量衡并兼办省会城市的度量衡事项；第二，负责度量衡副原器及地方标准器的保管；第三，负责度量衡地方标准器及检定用器的复检；第四，负责度量衡器具的检定、检查及錾印事宜；第五，监督指导本省、特别市所辖县、普通市检定员的工作；第六，受全国度量衡局委托办理丙种检定员［三等检定员］的训练事项；第七，指导辖区度量衡器具

―――――――――

［1］　孙毅霖、邱隆《抗日战争时期的度量衡划一》，《中国计量》，2005年，第10期，第46页。

［2］　孙毅霖、邱隆《抗日战争时期的度量衡划一》，《中国计量》，2005年，第10期，第46页。

［3］《全国度量衡推行工作概况》，《标准》，1947年，第6期，第15-16页。

制造、修理等营业事项。

截至1947年6月底，全国已设立［或复设］省、特别市度量衡检定机构33所，县、普通市度量衡检定机构1 028所，具体见表4-02。

表4-02 截至1947年6月底全国度量衡检定机构数量表

| 省市别 | 共计（个） | | 省市级检定机构（个） | | | 县市级检定机构（个） | |
|---|---|---|---|---|---|---|---|
| | 省市级 | 县市级 | 省检定所 | 市检定所 | 建设厅兼办 | 县市检定分所 | 县政府兼办 |
| 总计 | 33 | 1 028 | 16 | 7 | 10 | 75 | 953 |
| 江苏 | 1 | 44 | 1 | | | | 44 |
| 浙江 | 1 | 40 | | | 1 | | 40 |
| 安徽 | 1 | | 1 | | | | |
| 江西 | 1 | 77 | 1 | | | | 77 |
| 湖北 | 1 | 53 | | | 1 | | 53 |
| 湖南 | 1 | 66 | 1 | | | | 66 |
| 四川 | 1 | 143 | 1 | | | | 143 |
| 西康 | 1 | 17 | 1 | | | | 17 |
| 河北 | 1 | 14 | | | 1 | | 14 |
| 山东 | 1 | 36 | 1 | | | | 36 |
| 山西 | 1 | 23 | 1 | | | | 23 |
| 河南 | 1 | 36 | | | 1 | | 36 |
| 陕西 | 1 | 59 | | | 1 | | 59 |
| 甘肃 | 1 | 25 | 1 | | | | 25 |
| 青海 | 1 | 4 | 1 | | | | 4 |
| 福建 | 1 | 60 | | | 1 | | 60 |
| 台湾 | 1 | | 1 | | | | |
| 广东 | 1 | 52 | 1 | | | 52 | |

续表

| 省市别 | 共计（个） | | 省市级检定机构（个） | | | 县市级检定机构（个） | |
|---|---|---|---|---|---|---|---|
| | 省市级 | 县市级 | 省检定所 | 市检定所 | 建设厅兼办 | 县市检定分所 | 县政府兼办 |
| 广西 | 1 | 85 | 1 | | | | 85 |
| 云南 | 1 | 88 | | | 1 | | 88 |
| 贵州 | 1 | 47 | 1 | | | | 47 |
| 辽宁 | 1 | 23 | 1 | | | 23 | |
| 辽北 | 1 | | | | 1 | | |
| 绥远 | 1 | 24 | | | 1 | | 24 |
| 宁夏 | 1 | 12 | 1 | | | | 12 |
| 察哈尔 | 1 | | | | 1 | | |
| 南京 | 1 | | | 1 | | | |
| 上海 | 1 | | | 1 | | | |
| 北平 | 1 | | | 1 | | | |
| 天津 | 1 | | | 1 | | | |
| 青岛 | 1 | | | 1 | | | |
| 汉口 | 1 | | | 1 | | | |
| 重庆 | 1 | | | 1 | | | |

数据来源：《中华民国史档案资料汇编（第 5 辑第 3 编财政经济 4）》·南京：江苏古籍出版社，1994 年，第 160-161 页。

## 三、度量衡人员

抗日战争爆发后，全国各地度量衡检定机构多数已不能正常开展工作，几近瘫痪。这样一来，导致在沦陷区从事度量衡检定的专业人员散落各地，有的随迁至重庆，有的逃迁至其他

"国统区"，有的仍滞留在"沦陷区"。国民政府近十年来培养的各等级检定专业人员流离失所，这对于战时继续推进度量衡划一工作无疑是重大损失。为了避免战时包括度量衡检定专业人才在内的各类人才的流失，国民政府考试院 1939 年 7 月公布了《全国人才登记规程》，相应地全国度量衡局于 1939 年 9 月制定了《度政人员登记规则》，为因抗日战争而散落的全国度量衡检定专业人员办理登记，使这些人员能够看到希望，能够重新投入工作；同时上述规则的颁布执行也在一定程度上缓解了战时国家度量衡检定专业人员短缺匮乏的矛盾。为配合度量衡检定专业人员的培训、任用等实际需要，1942 年至 1947 年间，国民政府考试院、经济部、全国度量衡局〔1947 年 3 月后为中央标准局〕等分别公布了《特种考试度量衡检定人员考试规则》《度量衡检定员任用规程》《度量衡检定员升等考试规则》《经济部全国度量衡局度量衡检定员升等考试委员会组织规程》《经济部全国度量衡局度量衡检定人员养成所组织规程》《中央标准局度量衡检定人员训练所组织规程》《经济部全国度量衡局度量衡检定人员养成所训练章程》等一系列制度措施。

（一）任用

抗日战争爆发后，一方面沦陷区度量衡检定专业人员流离星散，而另一方面大后方度量衡机构又一度苦于缺乏度量衡检定专业人才。为此，全国度量衡局于 1939 年 1 月在呈报经济部的《本局二十八年度事业工作计划案》中即提出"……拟就战区失业检定员中择其学识优长、经验丰富者，介绍内地各省任用，如有不敷，再行开班训练"[1]。1939 年 9 月，全国度量衡局制定公布了《度政人员登记规则》，为因抗日战争而散落的全国

---

[1]《本局二十八年度事业工作计划案》·《工业标准与度量衡》，1939 年，第 6 卷第 1 期。

度量衡检定专业人员办理登记并介绍工作。但是，因战前公布的《度量衡检定人员任用暂行规程》未经国民政府考试院备案，检定人员的"叙级"和"俸给"等与国民政府正式公务员有一定差别，以致按照《度政人员登记规则》重新登记的度量衡检定专业人员送档审核时，常以"不合格"被驳回。1941 年 4 月，国民党有关会议通过了《积极动员人力物力财力确立战时经济体系案》，该议案指出，"动员全国专门人才，分配到各级经济机构中担任管理及技术工作，确定其职责，保障其地位，使之成为经济抗日战争的干部"[1]。在这样的背景下，经过经济部商洽国民政府考试院，商定重新由考试院于 1944 年 10 月公布修订的《度量衡检定员任用规则》（见文 4-01），明确了度量衡检定员分为"荐任"和"委任"的有关规定。

文 4-01《度量衡检定员任用规则》[2]

1944 年 10 月

第一条　度量衡检定员之任用除法律另有规定外，依本规则行之。

第二条　度量衡检定员分荐任、委任二等，委任检定员分下列三种：（一）甲种检定员；（二）乙种检定员；（三）丙种检定员。

第三条　具有下列资格之一者得为荐任检定员：（一）经特种考试、甲种度量衡检定员考试及格并曾任甲种检定员三年以上者；（二）公立或立案或经教育部承认之国内外专科以上学校理科或工科毕业并曾任甲种检定员四年以上者；（三）曾任甲种检定员叙委任一级三年以上者。

第四条　具有下列资格之一者得为委任甲种检定员：（一）经特种考试、甲种度量衡检定人员考试及格者；（二）公立或立案或经教育部承认之国内外专科以上学校理科或工科毕业，经全国度量衡局度量衡

---

[1]　张宪文等《中华民国史（第 3 卷）》·南京：南京大学出版社，2013 年，第 443 页。

[2]《度量衡检定员任用规则》·《经济部公报》，1944 年 12 月，第 7 卷第 12 期。

检定人员养成所训练得有毕业证书者；（三）公立或立案或经教育部承认之国内外专科以上学校理科或工科毕业后，办理度量衡制造或检定事务著有成绩并曾在全国度量衡局度量衡检定人员养成所教授主要科目者。

第五条　具有下列资格之一者得为委任乙种检定员：（一）经特种考试、乙种度量衡检定人员考试及格者；（二）公立或经立案之私立高级中学毕业，经全国度量衡局度量衡检定人员养成所训练得有毕业证书、试用一年著有成绩者。

第六条　具有下列资格之一者得为委任丙种检定员：（一）经特种考试、丙种度量衡检定人员考试及格者；（二）公立或经立案之私立初级中学毕业，在各度量衡检定机关受相当训练测验合格、试用一年著有成绩经全国度量衡局核定者。

第七条　检定人员任用程序如下：全国度量衡局及中央度量衡制造所检定员由全国度量衡局呈请经济部送经铨叙部审查合格后分别呈荐或委任之；各省县市检定员由主管厅局遴请省市政府送经铨叙机关审查合格后分别呈荐或委任，转请经济部备案并由省市检定所呈报全国度量衡局备案。

第八条　度量衡检定员之等级依下列之规定：（一）荐任职检定员自荐任十二级至三级；（二）委任职甲种检定员自委任四级至一级；（三）委任职乙种检定员自委任十级至一级；（四）委任职丙种检定员自委任十六级至四级。

第九条　乙种检定员继续服务七年以上晋叙至委任四级经全国度量衡局考验合格者，得升为甲种检定员；丙种检定员继续服务七年以上晋叙至委任十级经全国度量衡局考验合格者，得升为乙种检定员。

第十条　本规则自公布日施行。

## （二）培训

抗日战争期间，全国度量衡局在经费十分拮据，条件极端困难的情况下，一直谋划举办度量衡检定人员的培训班，以培养度量衡检定人员。在 1937 年至 1945 年抗日战争的八年中，从国民政府的支出可见，1937 年至 1940 年，中央政府部门政务费支出比例均仅占国民政府年度总支出的 8.5% 以内，1941 年时有所好转，上升到 23%，1942 年时持续上升到 28.7%，1943 年时占 30.8%，但是 1944 年又回落到 28.2%[1]。全国度量衡局也就是大致从 1942 年起才有政务经费用以开办检定人员培训班。

　　1942 年至 1945 年期间，全国度量衡局共举办了十期度量衡检定人员培训班，培养训练甲种 [一等检定员]、乙种 [二等检定员]、丙种 [三等检定员] 检定人员合计 243 人，具体见表 4-03。抗日战争胜利后，全国度量衡局在南京和上海又分别举行过检定人员培训和考试，培训甲种、乙种、丙种检定人员共计 25 人，其中甲种 2 人，乙种 10 人，丙种 13 人。1947 年3 月全国度量衡局改组为中央标准局后也举办过两期检定人员培训班，代上海、江苏等地培训检定人员 50 余人[2]。

表 4-03　1942 年至 1945 年全国度量衡局训练检定员数量表

| 年份 | 届别 | 甲种检定员（人） | 乙种检定员（人） | 丙种检定员（人） |
|---|---|---|---|---|
| 合计 | | 12 | 85 | 146 |
| 1942 年 | 第一届 | 6 | 15 | 13 |
| | 第二届 | 3 | 13 | 18 |
| 1943 年 | 第三届 | | 13 | 6 |
| | 第四届 | | 4 | 17 |

[1] 张宪文等《中华民国史（第 3 卷）》·南京：南京大学出版社，2013 年，第480 页。

[2]《新中国计量史》·北京：中国质检出版社，2015 年，第 35 页。

| 年份 | 届别 | 甲种检定员（人） | 乙种检定员（人） | 丙种检定员（人） |
|---|---|---|---|---|
| 1944 年 | 第五届 | | 16 | 12 |
| | 第六届 | | 3 | 13 |
| | 第七届 | | 4 | 31 |
| 1945 年 | 第八届 | 2 | 2 | 13 |
| | 第九届 | | 10 | 10 |
| | 第十届 | 1 | 5 | 13 |

数据来源：《全国度量衡推行工作概况》·《标准》，1947 年，第 6 期，第 17 页。

　　自 1938 年至 1945 年，各地自行举办培训班，训练丙种检定人员合计 883 人［原稿登载为 883 人，实际计算为 873 人］，其中：安徽省训练 39 人、江西省训练 91 人、福建省训练 51 人、湖北省训练 78 人、湖南省训练 156 人、广东省训练 65 人、广西省训练 94 人、云南省训练 77 人、四川省训练 117 人、西康省训练 27 人、甘肃省训练 46 人、宁夏省训练 32 人[1]。需要说明的是，1939 年至 1940 年期间，各地加紧训练检定人员的主要目的之一是为了配合政府"田赋征实及随粮征购"的新政，这期间各县以乡镇为单位，发动人员推行新制度量衡器，停止使用并收缴旧制度量衡器，在一定程度上促进了度量衡划一工作[2]。抗日战争胜利后，广东省还自行培训了丙种检定人员 147 人。浙江省 1947 年 9 月举行了度量衡丙种检定员考试，录

---

［1］《全国度量衡推行工作概况》·《标准》，1947 年，第 6 期，第 17 页。

［2］ 孙毅霖、邱隆《抗日战争时期的度量衡划一》·《中国计量》，2005 年，第 10 期，第 46 页。

取的学员于 1948 年 2 月由省建设厅组织培训，培训合格的学员分配至金华、定海等县从事度量衡划一等工作[1]。

## 四、度量衡制造

抗日战争期间，全国度量衡局度量衡制造所批量生产新制度量衡器具，并经经济部核准，于 1938 年公布了《经济部全国度量衡局制造所出品价目表》。从价目表中所列器具可以看出当时度量衡制造所生产制造度量衡标准器、标本器等相关器具的种类有所增加，度量衡器具生产制造能力有所提升。表 4-04 为1938 年公布全国度量衡局制造所出品价目表。

表 4-04　1938 年公布全国度量衡局制造所出品价目表

| 序号 | 类别 | 主要器具（序号为器具编号） | 整份价格（元） |
|---|---|---|---|
| 1 | 地方标准器 | 1.标准制标准度器五十公分铜尺；2.市用制标准度器一市尺铜尺；3.标准制和市用制通用标准量器一公升铜升；4.标准制标准衡器一公斤至十公丝砝码；5.市用制标准衡器五十两至五毫砝码 | 100 |
| 2 | 甲组标本器 | 6.一市尺木尺；7.一公尺三折尺；8.一斗圆木斗附概；9.一升圆木升附概；10.三百斤双刀纽杆秤；11.二百斤双刀纽杆秤；12.一百斤双刀纽杆秤；13.五十斤双刀纽杆秤；14.二十斤双刀纽杆秤；15.二十两双毫戥秤；16.四两双毫戥秤；17.一两双毫戥秤 | 70 |

---

[1]《各地度政消息》·《标准》，1948 年，第 10 期。

| 序号 | 类别 | 主要器具（序号为器具编号） | 整份价格（元） |
|---|---|---|---|
| 3 | 乙组标本器 | 6. 一市尺木尺；7. 一公尺三折尺；8. 一斗圆木斗附概；9. 一升圆木升附概；11. 二百斤双刀纽杆秤；14. 二十斤双刀纽杆秤；16. 四两双毫戥秤 | 26 |
| 4 | 初步检定用器 | 18. 一尺量端器；19. 木质量器公差器；20. 十两至五毫铜砝码；21、二十公斤至半公斤铁砝码；52. 同字铜印（每份錾印三个、烙印二个）；53. 国音铜印（每份錾印三个、烙印二个）；54. 县记号铜印（每份錾印三个、烙印二个） | 80 |
| 5 | 成份铁砝码 | 23. 二十公斤铁砝码；24. 十公斤铁砝码（二筒）；25. 五公斤铁砝码，26、二公斤铁砝码；27. 一公斤铁砝码（二筒）；28. 半公斤铁砝码（二筒） | 32 |
| 6 | 其他器具 | 22. 三十公斤铁砝码；29. 五公斤铁挂钩；30. 二尺量端器；31. 铜质量器公差器；32. 铁平板；33. 三十公斤天平；34. 二千五百公分天平；35. 五百公分天平；36. 普通一百公分天平；37. 精细一百公分天平；38. 二公斤架盘天平；39. 十进天平；40. 公斤铜砝码；41. 一公尺铜尺；42. 铜斗；43. 铜合；44. 铁五斗；45. 铁二斗五升；46. 铁二斗；47. 铁一斗；48. 铁五斗；49. 铁一斗；50. 铁五合；51. 铁一合；55. 年限钢印；56. 合字钢印；57. 否字钢印；58. 销字钢印；59. 数目字钢印；60. 玻璃量器用同字钢印 | — |

数据来源：《经济部全国度量衡局制造所出品价目表》·《经济部公报》，1938年8月，第1卷第13期。

1939年至1944年期间，全国度量衡局度量衡制造所制造度量衡标准器、标本器、检定用器以及受委托制造的度量衡器具合计约 36 344 件，其中 1939 年生产制造 497 件、1940 年生产制造 2 133 件、1941 年生产制造 345 件、1942 年生产制造 660 件、1943 年生产制造 27 968 件、1944 年生产制造 4 741 件[1]。抗日战争期间，地方的度量衡制造业也尚有一定的规模。比如，福建省 1941 至 1944 年度量衡器具制造商累计有 294 家，其中 1941 年有 55 家、1942 年有 35 家、1943 年有 94 家、1944 年有 110 家[2]。再如，广西省截至 1941 年年底有度量衡器具制造厂店 205 家，其中：制造总厂为 184 家、制造分厂为 21 家[3]。1938 年至 1941 年期间，各地制造的度量衡器具合计 538 048 件，其中：1938 年生产制造 129 000 件、1939 年生产制造 204 255 件、1940 年生产制造 92 499 件、1941 年生产制造 112 294 件[4]。

### 五、度量衡检定

#### （一）度量衡器具检定

依据《度量衡检定规则》的规定，凡是国内制造的各种度量衡器具或国外输入的各种度量衡器具，均需要提交申请书，连同度量衡器具送请全国度量衡局或地方度量衡检定所、分所实施检定并缴纳检定费用。经检定合格的度量衡器具，还需要錾印或烙印或颁发证书后，方可进行贩卖、使用；度量衡器具未接受检定而在市场上擅自进行贩卖、使用的，要依法对相关人员或机构处以罚金。

---

[1]《新中国计量史》·北京：中国质检出版社，2015 年，第 34 页。

[2] 福建省政府统计室《福建省统计提要》，1945 年 12 月，第 182 页。

[3] 广西省政府统计处《广西年鉴（第 3 回）》，1944 年 11 月，第 639 页。

[4]《新中国计量史》·北京：中国质检出版社，2015 年，第 34 页。

在抗日战争期间，度量衡检定依然遵循上述原则，但对盖印规则、检定费征收规则等进行了修订。抗日战争期间，全国度量衡局考虑到一些重要的科教、军事、工程等机构长途内迁，各种仪器装置有可能失准，故于 1940 年拟订有关度量衡检定处理暂行程序时，通令各省、各特别市度量衡检定所要尽快先行受理机关、团体委托的检定任务，以利划一公用度量衡器。同时，全国度量衡局还将库存的地方标准器、标本器加以复检，以保证其量值准确[1]。

抗日战争后期，汽油输入不易，为解燃眉之急，常以酒精代替汽油。因此酒精的生产量和使用量急剧扩大，此时测量酒精浓度的酒精计大量广泛使用，其检定工作量激增，其浓度单位量亟需划一。1944 年 1 月，经济部公布《检定酒精计办法》，该办法第一条规定，"酒精计由经济部全国度量衡局及其所指定之检定机关检定之"[2]。为此，1944 年全国度量衡局呈准经济部，在该局检定室增设了涉及检定酒精计和酒精浓度的工作机构，以应急需[3]。

1938 年至 1947 年 6 月，全国经检定合格的度量衡器具合计 3 721 980 件，其中：检定合格的度器 812 142 件、检定合格的量器 641 214 件、检定合格的衡器 2 268 624 件，具体见表 4-05。1948 年 5 月，上海市检定一般度量衡器具 622 908 件，检定输入的度量衡器具 24 185 件，检定公用度量衡器具 7 665 件[4]。

---

[1]《新中国计量史》·北京：中国质检出版社，2015 年，第 34 页。

[2]《检定酒精计办法》·《经济部公报》，1944 年 2 月，第 7 卷第 2 期。

[3]　孙毅霖、邱隆《抗日战争时期的度量衡划一》·《中国计量》，2005 年，第 10 期，第 46 页。

[4]《各地度政消息》·《标准》，1948 年，第 10 期。

表 4-05　1938 至 1947 年 6 月全国检定合格度量衡器具数量表

| 年别 | 经检定合格的度器（件） | 经检定合格的量器（件） | 经检定合格的衡器（件） |
|---|---|---|---|
| 总计 | 812 142 | 641 214 | 2 268 624 |
| 1938 年 | 31 649 | 43 743 | 210 276 |
| 1939 年 | 89 717 | 47 725 | 214 112 |
| 1940 年 | 134 071 | 100 704 | 220 506 |
| 1941 年 | 36 592 | 60 929 | 208 513 |
| 1942 年 | 69 398 | 113 265 | 258 681 |
| 1943 年 | 49 509 | 74 331 | 276 899 |
| 1944 年 | 100 397 | 42 788 | 161 442 |
| 1945 年 | 42 004 | 15 866 | 66 275 |
| 1946 年 | 204 170 | 104 035 | 469 798 |
| 1947 年 6 月止 | 54 635 | 37 828 | 182 122 |

数据来源：《中华民国史档案资料汇编（第 5 辑第 3 编财政经济 4）》·南京：江苏古籍出版社，1994 年，第 163 页。

## （二）修订的《度量衡器具盖印规则》（检定）

1944 年 9 月修订的《度量衡器具盖印规则》（见文 4-02）与之前全国度量衡局公布的《度量衡器具盖印规则》相比较，有四个较明显的变化。

（1）1944 年 9 月的盖印规则规定，各地方使用的度量衡检定图印，除"同"字图印外，其他所需图印由地方制定，报全国度量衡局备查即可。比如，广西省在 1947 年公布的《广西省各县市局施行度量衡检定除用"同""土"字图印外另加阿拉伯数字码一览表》中专门规定"县记号"，如桂平县县记号为 7、平南县县记号为 8、陆川县县记号为 14、荔浦县县记号为 47、龙津县县记号为 66 等[1]。以前，各省、特别市度量衡检定所施行检定所用图印是"同"字加"国音注音符号"，图印种类由全国度量衡局规定，图印样式由全国度量衡局制作；各县、普通市度量衡检定分所施行检定所用图印是"同"字加"国音注音符号"再加"县记号"，图印种类也是由全国度量衡局规定。

（2）1944 年 9 月的盖印规则简化了錾印、烙印的尺寸、形状的规定，"同"字图印分錾印、烙印两种，均为正方形，錾印为 3 公厘平方，烙印为 6 公厘平方。烙印专供烙盖木量器之用。

（3）1944 年 9 月的盖印规则中减少了案秤、自动称和簧称等衡器，明确"同"和"年号"图印的规范位置，避免"年号"图印与"同"字图印位置上的冲突。

（4）1944 年 9 月的盖印规则中不再强调原来实施检定后使用的"销"字、"合"字、"否"字等图印。

文 4-02《度量衡器具盖印规则》[2]
1944 年 9 月修订

第一条 本规则所定度量衡器具施行检定或检查时盖用图印办法依度量衡法施行细则第四十二条及四十八条之规定定之。

第二条 度量衡器具检定合格图印为"同"字。

第三条 "同"字图印分錾印、烙印两种，均为正方形，錾印为三公厘平方，烙印为六公厘平方。烙印岢［专］供烙盖木量器之用。

第四条 常年检查或复查认为合格之度量衡器具所盖图印为本年民国年数号码长方形錾印，纵边为三公厘，横边为四公厘半，于其四周加以边线。

第五条 以上图印均由经济部全国度量衡局制发。

第六条 各省市所需其他图印，由各省市主管厅局订定制用并将

[1]《广西省各县市局施行度量衡检定除用"同""𠰀"字图印外另加阿拉伯数字码一览表》·《广西省现行法规汇编》桂林：建设印刷厂，1947 年。

[2]《度量衡器具盖印规则》·《广西省现行法规汇编》桂林：建设印刷厂，1947 年。

其印模送存经济部全国度量衡局备查。

第七条 加盖"同"字图印地位如下:(一)度器,最末分度线之处;(二)量器,全量名称之右上旁离边约二公分处;(三)杆秤,支点之旁及杆锤之上面;(四)台秤,杆之末端表记称量之处及增锤之上面;(五)天平,横梁上表记秤量之处;(六)砝码,上面或底面右上旁。

第八条 加盖年号图印地位,木量器、粗砝码应于"同"字之下,普通度器、木杆秤应于"同"字之旁紧接排列一行完毕再起第二行依次整盖以便稽查。

第九条 除木量器、木杆秤、粗砝码、普通度器外,其他器具如精细砝码、精细度器、有分度量器及天平等常年检查不必加盖整印,以免损坏器具,必要时得给与[予]证书。

第十条 本规则自呈部核准之日施行。

## (三)修订的《度量衡器具检定费征收规则》

抗日战争开始后,经济部在原实业部 1933 年 2 月发布的《度量衡器具检定费征收规则》的基础上,分别于 1941 年 2 月、1942 年 6 月、1943 年 5 月、1945 年 6 月、1946 年 4 月等进行了五次以上修订。1946 年 4 月修订的《度量衡器具检定费征收规则》(见文 4-03)与 1933 年 2 月的征收规则比较,有以下三个显著特点。

(1)1946 年 4 月修订的征收规则中,以《度量衡法》规定的标准制为计费单位,如度器以"公分"、量器以"公升"、衡器以"公斤"为检定计费单位,同时规定如果检定市用制的度量衡器具则需先行折合为标准制。而 1933 年 2 月的征收规则是以《度量衡法》规定的市用制为检定计费单位的。

(2)1946 年 4 月修订的征收规则中,可实施检定并收费的度量衡器具种类明显增加,如长颈量瓶、注射管等。检定器具的种类增加，客观上也说明检定水平和检定能力有所提升。

（3）1946年4月修订的征收规则中，检定收费标准比起1933年2月征收规则中的检定收费标准，明显提高数倍。这其中当然有检定成本上升的因素，但国民政府财政拮据也是一重要原因——1936年6月至1945年国民政府财政收入与财政支出比较，亏空甚大，1941年亏空达到86.9%，其余年份也几乎是亏60%以上[1]，还有严重的通货膨胀等也是不容忽视的重要原因。

文4-03《度量衡器具检定费征收规则》[2]

1946年4月修订

第一条　本规则依修正度量衡法施行细则第四十三条制定之。

第二条　凡度量衡器具经全国度量衡局或当地度量衡检定所或分所检定者依本规则缴纳检定费。

第三条　度器竹木制者以五十公分起算，每件检定费国币十元，每加五十公分加十元，不及五十公分者以五十公分计算；金属、牙骨、麻革及赛珞璐等制者加倍。

第四条　木量器以一公升起计算每具检定费国币二十元，每加一公升加十元，不足一公升者以一公升计；金属、窖瓷、玻璃制者加倍。下列各种玻璃量器检定费规定如左表：

| 种类 | 容量（按全量计算） | 检定费（国币元） |
|---|---|---|
| 乙级长颈量瓶 | 五十公撮及五十公撮以下 | 100 |
| | 五十公撮以上至五百公撮 | 200 |
| | 五百公撮以上 | 300 |

[1]　张宪文等《中华民国史（第3卷）》·南京：南京大学出版社，2013年，第482页。

[2]《度量衡器具检定费征收规则》·《经济部公报》，1947年1月，第10卷第1期。

| 种类 | 容量（按全量计算） | 检定费（国币元） |
|---|---|---|
| 乙级滴定管及有分度吸量管 | 二十公撮及二十公撮以下 | 200 |
| | 二十公撮以上至五十公撮 | 350 |
| | 五十公撮以上 | 500 |
| 乙级无分度吸量管 | 二十公撮及二十公撮以下 | 50 |
| | 二十公撮以上至五十公撮 | 100 |
| | 五十公撮以上 | 150 |
| 量筒及注射管 | 五十公撮及五十公撮以下 | 100 |
| | 五十公撮以上至五百公撮 | 200 |
| | 五百公撮以上 | 300 |
| 量杯 | 五十公撮及五十公撮以下 | 50 |
| | 五十公撮以上至五百公撮 | 100 |
| | 五百公撮以上 | 200 |
| 甲级长颈量瓶、吸量管、滴定管之检定费照乙级加倍计算。 | | |

第五条　天平每架检定费国币五百元，其感量在秤量五千分之一以下者每架一千元，在秤量两万分之一以下者每架二千元。砝码一公斤起算，每个检定费国币三十元，一公斤至五公斤者五十元，五公斤以上至十公斤者一百元，十公斤以上者一百五十元，不足一公斤者以一公斤计算。台秤以一百公斤秤量起算，每具检定费国币三百元；超过一百公斤者，每加一百公斤加二百元；不足一百公斤者以一百公斤计算。案秤、簧秤之检定费照台秤计算。杆秤（钩秤）以十公斤秤量起算，每具检定费国币二十元，每十公斤加二十元，不足十公斤者以十公斤计算；双组杆秤之检定费以各组秤量分别计算。戥秤、盘秤之检定费按钩秤检定费百分之五十计算，台秤与杆秤连带之秤锤不另收检定费。

第六条 市用制器具检定费按标准制比例计算。

第七条 本规程未列举之度量衡种类，其检定费额得比照酌拟，呈由经济部核准。

第八条 凡经检定合格之度量衡器具使用或修理后送请复检者一律照检定费额减半征收。

第九条 凡欲得填写实差之检定证书者，每件收证书费一百元。

第十条 因各地习惯用辅币折合国币缴纳检定费时不得高抬或减低。

第十一条 本规则自公布日施行。


## 六、度量衡检查

### （一）度量衡器具检查

按照国民政府的法律规定，凡经检定合格的度量衡器具方可在市面上使用。对于使用过久的度量衡器具与原规定标准会出现参差，全国度量衡局或地方度量衡检定所、分所要会同地方商业团体和警察主管机关定期或随时予以检查。经检查发现与原检定不符合的度量衡器具，分两种情况进行处理，检查不合格且不堪修理的度量衡器具要将原检定图印或证书取消并即行没收、销毁；检查不合格但可以修理的度量衡器具允许修理后进行复检，复检合格的可继续使用，复检不合格的要将原检定图印或证书取消并即行没收、销毁。如果出现拒绝接受检查的情况，则要依法处以罚金。

抗日战争胜利后，1946年至1947年6月经检查合格的度量衡器具合计747 204件，其中检查合格的度器164 555件、检查合格的量器145 602件、检查合格的衡器437 047件，具体见表4-06。

表 4-06　1946 至 1947 年 6 月全国度量衡器具检查数量表

| 年别 | 经检查合格的度器（件） | 经检查合格的量器（件） | 经检查合格的衡器（件） |
|---|---|---|---|
| 合计 | 164 555 | 145 602 | 437 047 |
| 1946 年 | 107 824 | 85 110 | 419 927 |
| 1947 年 6 月止 | 56 731 | 60 492 | 17 120 |

数据来源：《中华民国史档案资料汇编（第 5 辑第 3 编财政经济 4）》·南京：江苏古籍出版社，1994 年，第 164 页。

### （二）修订的《度量衡器具检查执行规则》

1943 年 5 月，经济部对抗日战争前原实业部颁发的《度量衡器具检查执行规则》进行了修订，公布了新的《度量衡器具检查执行规则》。新修订的规则与原规则相比较，主要的变化是以下两个方面。

（1）新修订的规则，增加了"施行检查后，凡意图供行使之用而持有违背定程之度量衡器具者，处百元以下五十元以上处罚，由公安机关执行"的规定。

（2）新修订的规则，规定实行检查后，各行号、商铺继续使用未经检查鋈印或未给予凭证的度量衡器具的，处以五十元以下处罚。这比原规则规定的五元罚金提高了十倍。

1948 年时，经济部对《度量衡器具检查执行规则》又再次修订，规定警察在其单独执行职务时，如果发现有违法使用度量衡器具的嫌疑者时，可以带度量衡器具持有人赴度量衡检定机关接受检查[1]。

### （三）修订的《度量衡器具盖印规则》（检查）

1944 年 9 月，经济部修订的《度量衡器具盖印规则》中对

[1]　方伟《民国度量衡制度改革研究（博士论文）》·安徽大学，2017 年 1 月，第 171 页。

度量衡器具检查的图印和使用规则也做出了适当调整。

（1）1944 年 9 月修订的盖印规则，规定常年检查或复查认为合格的度量衡器具所盖图印为"本年民国年数号码"长方形錾印，纵边为 3 公厘，横边为 4.5 公厘，于其四周加以边线。

（2）1944 年 9 月修订的盖印规则，规定木量器、粗砝码加盖年号图印的位置应位于"同"字图印之下；普通度器、木杆秤加盖年号图印的位置应位于"同"字图印旁，紧接排列，一行完毕再起第二行依次錾盖。

（3）1944 年 9 月修订的盖印规则，规定除木量器、木杆秤、粗砝码、普通度器外，其他器具如精细砝码、精细度器、有分度量器及天平等接受常年检查后不必加盖錾印，可发证书。

### 七、度量衡营业

#### （一）度量衡器具修理、制造和贩卖

度量衡营业主要指度量衡器具的制造、修理、贩卖等营业行为。依据《度量衡法》的规定，凡以制造、贩卖或修理度量衡器具为业的厂店、商号，均须呈请主管机关核发许可证，并需在全国度量衡局备案。经许可登记并领得制造执照的厂店方可向地方主管机关领购标准器以制造度量衡器具，其制成品仍须检定合格且附有印证，方可贩卖、使用。使用于市场的度量衡器具，还应随时接受全国度量衡局或地方度量衡检定所、分所的检查，检查后与原标准不符的，需要加以修理。事实上，制造、贩卖及修理三类厂店、商号很难泾渭分明地划分，通常领有度量衡器具制造许可证的店铺、商号也要兼营度量衡器具的贩卖及修理。

自 1937 年至 1947 年 6 月底，全国登记的度量衡器具制造类厂店 2 638 家，度量衡器具贩卖类厂店 70 家，度量衡器具修

理类厂店 226 家，领取制造、贩卖、修理等许可执照的各类厂店、商号等共计 2 934 家，具体见表 4-07。1948 年 5 月，上海市重新核发度量衡营业执照的厂店 286 家；抗日战争胜利后，台湾省收复，许可民营度量衡器具制造厂 7 家，开放各县市度量衡器具修理厂 8 家，许可度量衡器具贩卖厂店 184 家[1]。

表 4-07　1937 至 1947 年 6 月底全国度量衡器具营业许可数量表

| 年别 | 共计（家） | 制造类（家） | 贩卖类（家） | 修理类（家） |
|---|---|---|---|---|
| 总计 | 2 934 | 2 638 | 70 | 226 |
| 1937 年 | 658 | 508 | 14 | 136 |
| 1938 年 | 193 | 180 | 1 | 12 |
| 1939 年 | 121 | 102 | 2 | 17 |
| 1940 年 | 103 | 82 | 5 | 16 |
| 1941 年 | 133 | 129 | 2 | 2 |
| 1942 年 | 161 | 152 | 3 | 6 |
| 1943 年 | 213 | 197 | 1 | 15 |
| 1944 年 | 102 | 90 | | 12 |
| 1945 年 | 64 | 59 | | 5 |
| 1946 年 | 751 | 710 | 39 | 2 |
| 1947 年 6 月止 | 435 | 429 | 3 | 3 |

数据来源：《中华民国史档案资料汇编（第 5 辑第 3 编财政经济 4）》·南京：江苏古籍出版社，1994 年，第 162 页。

## （二）修订的《度量衡器具营业条例》

1943 年 12 月，国民政府对原公布的《度量衡器具营业条例》进行了修订；抗日战争胜利后，1946 年 11 月又再次对其进

---

[1]《各地度政消息》·《标准》，1948 年，第 10 期。

行了修订。1944 年 3 月，经济部也就原实业部配套公布的《度量衡器具营业条例施行细则》进行了修订。1946 年 11 月公布的修订《度量衡器具营业条例》与抗日战争前 1930 年 9 月公布的《度量衡器具营业条例》比较，主要有两个比较明显的变化：

（1）1946 年 11 月修订的条例中，不再要求从事度量衡器具贩卖的营业者兼营度量衡器具修理业务，只要求领有度量衡器具制造执照者还要兼营度量衡器具的贩卖和修理业务。

（2）1946 年 11 月修订的条例中，申请度量衡器具营业许可执照的费用，明显比原条例规定的费用高出上百倍，这无疑与抗日战争期间"为了弥补预算亏损，国民政府采用增发通货的办法，使得抗日战争发生后物价飞涨，造成严重的通货膨胀"[1]有关。比如，度量衡器具制造许可的执照费，新条例规定用原动力机械平时雇用工人 30 人以上的，费用 1 万元，但原条例的规定只需 50 元；新条例规定用原动力机械平时雇用工人不满 30 人的，费用 6 000 元，但原条例规定只需 30 元；新条例规定用手工制造平时雇用工人 30 人以上的，费用 4 000 元，但原条例规定只需 20 元；新条例规定用手工制造平时雇用工人 10 人以上的，费用 2 000 元，但原条例规定只需 10 元；新条例规定用手工制造平时雇用工人不满 10 人的，费用 1 000 元，原条例规定只需 5 元。再比如，新条例规定贩卖度量衡器具许可执照费 400 元，但原条例规定只需 2 元；新条例规定修理度量衡器具许可执照费 200 元，但原条例规定只需 1 元。

## 八、度量衡输出

为了增进对外贸易，扩大出口，1937 年 8 月，经济部公布

---

[1]　张宪文等《中华民国史（第 3 卷）》·南京：南京大学出版社，2013 年，第482 页。

了《度量衡器具输出管理规则》，以促进度量衡器具的输出。抗日战争结束后，1947 年 4 月，经济部修订了上述管理规则（见文 4-04），对度量衡器具出口给予鼓励和优惠。该管理规则规定：第一，为了适合、满足输入中国度量衡器具的国家、地区的政策要求和习惯，中国输出的度量衡器具可不依照《度量衡法》的规定。第二，需要输出的度量衡器具所依据的制度、种类、构造、数量以及拟输往的地区，要事先报请所在地主管机关核准；核准后的制成品要加编字号并验证登记核发"输出证明书"后，方可报关出口。第三，营业者每次度量衡器具输出情况及因故未能输出的情况，要及时向所在地主管机关报备；同时输出度量衡器具的营业者还要按月将度量衡器具制造数量、输出数量以及月终结存数量制表造册报当地主管部门查验。第四，正常取得度量衡器具制造许可的厂店兼营制造用于输出且不符合《度量衡法》的度量衡器具，必须再专门领取相关许可执照。第五，经检定合法的度量衡器具用于输出的，可退还原缴纳的检定费。

文 4-04《度量衡器具输出管理规则》[1]

1947 年 4 月修订

第一条　凡输出国外之度量衡器具，依本规则管理之。

第二条　为增进对外贸易及适合输入地之制度、习惯起见，输出之度量衡器具得不依度量衡法之规定。

第三条　依照前条规定制造之度量衡器具，其制度、种类、构造、数量及输往地点应先报请当地主管机关核准，制成后并应加编字号，送请核验登记，给予输出证明书，准予报关出口。

第四条　前条器具于出口后，仍应详细呈报当地主管机关备查，其有因故未能同时输出者亦应分别报明、存记，准予下次输出。

---

[1]《度量衡器具输出管理规则》·《经济公报》，1947 年 5 月，第 10 卷第 5 期。

第五条　以制造输出前条器具为业者，应依照度量衡器具营业条例，专案请领许可执照。

第六条　前条许可营业之范围，专以输出不合度量衡法之器具为限。

第七条　制造合法度量衡器具为业者，得依前五条之规定，兼营不合度量衡法器具之输出。

第八条　凡经检定合法之度量衡器具而输出国外者，得由原检定机关发还原缴检定费。

第九条　输出度量衡器具营业者应按月将制造数量、输出数量及月终结存数量造表呈报当地主管机关派员查验。

第十条　违反本规则第九条之规定者，得援照度量衡法第十九条处理。

第十一条　本规则自公布之日施行。

上述是国民政府在抗日战争期间及抗日战争后的几年中，对度量衡管理和实践的缩影。但是，随着解放战争的全面胜利，中华人民共和国于 1949 年 10 月 1 日成立，国民党在中国大陆的统治彻底终结。新中国成立之初，百废待兴，中央政府即在中央财政经济委员会技术管理局设立了度量衡处，处长由原民国时期经济部工业司司长、原民国时期全国度量衡局首任局长吴承洛担任。度量衡处成立后着手开展了许多有益的工作，包括及时清理国民党遗留在大陆的度量衡档案、卷宗、度量衡标准器具和设备；向国际权度局询购度量衡标准原器；初步提出《中华人民共和国度量衡管理暂行条例》；清理地方度量衡机构等[1]。

---

[1]《新中国计量史》·北京：中国质检出版社，2015 年，第 39-40 页。

# 第二节 伪满洲国度量衡基本情况
## （1932 年至 1945 年）

"九·一八"事变后，日本侵略者占领了中国东北，并于1932 年 3 月以清逊帝溥仪为傀儡，建立了伪满洲国。伪满洲国"一切活动必须受日本的指挥"[1]，日本侵略者以伪满洲国为工具，对中国东北的经济实行全面统治和疯狂掠夺。这其中根据所谓的"日满经济一体化"的原则，日本侵略者对我国东北地区的度量衡也实行了强制管理并强行统一。

1932 年伪满洲国建立之初，即在其伪国务院实业部内设置了权度科，伪权度科负责管理伪满洲国度量衡的一切事宜。1934 年 3 月，伪满洲国公布伪《度量衡法》，又将原伪实业部权度科改组为伪权度局，"并先后在哈尔滨、奉天、图们、齐齐哈尔和安东等地设立了权度分局"[2]。1937 年 7 月，伪权度局又改称为伪权度检定所，由伪经济部管辖[3]。

伪《度量衡法》规定，伪满洲国施行"尺斤法"和"米突法（万国权度通制）"。所谓"尺斤法"，其实就是当时日本度量衡"尺贯法"的翻版，施行"尺斤法"，是我国东北地区被日本侵略者强占，丧失主权的结果。对万国权度通制的单位命名以"米""立""瓦"为偏旁，再加上"毛""厘""分""千"等字，这种做法其实也与日本命名万国权度通制单位名称的方法

---

[1]《中华民国历史图片档案（第 3 卷抗日战争 3 ）》·北京：团结出版社，2002 年，第 1 231 页。

[2]《长春市志·标准计量志·地震志》·长春：长春市第十一印刷厂，2007 年，第 9 页。

[3] 潘宝树《简述新制度量衡之特长》·（伪）《商工月刊》，1939 年 6 月，第 4 卷第 6 号，第 13 页。

相类似。伪满洲国的度量衡原器"乃系日本原器之仿造品"[1]。现存于中国测试技术研究院大邑实验基地的分度值不超过 1 毫克，最大量程 1 千克的"黄金天平"，就是抗日战争胜利后中国军民缴获的曾在东北地区使用的日本输入的"标准器"。从上述伪满洲国执行的度量衡制度和使用的标准器来看，都充分说明伪满洲国就是彻头彻尾的日本侵略者的傀儡，同时这些也无疑是日本侵华的铁证。伪满洲国"尺斤法"与"米突法"之间的折合关系，类似于南京政府公布的《度量衡法》中的折合关系，即 1 升 =1 立［公升］、2 斤 =1 瓩［公斤］、3 尺 =1 米［公尺］。不过有一点需要说明，伪满洲国"尺斤法"的衡制标准是 1 斤为 10 两，而不是南京政府《度量衡法》中规定的 1 市斤为 16 两。

　　尽管伪《度量衡法》规定，凡是申请从事度量衡器具制造、修理、贩卖营业的厂店等，经伪经济部许可后就可以营业。但其实伪《度量衡法》公布后，只许可"满洲计器株式会社专营度量衡器具的制造、修理、输出、批发等事"，并且度量衡器具的型式"由权度检定所规定或认定满洲计器株式会社的呈请"[2]。可见，日本侵略者把控的满洲计器株式会社对度量衡器具的制造、修理、批发等业务处于绝对的垄断地位，各地厂店、商人等充其量只能获得度量衡器具贩卖的许可资质。对此，时任伪满洲国权度检定所庶务科长的日本人稻次义一曾赤裸裸地说，"除贩卖业者外，制造、修理为对于三百万资本之特殊会社满洲计器会社以外不许可之方针"[3]。伪满洲国还施行对度量衡器具

---

［1］　稻次义一《度量衡制度序说》·（伪）《商工月刊》，1939 年 4 月，第 4 卷第 4 号，第 14 页。

［2］　潘宝树《简述新制度量衡之特长》·（伪）《商工月刊》，1939 年 6 月，第 4 卷第 6 号，第 18 页。

［3］　稻次义一《度量衡制度序说》·（伪）《商工月刊》，1939 年 4 月，第 4 卷第 4 号，第 13 页。

定期检查的制度。

另外，伪满洲国于 1935 年 7 月还公布了伪《计量法》，该法主要明确了除度量衡外，时间、压力、温度、热度、电流、电压、光度、照度等领域的单位、名称、定位及相关规定，这些领域类似于南京政府所称的"特种度量衡"。伪满洲国的《刑法》中，在第十三章也专门规定了六条涉及"伪造度量衡罪"的法条。

表 4-08 为伪满洲国度量衡标准和折算表。

1945 年 8 月 15 日，日本侵略者战败投降，两天以后的 8 月 17 日，溥仪宣布"退位"，紧接着 8 月 22 日，日本侵略者扶持的傀儡政权——伪满洲国土崩瓦解。

表 4-08　伪满洲国度量衡标准和折算表

| 度量衡 | 尺斤法折合米突法 | | | 米突法折合尺斤法 | | |
|---|---|---|---|---|---|---|
| | 尺斤法 | | 米突法 | 米突法 | | 尺斤法 |
| | 名称 | 定位 | | 名称 | 定位 | |
| 度 | 毫 | 0.000 1 尺 | 0.033 33 粍 | 粍 | 0.001 米 | 3 厘 |
| | 厘 | 0.001 尺 | 0.333 33 粍 | 糎 | 0.01 米 | 3 分 |
| | 分 | 0.01 尺 | 0.333 33 糎 | 粉 | 0.1 米 | 3 寸 |
| | 寸 | 0.1 尺 | 0.333 33 粉 | 米 | 单位 | 3 尺 |
| | 尺 | 单位 | 0.333 33 米 | 粁 | 1 000 米 | 2 里 |
| | 丈 | 10 尺 | 3.333 3 米 | 海里 | 1 852 米 | 3.704 里 |
| | 引 | 100 尺 | 33.333 米 | 海里限于表示海面长度时使用 | | |
| | 里 | 1 500 尺 | 0.5 粁 | | | |
| 面积 | 弓 | 25 平方尺 | 0.027 77 阿 | 平方粍 | 0.000 001 平方米 | 9 平方厘 |
| | 毫 | 0.001 亩 | 0.01 阿 | 平方糎 | 0.001 平方米 | 9 平方分 |
| | 厘 | 0.01 亩 | 0.1 阿 | 平方粉 | 0.01 平方米 | 9 平方寸 |
| | 分 | 0.1 亩 | 1 阿 | 平方米 | 单位 | 9 平方尺 |
| | 亩 | 单位（9 000 平方尺，360 弓） | 10 阿 | 平方粁 | 100 000 平方米 | 4 平方里 |

续表

| 度量衡 | 尺斤法折合米突法 | | | 米突法折合尺斤法 | | |
| --- | --- | --- | --- | --- | --- | --- |
| | 尺斤法 | | 米突法 | 米突法 | | 尺斤法 |
| | 名称 | 定位 | | 名称 | 定位 | |
| 面积 | 天 | 10 亩 | 1 陌 | 阿 | 100 平方米 | 0.1 亩 |
| | 顷 | 100 亩 | 10 陌 | 陌 | 100 阿 | 1 天 |
| | 面积得以长度之平方名称表示之 | | | 阿和陌限于表示土地或水面之面积时用之 | | |
| 量 | 撮 | 0.001 升 | 1 竓 | 立方糎 | 0.000 001 立方米 | 27 立方分 |
| | 勺 | 0.01 升 | 10 竓 | 立方粉 | 0.001 立方米 | 27 立方寸 |
| | 合 | 0.1 升 | 1 竕 | 立方米 | 单位 | 27 立方尺 |
| | 升 | 单位（27 立方寸） | 1 立 | 竓 | 0.001 立 | 0.001 升 |
| | 斗 | 10 升 | 10 立 | 竕 | 0.1 立 | 0.1 升 |
| | 石 | 100 升 | 1 竡 | 立 | 1 立 | 1 升 |
| | | | | 竡 | 100 立 | 100 升 |
| | | | | 竏 | 1 000 立 | 1000 升 |
| | 容量得以长度之立方名称表示之 | | | 噸 | 2.832 8 立方米 | 76.487 2 立方尺 |
| | | | | 竓至竏只限于量液体、气体、粒状物或粉状物时用之，噸只限于表示船舶之载重量用之 | | |
| 衡 | 丝 | 0.000 001 斤 | 0.5 瓱 | 瓱 | 0.000 001 瓸 | 2 丝 |
| | 毫 | 0.000 01 斤 | 5 瓱 | 瓦 | 0.001 瓸 | 2 分 |
| | 厘 | 0.000 1 斤 | 50 瓱 | 瓸 | 单位 | 2 斤 |
| | 分 | 0.001 斤 | 500 | 瓲 | 1 000 瓸 | 200 擔 |
| | 钱 | 0.01 斤 | 5 瓦 | 嘎喇 | 200 瓱 | 400 丝 |
| | 两 | 0.1 斤 | 50 瓦 | 嘎喇［克拉］只限于表示宝石之重量时使用 | | |
| | 斤 | 单位 | 500 瓦 | | | |
| | 擔 | 100 斤 | 50 瓲 | | | |

数据来源：（伪）《统计上的满洲帝国》·伪满国务院统计处，1935 年 6 月 30 日。

## 第三节　汪伪政府度量衡基本情况
## （1940 年至 1945 年）

　　"九·一八"事变后，日本侵略者占领了中国东北。1937 年日本又悍然发动了全面侵华战争，中国大片领土迅速沦陷。但是，在中国军民的顽强抵抗下，日本侵略者妄图三个月灭亡中国的计划也成为了泡影，战争被拖入了相持阶段。面对持久战，日本国内战略物资储备迅速下降。为了应对长期对华作战的需要，弥补日本国内物资匮乏的现实，日本侵略者制定了"以战养战"的策略，将中国沦陷区的经济强行拉入日本殖民体系之中。

　　为了加强对中国沦陷区的经济掠夺，日本侵略者除了在东北扶持建立了伪满洲国外，1937 年 12 月又在中国华北的占领区扶持成立了傀儡政权伪"中华民国临时政府"，辖河北、山东、山西、河南四省及北平、天津两市。伪"中华民国临时政府"曾于 1939 年 7 月公布过伪《度量衡器具营业发照暂行办法》等。

　　1938 年 3 月，日本侵略者继续在南京如法炮制了伪"中华民国维新政府"，辖江苏、浙江、安徽三省及南京、上海两市。伪"中华民国维新政府"的实业部 1938 年 10 月公布了伪《度量衡暂行条例》，该条例所规定的度量衡标准和定位与南京政府公布的《度量衡法》基本一致，规定万国权度通制为标准制，市用制为辅制。伪实业部还成立了伪度量衡局，并制定了伪度量衡局的组织条例。

　　1940 年 1 月 24 日至 1940 年 1 月 26 日，在日本侵略者"以华制华"阴谋的策划撮合下，汪精卫及伪"中华民国临时政府"、伪"中华民国维新政府"的代表在青岛举行会谈，决定成立伪"国民政府"[1]。1940 年 3 月，伪"中华民国临时政府"、伪"中华民国维新政府"合并为汪伪政权，正式成立伪"国民政府"。伪"国民政府"于 1940 年 3 月组建成立了伪工商部，并设立由伪工商部管辖的伪度量衡局，具体掌理沦陷区的度量衡事宜，局长为孙鸣岐。1941 年 3 月 30 日，伪"国民政府"主席汪精卫发表《国民政府还都一年》的讲话，讲话中声称要"恢复全国度量衡制造所，督促各省市设立检定所，举办检定人员登记，并核定度量衡各种章程"[2]。1941 年 8 月，伪工商部又与伪农矿部合并组建伪实业部，部长为梅思平，伪度量衡局随即转隶伪实业部。伪度量衡局的办公地点选在原南京政府实业部全国度量衡局在南京的办公地点。汪伪政府的伪度量衡局在沦陷区日本侵略者的操控下，谋划或实施了几件所谓度量衡划一改革的事务。

## 一、伪度量衡法规

汪精卫于 1940 年 3 月 30 日发表《还都宣言》时，俨然标榜自己及其伪国民政府是国家之正统，他说，"[伪]国民政府此次还都南京……全国以内只有此唯一的合法的中央政府，重庆方面如仍对内颁布法令，对外缔结条约协定，皆当然无效"[3]。既然汪精卫及伪国民政府标榜自己是所谓国民党的"党统"、国民政府的"法统"，那么在度量衡方面，由伪国民政府继承 1927 年以来南京政府公布的一系列度量衡划一改革的法律

---

[1]《中华民国历史图片档案（第 3 卷抗日战争 3）》·北京：团结出版社，2002 年，第 1 145 页。

[2]《中华民国史档案资料汇编（第 5 辑第 2 编附录上）》·南京：江苏古籍出版社，1997 年，第 123 页。

[3]《中华民国史档案资料汇编（第 5 辑第 2 编附录上）》·南京：江苏古籍出版社，1997 年，第 116 页。

法规，似乎再正常不过了，其实它很"具有一定的欺骗性"[1]
和迷惑性。所以，伪国民政府除了对个别度量衡方面的法律法
规进行了"不疼不痒"制（修）订外，绝大多数度量衡法律法
规都冒名沿用了南京政府时制定的度量衡法律法规。也正因为
如此，汪伪国民政府在度量衡法律法规方面不可能有什么建树，
仍然采用万国权度通制为标准制，市用制为过渡辅制，标准
制与辅制之间的折合关系依然沿用南京政府时法定的"一二三
制"，即 1 升 =1 公升、2 斤 =1 公斤、3 尺 =1 公尺。

## 二、伪度量衡机构

伪度量衡局曾分赴江苏、浙江、广东、湖北、安徽、上海、
汉口、广州等地，对度量衡机构进行调查。调查结果显示，各
地的度量衡机构大都"荡然无存"[2]。鉴于此，伪度量衡局制定
公布了伪《各省市设立度量衡检定所暂行办法》和伪《全国各
省普设县市度量衡检定分所办法》。在伪《各省市设立度量衡检
定所暂行办法》中规定，"各省或隶属行政院之市，为办理度量
衡划一事宜，设立度量衡检定所一处，但管辖范围较广，或工
商业特殊繁盛时，得酌量增设检定分所"。在伪《全国各省普设
县市度量衡检定分所办法》中规定，"每省各县市为办理度量衡
划一事宜设立度量衡检定分所一处，以每县市设一分所为原则，
一等县或普通市单独设立，二等、三等县视经济发展情况或单
独设立或联合两县以上设立，或附于县政府由主管科兼办，其
定名一律曰某县市度量衡检定分所"。

---

## 三、伪度量衡人员

抗日战争爆发后，南京政府时期的度量衡检定专业人员，一部分随迁至重庆或滞留在其他"国统区"，还有一部分散落在"沦陷区"。1940年，伪国民政府有关机构在南京、上海等地的报纸上刊登广告，举行度量衡检定专业人员的登记工作。广大度量衡检定专业人员基于爱国情绪以及不当亡国奴、不当汉奸、不为伪政府服务的思想，在沦陷区"最终登记合格的度量衡检定人员仅24人，技术人员仅6人"[1]。因实际登记合格的度量衡检定专业人员数量并未达到伪度量衡局的预期，所以伪度量衡局又制定了《度量衡检定人员养成所考送学员章程》并拟订了对度量衡检定人员的五年培训计划，以期培训一等、二等、三等度量衡检定人员及特种度量衡技术人员。不过，上述人员培训计划随着抗日战争战势的发展和变化并未得到有效实施。

## 四、伪度量衡划一程序

在度量衡划一方面，伪度量衡局拟订了一个度量衡划一程序五年方案。

第一年［1941年］制造度量衡标准器、标本器及地方检定用器；组织"度量衡推行划一委员会"并商议推行划一事宜；规定"公用度量衡划一办法"，对中央及各省市、各机关公用度量衡进行划一；要求各省市设立度量衡检定所，要求江苏、浙江、安徽三省各县市务必设立度量衡检定分所。

第二年［1942年］除继续制造度量衡标准器、标本器及地方检定用器外，开始制造民用度量衡器具；要求江苏、浙江、

---

[1] 方伟《民国度量衡制度改革研究（博士论文）》·安徽大学，2017年1月，第144页。

安徽等省市度量衡检定所施行度量衡检查；要求广东及华北各省市设立度量衡检定所；计划召开各省市度量衡划一推行会议以期决定各省市划一程序；推进公用度量衡的划一工作。

第三年［1943年］除继续制造度量衡标准器、标本器及地方检定用器外，制造原器及特种度量衡标准器和标本器；制造民用度量衡器具、检定用器；要求广东及华北各省市施行度量衡检查；计划召开第二次度量衡划一推行会议；完成公用度量衡划一工作。

第四年［1944年］继续制造度量衡和特种度量衡有关器具；在各重要省市设立度量衡制造分所，制造有关度量衡器具；完成各有关县市度量衡检定分所建立事宜；计划召开第三次度量衡划一推行会议。

第五年［1945年］继续制造度量衡器具；制造特种度量衡标准器、工业标准器及精细科学仪器；推进除江苏、浙江、安徽、广东及华北各省市以外的其他省市度量衡划一工作；计划召开第四次度量衡划一推行会议。

不过，伪度量衡局拟订的上述划一程序计划，多数只不过是纸上谈兵而已。随着抗日战争战势的发展和变化，该计划并没有得到有效实施。

汪伪国民政府是日本侵略者扶持的汉奸政府，它在政治上、军事上、经济上均不得民心，其施政必然遭到抵制和唾弃，危机四伏。在这样的背景下，汪伪政府拟订或实施的度量衡划一工作注定会失败并一事无成。

# 第五章　1949年以前中国共产党领导度量衡的探索与实践

土地革命时期、抗日战争时期、解放战争时期，中国共产党在其领导的革命根据地，一方面坚持对敌斗争，一方面坚持生产建设。无论是出于对敌斗争的需要还是出于生产建设的需要，对度量衡的探索与实践都是不可或缺的。党在局部执政时期，对度量衡方面的探索，为执掌全国政权后的实践积累了宝贵经验。

## 第一节　土地革命时期

1927年大革命失败后，中国共产党独立高举革命旗帜，领导中国人民的反帝反封建斗争进入土地革命战争时期。[1]三湾改编后，毛泽东带领起义军首先来到湘赣边界罗霄山脉中段的井冈山，建立革命根据地。随后，赣南苏区、闽西苏区、鄂豫皖苏区等逐步形成并先后建立了苏维埃政权，它们的开辟和发展，为后来中央革命根据地的建立奠定了基础。[2]1931年11月，中华苏维埃第一次全国代表大会在江西瑞金召开，宣布成立中

---

[1]《中国共产党的九十年（新民主主义革命时期）》·北京：中共党史出版社、党建读物出版社，2016年，第98页。

[2]《中国共产党简史》·北京：人民出版社、中共党史出版社，2021年，第36页、第42页。

华苏维埃共和国临时中央政府，"这是中国历史上第一个全国性的工农民主政权"[1]。此时度量衡就被写入了《中华苏维埃共和国宪法草案》中，即"制定度量衡和币制"[2]。度量衡的逐步规范、统一，为根据地工农业建设、发展提供了有效的支撑。

## 一、度量衡法制

1928 年 7 月，中国共产党第六次全国代表大会《关于土地问题决议案》中指出要"统一度量衡"[3]。六大之后，度量衡多被党领导的根据地纳入施政纲领中予以实践。如 1929 年 7 月，中共闽西第一次代表大会的决议案中就提出要"统一度量衡"[4]。1929 年 10 月，东兰县革命委员会颁布的《最低政纲草案》中规定，"（壬）关于地方一般的设施：……8.决定度量衡……"[5]。1930 年 3 月，闽西苏区第一次工农兵代表大会宣言及决议案中也指出要规范度量衡器具的制造和使用，即"商人所用秤斗尺，须造出一样，不得用手段来剥削工农"。1930 年前后，苏区的永定、上杭、龙岩等县苏维埃政权也明确提出"统一度量衡"的要求[6]。

这一时期，度量衡还被纳入刑事法律中予以规范。1931 年 5 月，赣东北特区在公布的《赣东北特区苏维埃暂行刑律》第二

---

［1］《中国共产党简史》·北京：人民出版社、中共党史出版社，2021 年，第 50 页。

［2］《中央革命根据地史料选编（下）》·南昌：江西人民出版社，1982 年，第 128 页。

［3］《中共中央文件选集（4 1928 年）》·北京：中共中央党校出版社，1989 年，第 353 页。

［4］《中华苏维埃共和国的工商行政管理》·北京：工商出版社，1986 年，第 150-151 页。

［5］《左右江革命根据地（上册）》·北京：中共党史资料出版社，1989 年 11 月，第 95 页。

［6］《中华苏维埃共和国的工商行政管理》·北京：工商出版社，1986 年，第 150-151 页。

篇第八章专门规定了三条"伪造度量衡罪",见文 5-01。从该暂行刑律对伪造度量衡罪处罚的刑期来看,比 1928 年 3 月民国政府公布的《刑法》(1935 年 7 月修订)中相应的处罚力度要更加严厉。

文 5-01《赣东北特区苏维埃暂行刑律》中的相关条款[1]

第七十二条　意图行使、贩运而制作违背定程之度量衡或变更其度量衡之定程者,处一等[刑期为 3.5 年以上 5 年以下]至三等[刑期为 1 年以上 2 年以下]有期徒刑。知情而贩卖不平之度量衡者,亦同。

第七十三条　行使不平之度量衡而得利者,以欺诈取财者论。

第七十四条　犯七十三条之罪者,得褫夺公权。

## 二、度量衡机构

这一时期,根据地实施度量衡管理的机构及机构职责逐步明晰。1933 年 4 月 28 日,中华苏维埃共和国制定的《各级国民经济部暂行组织纲要》中规定,"(五)国民经济人民委员部内暂时设立……国有企业管理局……。(己)国有企业管理局管理各种国有企业并度量衡事宜"[2]。1934 年 2 月 17 日,颁布的《中央苏维埃组织法》第二十四条第十款进一步强调全国苏维埃代表大会及中央执行委员会的职权包括"制定度量衡和币制"[3]。1933 年 11 月 21 日,红三十军政治部翻印的《川陕省苏维埃组

---

[1]《闽浙皖赣革命根据地(上册)》·北京:中共党史出版社,1991 年,第 312 页。

[2]《中华苏维埃共和国中央政府文件选编》,第 62-63 页(原载《红色中华》第 77 期)。

[3]《中国新民主主义革命时期根据地法制文献选编第 2 卷》·北京:中国社会科学出版社,1981 年,第 90 页。

织法》中指出，川陕省苏维埃经济委员会要负责"统一苏区度量衡"；川陕省所辖县苏维埃经济委员会要负责"消灭大斗小秤，统一全县度量衡"[1]。

## 三、度量衡管理

这一时期，根据地在生产实践中逐步摸索、实施对度量衡的管理。在度量衡单位的统一管理方面，中华苏维埃共和国成立后，在中央苏区初步统一了常用的度量衡单位。长度单位主要是"寸""尺""丈"等；容量单位主要是"升""斗""担"等；重量单位主要是"钱""两""斤"等；地积单位主要是"亩"等。中央苏区的国有制药厂制造的溶液类药物还统一使用了"CC"为单位[2]。在对度量衡器具的统一管理方面，1931年12月通过的《鄂东南办事处经济问题决议案》中指出，"凡在苏区的商业，必须保证买卖公平，秤、斗、尺需要一致，如发现有不一样的秤或斗量问题，坚决给予打击"[3]。1932年7月9日，《鄂东南苏维埃政府内务部两个月工作计划》中指出，"过去鄂东南的度量衡，非常复杂，现决定由本部［内务部］制定统一的度量衡，发由各县群众按照式样仿制，至各群众原有的度量衡，准予改正后使用，嗣后如再有大进小出情事，应给予处罚"[4]。

---

[1]《中国新民主主义革命时期根据地法制文献选编第2卷》·北京：中国社会科学出版社，1981年，第154页、第156页。

[2]《传承红色基因——市场监管工作初心与使命》（内部资料）·市场监管总局机关党委、党校编，2021年3月，第161-308页。

[3]《传承红色基因——市场监管工作初心与使命》（内部资料）·市场监管总局机关党委、党校编，2021年3月，第161-308页。

[4]《中华苏维埃共和国的工商行政管理》·北京：工商出版社，1986年，第151页。

## 四、度量衡应用

这一时期，党在根据地推行土地改革、公平税费负担改革等必然要求有统一的度量衡。1929年11月，中共闽西特委通告第十五号《关于土地问题的决议》中指出度量衡管理权限归政府，即"度量衡由政府统一规定"[1]。1930年5月，左右江革命根据地右江苏维埃政府颁布的《土地法暂行条例》中指出，"（六）其他。苏维埃在尽可能的范围内，帮助下列各项发展农业经济之事业：……（已）统一币制，统一度量衡"[2]。1930年9月，中共鄂豫边特委通告第十四号《征收累进税问题》中规定了"金斗"与"石"的标准及折算关系，即"边界现只实行农业累进税……，只征谷子不征杂粮，照分段累进征收。……（附）1. 对每人每年需要以金斗计算，假定五石。2. 苏维埃应统一度量衡，量以金斗为标准"[3]。1930年10月，湘鄂西第二次工农兵贫民代表大会通过的《土地革命法》第十八条也规定要"统一币制，统一度量衡"[4]。1931年7月，闽西苏维埃政府布告第二十号《关于征收土地税问题》中明确规定了"斤"的标准为十六两一斤，即"站在贫农雇农中农得利益及斗争的需要上，决定现年收税办法如下：……3. 每担谷炸燥后一百斤（十六两秤）计算，值得价大洋三元半"[5]。1932年1月，湘赣苏区颁发的《土地和商业累进税暂行征收条例》中也明确1斤为十六两，

［1］《福建革命根据地革命斗争史资料选编（4）》·福州：中共福建省委党校党史研究室编，第4页。

［2］《左右江革命根据地（上册）》·北京：中共党史资料出版社，1989年，第268页。

［3］《鄂豫皖革命根据地（第2册）》·郑州：河南人民出版社，1989年，第94-95页。

［4］《中国新民主主义革命时期根据地法制文献选编第4卷》·北京：中国社会科学出版社，1984年，第119页。

［5］《中国新民主主义革命时期根据地法制文献选编第4卷》·北京：中国社会科学出版社，1984年，第88-89页。

即 "4. 土地累进税一律以重量计算（统一每斤为十六两），由政府征收生产品或由农民自愿扣成银币亦可"[1]。中国工农红军第四方面军总政治部 1933 年 2 月 19 日翻印的川陕省《土地问题解答》中明确将"石"作为计量粮食量的统一单位，即"问：红军公田每乡要留多少？答：以乡为单位，按照乡内土地多少，留一石至五石"[2]。1934 年 12 月 30 日，川陕省公布的《平分土地须知》中，在"怎样平分土地"一节专门指出土地分配的基本原则并以"背"作为划分土地时计量粮食量的统一单位，即"切实按照人口和劳动力的混合比例原则来平分，不是定死的四背或五背，如田多就多分点；分田不是照田面子估计，要照出产量和收成算；……红军公田不能留多，小村只许留十背，大村留二十背"[3]。1934 年 7 月，黔东特区第一次工农兵苏维埃代表会议通过的《没收土地和分配土地条例》第十五条将"斗""升""挑"等作为土地分级时计量粮食量的统一单位，即"计算土地时……将土地分成上中下三等，以中等为标准，计算收获品，以包［苞］谷及大谷为标准，大的可得干包［苞］谷一斗二升之地，相当于大谷一挑之地（论挑均以百碗的斗为准）"[4]。

除了在土地改革中需要统一的度量衡外，其他方面也离不开规范统一的度量衡。1931 年 8 月 10 日，鄂豫皖苏维埃政府在公布的《粮食收集储藏暂行条例》中明确规定，征收粮食要统

———

［1］《湘赣革命根据地（上）》·北京：中共党史资料出版社，1991 年，第 155 页。

［2］《中国新民主主义革命时期根据地法制文献选编第 4 卷》·北京：中国社会科学出版社，1984 年，第 166 页。

［3］《中国新民主主义革命时期根据地法制文献选编第 4 卷》·北京：中国社会科学出版社，1984 年，第 163 页。

［4］《中国新民主主义革命时期根据地法制文献选编第 4 卷》·北京：中国社会科学出版社，1984 年，第 149 页。

一使用"新斗",不使用"新斗"的地方也要按"新斗"进行折合计算[1]。1934 年 1 月,第二次全国苏维埃代表大会通过的《关于国徽国旗及军旗的决定》中明确规定了国旗、军旗的尺寸标准,即"国旗……横为五尺,直为三尺六寸……军旗……横为五尺,直为三尺六寸……"[2]。

## 第二节 抗日战争时期

抗日战争爆发后,中国共产党制定和实施全面抗战路线及持久战的战略总方针,领导人民军队深入敌后发动群众,开展抗日游击战争,建立和发展抗日民主根据地[3]。当抗日战争进入到战略相持阶段后,敌后战场的斗争形势变得十分严峻,困难极大。为有效缓解敌后战场的困难,1939 年 2 月,毛泽东发出"自己动手"的伟大号召,1941 年春,八路军第三五九旅开进南泥湾,发扬自力更生、奋发图强的精神,实行军垦屯田,使昔日荒凉的南泥湾变成了"陕北的好江南"。这期间,党在陕甘宁、晋察冀、晋冀鲁豫等抗日民主根据地领导、开展的大生产运动,"发展经济,保障供给",自然也离不开对度量衡的探索和实践。

---

[1]《鄂豫皖革命根据地工商税收史料选编(1927—1937)》·郑州:河南人民出版社,1987 年,第 240 页。

[2]《中共中央文件选集 10(1934—1935)》·北京:中共中央党校出版社,1991 年,第 658 页。

[3]《中国共产党的九十年(新民主主义革命时期)》·北京:中共党史出版社、党建读物出版社,2016 年,第 182 页。

## 一、度量衡法制

这一时期，度量衡继续被纳入施政纲领中予以贯彻实施。1944 年 2 月 28 日，山东省战时行政委员会公布的《山东省战时施政纲领》中就明确指出，"加强对敌经济斗争工作……统一度量衡，平抑物价，繁荣市场，统一领导，掌握政策，打击敌人以战养战之阴谋"[1]。

这一时期，度量衡多以"专门法"的形式予以规定。1940 年8 月，晋察冀边区在公布的《关于统一度量衡的决定》中明确了"计秤尺"标准，即"统一度量衡的种类是计秤尺，以万国权度通制为标准，要统一到村，每村至少有一个标准的计秤尺"[2]。1942 年 4 月，陕甘宁边区在公布的《关于统一陕甘宁边区度量衡管理办法》中统一规定并着力推行市用制度量衡标准，即"长度的基本单位为尺，10 尺为 1 丈，10 寸为 1 尺，10 分为 1 寸，10 厘为 1 分；1 市亩等于 6 000 平方尺，1 市里等于 1 500 市尺；容量的基本单位是升，10 合为 1 升，10 升为 1 斗，10 斗为 1 石；衡重的基本单位是斤，10 分为 1 钱，10 钱为 1 两，16 两为 1 斤"[3]。1943 年 2 月，晋冀鲁豫边区在公布的《统一度量衡、改换新秤通令》中要求边区一律使用"新秤"并明确标准，即"为统一全区度量衡器具，特由太行实业社监制大批新秤，每秤二斤，合一公斤，合旧十六两秤十三两四钱八……新秤推行后，旧秤必须销毁，不许再用"[4]等。

[1]《中国新民主主义革命时期根据地法制文献选编第 1 卷》·北京：中国社会科学出版社，1981 年，第 55 页。

[2]《抗日战争时期晋察冀边区财政经济史料选编（第 3 编）》·天津：南开大学出版社，1984 年，第 420 页（原载 1940 年 10 月《抗战建设》第 2 卷第 18 期）。

[3] 关增建等《中国近现代计量史稿》·济南：山东教育出版社，2005 年，第 127 页。

[4]《晋冀鲁豫边区工商行政管理史料选编》·山西省工商行政管理局、河北省工商行政管理局，1985 年 11 月，第 462-464 页。

## 二、度量衡机构

这一时期，根据地实施度量衡管理的机构得到进一步明确，并随着生产、斗争的需要审时度势，不断调整，经济、实业、建设、财税、工商、粮食等部门多涉及度量衡的管理，且互有隶属。1938 年年初，在晋察冀边区政府成立时组织机构名单的说明中指出，"实业处：掌理……度量衡之检查监督……事项"[1]。1939 年 2 月，陕甘宁边区第一届参议会通过的《陕甘宁边区政府组织条例》第十四条规定，"建设厅掌理……关于度量衡之检查监督"事项[2]。1941 年 8 月，晋察冀边区《第二次经济会议问题讨论总结》中曾有这样的表述，"逐渐统一度量衡，由边区工矿管理局制一批标准器，分发署县，每地可根据作造，逐渐求其统一"[3]。1943 年 2 月 4 日，晋察冀边区在公布的《晋察冀边区行政委员会组织条例》第十二条中明确，"实业处掌理……关于度量衡之检查监督事项"[4]等。

## 三、度量衡管理

这一时期，根据地在生产实践中进一步加强对度量衡的管理。陕甘宁边区在度量衡标准器的管理上，规定度量衡的"标准尺"是楠木材质的"公平尺"，这支公平尺长 35 厘米、宽

［1］《抗日战争期间晋察冀边区财政经济史资料选编（总论编）》·天津：南开大学出版社，1984 年，第 218-219 页。
［2］《中国新民主主义革命时期根据地法制文献选编第 2 卷》·北京：中国社会科学出版社，1981 年，第 206 页。
［3］《抗日战争期间晋察冀边区财政经济史资料选编（总论编）》·天津：南开大学出版社，1984 年，第 427 页。
［4］《中国新民主主义革命时期根据地法制文献选编第 2 卷》·北京：中国社会科学出版社，1981 年，第 251 页。

2 厘米、厚 0.5 厘米，其正面有分寸线刻度，背面两端有经边区检定合格后烙印的"公平"图印；度量衡的"标准量器"为"仓库斗"，以 1 斗小米或小麦容重 30 市斤进行折算，"仓库斗"的实物是"沙家店粮站木斗"，其容量合 18 750 毫升；度量衡的"标准衡器"为市用制的"边区木杆秤"，执行的是 1 市斤为 16 两的衡制[1]。1944 年 8 月，晋冀鲁豫边区发布的《关于使用新秤的指示》中着重强调了"新秤"的统一性，明确了其量值标准，并要求建立修理秤的专门制度，即"斗秤是在交易往来中用以为衡量物体的……存在着严重的剥削及敲诈……现在新秤首先从公粮着手使用，后即推广到公营商店、合作社及集市上去……为保证一致与准确起见，除决定统一于新市斤的法［砝］码外，应实行秤的专门修理制度，来保证并固定秤工的职业……从三十三年［1944 年］十一月一日起公粮即开始启用新市斤的秤（这秤已由边政加验讫图记，分发各地）……以新秤为标准（每斗小米合新秤十六斤二两，杂粮折小米仍与前同），不准按石斗计算"；1944 年 9 月，晋冀鲁豫边区又公布了《确定使用新市斤时间及办法》，进一步明确规定，"现均一律以新市斤计算（过去一旧斤现在按一新斤计），同时今后所规定的斤两均是指新市斤而言。每斗小米重量规定为新市斤十六斤二两（每石一百六十一斤四两），凡规定斗者均以新市斤数计算，公粮开支不准再用斗石（第 196 号所提每斗小米十五斤是错误了）。公粮中小米杂粮斤与斤之折合仍与从前规定同"[2]。

---

［1］　关增建等《中国近现代计量史稿》·济南：山东教育出版社，2005 年，第 127-128 页。

［2］《晋冀鲁豫边区工商行政管理史料选编》·山西省工商行政管理局、河北省工商行政管理局，1985 年 11 月，第 462-464 页。

## 四、度量衡应用

这一时期，在抗日民主根据地中，度量衡被广泛应用于税收以及粮食、盐、棉等生产、收购活动中。1942 年 9 月，晋冀鲁豫边区为保证公平计算财粮负担，公布的《晋冀鲁豫边区游击区接敌区财粮累进负担暂行办法》中规定，以"石""斗"等作为统一单位来计算征收人、户财粮累进负担，即"本办法计算收入，以土地产粮为基准，民户每人平均全年收入不达二石[13.5 斤斗]谷者免征；超过者按超过部分之多寡，划为七等计分征收：第一等超过免征点五斗以下者，每斗以三毫计算。第二等超过免征点一石以下者，每斗以五毫计算。第三等超过免征点二石以下者，每斗以八毫计算。第四等超过免征点四石以下者，每斗以一厘二毫计算。第五等超过免征点八石以下者，每斗以一厘八毫计算。第六等超过免征点十五石以下者，每斗以二厘六毫计算。第七等超过免征点三十石以下者，每斗以三厘六毫计算。三十石以上不再累进，每斗一律按三厘六毫计。零数不足一斗者，按四舍五入办法计算之"[1]。1943 年 7 月，中共西北局公布的《关于改进食盐统销的指示》中规定各盐业统销机构均应采用统一的度量衡制度，严禁"大秤入、小秤出，挖两碗、抬一抬"等现象继续发生。1943 年 9 月，陕甘宁边区公布的《统一收购土棉实施办法》中指出，"棉花收进发出均以 16 两秤为标准，不得有大秤进、小秤出以及耍秤等舞弊行为"[2]。1943 年 11 月，晋冀鲁豫边区公布的《关于试办粮食交易所的通令》中规定，"交易所之任务为行斗过秤……以便利交

［1］《华北革命根据地工商税收史料选编（第 2 辑上）》·石家庄：河北人民出版社，1987 年，第 50 页。

［2］《陕甘宁革命根据地工商税收史料选编（第 2 册）》·西安：陕西人民出版社，1985 年，第 166-167 页。

易"[1]。1946年10月，晋冀鲁豫边区又公布的《粮食交易手续费暂行办法》中规定，"办理过斗过秤人员或粮商及合作社过斗过秤时，不得有撒合、漏粮、额外勒索舞弊等情事，违者以贪污论"[2]。上述这些规定和做法，无疑体现了在度量衡方面维护公平交易、合理负担的理念和指导思想。

## 第三节　解放战争时期

抗日战争胜利后，1946年6月26日国民党重兵围攻以鄂豫边宣化店为中心的中原解放区，悍然挑起全面内战。但是国民党挑起的内战，不得人心！中国共产党领导解放区军民坚决以积极防御粉碎国民党军队的进攻，并积极推动国民党统治区的人民运动[3]。党制定、实施了夺取全国胜利的纲领，不断巩固扩大人民民主统一战线。随着人民解放军的节节胜利，中国共产党因势利导，不断探索、制定、调整对解放区及接收的城市的各项经济政策，努力稳定社会秩序，使得到解放的地区迅速恢复、发展工农业生产[4]，这其中度量衡的管理和统一必不可少。

### 一、度量衡法制

这一时期，为促进解放区的工农业生产，稳定社会秩序，

---

[1]《晋冀鲁豫抗日根据地财经史料选编》，1985年8月，第184-185页、第336页、第538页、第590页、第857页。

[2]《晋冀鲁豫边区工商行政管理史料选编》·山西省、河北省工商行政管理局，1985年11月，第418页。

[3]《中国共产党的九十年（新民主主义革命时期）》·北京：中共党史出版社、党建读物出版社，2016年，第266页。

[4]《中国共产党简史》·北京：人民出版社、中共党史出版社，2021年，第91页、第93页、第94页、第111页、第126页。

各解放区相继颁布出台了统一度量衡的专门命令、法令及有关政策。1947 年 12 月，东北解放区公布《划一度量衡和丈量土地标准的命令》，这为统一东北解放区度量衡制度，贯彻落实中国共产党 1947 年 10 月公布的《中国土地法大纲》，促进东北解放区工农业生产，都起到了十分重要的基础性支撑作用。1948 年 7 月，晋察冀边区与晋冀鲁豫边区联合公布的《统一货币和度量衡制度》中进一步明确了度量衡标准，即"秤以市秤为标准，斗以市斗为标准，即小米 1 斗等于 16 市斤；尺以市尺为标准，即 3 市尺等于 1 公尺"[1]。

## 二、度量衡机构

这一时期，度量衡机构更加完善。1947 年 12 月，东北解放区为坚决推进度量衡划一工作，决定在东北解放区行政委员会经济委员会中设立度量衡局，在所辖各省政府的建设厅、所辖各市县政府的建设科附设相应的度量衡机构，以便统一管理度量衡工作[2]。1948 年 9 月，晋察冀边区和晋冀鲁豫边区合并成立了华北人民政府，政府下设"工商部"，负责统一管理度量衡制造、检定、监督等事项[3]。1949 年 1 月，太岳行署规定工商处的工作事项中包括，"7. 关于度量衡之制定及检查实施事项。工商处的行政科主管工商行政事宜：……C 依据华府颁发统一度量衡之规定，制定及检查实施事项"[4]。1949 年 4 月 9 日，陕甘宁边区参议会常驻议员会、陕甘宁边区政府委员会联席会议通过

［1］赵秀山等《华北解放区财经纪律》·北京：中国档案出版社，2002 年，第 295 页。

［2］《划一度量衡和丈量土地标准的命令》·《东北日报》，1948 年 1 月 7 日。

［3］《新中国工商从这里走来——华北解放区工商管理工作追述》·《工商行政管理》，2011 年，第 17 期，第 74-75 页。

［4］《晋冀鲁豫边区工商行政管理史料选编》·山西省、河北省工商行政管理局，1985 年 11 月，第 210-211 页。

的《陕甘宁边区政府暂行组织规程》第十四条规定，"工商厅掌管……关于度量衡之制造、检定、监察、统一事项"[1]。1949年6月1日，河南省人民政府公布的《河南省人民政府暂行组织规程》第九条规定，"工商厅掌管……关于度量衡之制造、检定、监督事项……"[2]等。

## 三、度量衡管理

1947年12月，东北解放区发布《划一度量衡和丈量土地标准的命令》，该命令规定了东北解放区的度量衡标准，具体见表5-01。

表5-01　东北解放区统一度量衡标准

| | 基本单位 | 与万国权度通制折合 | 数量比例关系 |
|---|---|---|---|
| 长度 | 市尺 | 3市尺=1公尺 | 1市里=150市丈=1500市尺<br>1市丈=10市尺，10市寸=1市尺<br>10市分=1市寸，10市厘=1市分<br>10市毫=1市厘 |
| 地积 | 垧 | 1垧=100公亩<br>1垧=10 000平方公尺<br>1垧=1公顷 | 1垧=10市亩=3 600平方弓=90 000平方市尺<br>1亩=10分=360平方弓=9 000平方市尺<br>1分=10厘=36平方弓=900平方市尺<br>1厘=3.6平方弓=90平方市尺<br>1弓=5市尺，1平方弓=25平方市尺<br>1平方市尺=1市尺见方 |

---

[1]《中国新民主主义革命时期根据地法制文献选编第2卷》·北京：中国社会科学出版社，1981年，第464页。

[2]《中国新民主主义革命时期根据地法制文献选编第2卷》·北京：中国社会科学出版社，1981年，第481页。

续表

| | 基本单位 | 与万国权度通制折合 | 数量比例关系 |
|---|---|---|---|
| 容量 | 市升 | 1市升=1公升 | 10市合=1市升，10市勺=1市合 |
| 重量 | 市斤 | 2市斤=1公斤<br>2 000市斤=1公吨 | 10市两=1市斤，10市钱=1市两<br>10市分=1市钱，10市厘=1市分<br>10市毫=1市厘 |

数据来源:《东北解放区财政经济史资料选编1》·哈尔滨:黑龙江人民出版社，1988年，第366-367页。

1948年8月至1949年3月，太岳行政公署先后发布了《改用新市秤废止旧粮票使用新粮票的通知》《统一换用市尺令》以及《取消交易过斗一律以新市秤计算的通令》，对尺、秤等进行规范和统一。表5-02为太岳行署统一新市秤标准。

表5-02　太岳行署统一新市秤标准

| | 新市秤 | 旧秤 |
|---|---|---|
| 折合 | 一斤 | 十三两四钱零八厘 |
| | 一两 | 八钱三分八厘 |
| | 一两一钱九分三厘三毫 | 一两 |
| | 一斤三两零九分二厘八毫 | 一斤 |

说明:1.新市秤一斤合半公斤。2.新市秤折旧秤，以0.838乘；旧秤折新市秤，以1.1933乘。3.政府对交易所及交易员所用之秤，每月实施检查一次。4.统一换用新尺，分期推进，推进顺序为先公用、后民用、再农户。

数据来源:《晋冀鲁豫边区工商行政管理史料选编》·山西省工商行政管理局、河北省工商行政管理局，1985年11月，第464-467页。

1949年，陕甘宁边区公布了《划一度量衡推行方案》。该方案继续大力推进"市用制"，规定了市用制与万国权度通制的折合关系。为保证《划一度量衡推行方案》的顺利推进，陕甘宁边区还相应制定了一系列配套办法。举例如下：

第一，公布了《划一度量衡推行步骤实施办法》，该办法规定边区工商厅第三科度政股具体负责边区度量衡推行事务，还要求设立度量衡检定人员训练班，成立边区各区专署检定组并指派各县检定员，同时也指出度量衡器具制造许可执照要限期换领，要积极推进度量衡器具的制造和供应等。第二，公布了《度量衡器具制造许可执照暂行条例》，规定度量衡器具制造许可执照有效期为三年；不区分机械还是手工制造度量衡器具，执照费均为人民币 5 000 元；领取度量衡器具制造许可执照的经营者还必须兼营度量衡器具的修理业务。第三，确定了度量衡折算规则，规定 1 旧尺 =1.057 2 市尺、1 市尺 =0.945 9 旧尺，1 旧斗（30 旧斤）=2.238 市斗（35.8 市斤）、1 市斗（16 市斤）=0.446 8 旧斗（13.404 48 旧斤），1 旧斤 =1.193 6 市斤、1 市斤 =0.837 78 旧斤等。第四，公布保护搜集度量衡标准器及检定用器的命令，要求边区所属各地区度量衡标准器及检定用器，未被运走或未被敌伪破坏的，必须严格管理；对遗失、散落的度量衡标准器和检定用器等务必要积极搜寻，设法收集等。除上述配套措施外，还公布了《陕甘宁边区各区专属度量衡检定组织规划草案》《取缔旧制度量衡器具暂行办法草案》《度量衡检定员训练班组织训练规划草案》以及有关度量衡检定费收支的办法等。[1]

表 5-03 为陕甘宁边区统一度量衡标准。

---

[1]《工商行政管理史料（上）》.北京：中国工商出版社，2008 年，第 547-549 页。

表 5-03　陕甘宁边区统一度量衡标准

| | 基本单位 | 与万国权度通制折合 | 数量比例关系 |
|---|---|---|---|
| 长度 | 市尺 | 3 市尺 =1 公尺 | 1 市里 =150 市丈 =1 500 市尺<br>1 市丈 =10 市尺，1 市尺 =10 市寸<br>1 市寸 =10 市分，1 市分 =10 市厘<br>1 市厘 =10 市毫 |
| 地积 | 市亩 | — | 1 市亩 =6 000 平方市尺，1 市亩 =10 市分，<br>1 市分 =10 市厘，1 市厘 =10 市毫<br>1 市顷 =100 市亩 |
| 容量 | 市升 | 1 市升 =1 公升 | 1 市升 =10 市合，1 市合 =10 市勺<br>1 市斗 =10 市升，1 市石 =10 市斗 |
| 重量 | 市斤 | 2 市斤 =1 公斤 | 1 市斤 =16 市两，1 市两 =10 市钱<br>1 市钱 =10 市分，1 市分 =10 市厘<br>1 市厘 =10 市毫 |

数据来源:《工商行政管理史料（上）》. 北京：中国工商出版社，2008 年，第 547-548 页。

## 四、度量衡应用

这一时期，统一"度量衡"的重要作用突出表现在各解放区的土地改革中。1946 年 5 月，苏皖边区公布的《土地租佃条例》第十六条规定，"依约交纳租物，应按照当地习惯，使用地方适用之斗秤，禁止大斗大秤收，小斗小秤交"[1]。1947 年 12 月，东北解放区公布的《划一度量衡和丈量土地标准的命令》中规定，"各级政府可抓紧土改分土地，用 5 市尺 1 弓，两弓 1 丈，90 平方丈或 360 平方弓 1 亩的丈量方法，去推行大亩制，彻底划一地亩。到秋收农民交公粮时，全部谷物采用公吨

---

[1]《中国新民主主义革命时期根据地法制文献选编第 4 卷》. 北京：中国社会科学出版社，1984 年，第 539 页。

制过秤，废止各地大小斗石"[1]。1948年8月20日，东北解放区公布的《关于颁发地照的指示》中指出以土地面积"垧"，重量单位"斤"为统一单位登记土地证照，即"在发放地照时，必须进行土地丈量（采取规定的统一丈量标准），明确评定土地等级。（一）丈量必须是实地丈量……；（三）评定的具体标准，应以每垧常年产量五百斤为起点，增二百斤之差额即升一级（五百斤及不足五百斤者为一级地，七百斤为二级地，九百斤为三级地，以此类推）……"[2]。1948年2月，陕甘宁边区公布的《颁发土地房窑证办法》第五条规定以"亩""斗""合""勺"等为统一单位登记土地证照，即"土地登记一律以亩计算……耕地一律按评定之常年产量每斗（细粮）缴纳二合（细粮）；可耕荒地每亩缴纳细粮三勺……"[3]。1948年9月12日，辽宁省政府公布了《土地登记丈量评级暂行办法》，该办法第四项明确了土地丈量的标准，即"根据东北政委会之规定，一律改旧亩为新亩，均以五市尺为一弓，三百六十平方弓为一市亩，十市亩为一垧"；第八项对丈量土地用尺的材质、制造、盖印等做出明确规定，即"丈量尺由省统一制造标准尺（木质），加盖火印（文曰辽宁省政府制）发给各县，再由各县评丈委员会主任委员指定专人依式仿造，并严格检查加盖火印后，分发各村使用，以杜弊端"；第十一项对土地评级中计量粮食量的单位统一规定为"斤"，即"每新亩所评产量五十斤者为一级地（不足五十斤者亦为一级），每增二十斤进一级，如七十斤为二级，九十斤为三级，余类推，评多少级，标多少级"。1948年10月15日，辽

---

[1]《划一度量衡和丈量土地标准的命令》·《东北日报》，1948年1月7日。

[2]《中国新民主主义革命时期根据地法制文献选编第4卷》·北京：中国社会科学出版社，1984年，第454页。

[3]《中国新民主主义革命时期根据地法制文献选编第4卷》·北京：中国社会科学出版社，1984年，第438页。

宁省政府又在公布的《土地丈评登记的补充办法》中指出，"主
产粮标准：产包［苞］米区以包［苞］米、谷子、大豆三种产
量平均计算……报评产量以斤为主，可参照各地区之习惯结合
进行（因各地升斗大小不一）"[1]。1949 年 2 月 13 日，内蒙古自
治政府在发布的《颁发土地执照的指示》中指出，"在发放地照
时，必须进行土地丈量，采用内蒙古自治政府规定的度量衡标
准（附注：度量衡尺，比旧尺一尺大六分，比木匠尺大一寸，
比旧裁尺小四分，但各地使用尺子比率不一致，一定要使用度
量衡尺；米突：每米合度量衡尺三尺），并明确评定土地等级"。
同时，内蒙古自治政府在发布的《土地执照颁发办法》中也规
定，"土地面积单位以内蒙古自治政府所公布之尺度为标准计
算，即一垧十亩，每亩三百六十平方弓或九千平方市尺，各地
尚未采用者，应一律改用此标准"[2]。

## 第四节　红色度量衡史料摘编

　　二十世纪上半叶的不同历史时期，中国共产党在其开辟和
领导的根据地、解放区对度量衡实施了管理和探索。正是这样
的探索实践，为中华人民共和国成立后度量衡的统一，积累了
很多有益和必要的经验，提供了极其宝贵的参考和借鉴，是一
笔不可多得的、沉甸甸的历史财富。新中国计量事业的蓬勃发
展不能不说得益于这些红色基因的传承。以下是从党史、革命
史资料中摘编的 155 条涉及度量衡的史料节选［不包含本章前

---

[1]《中国新民主主义革命时期根据地法制文献选编第 4 卷》·北京：中国社会科
　　学出版社，1984 年，第 458-462 页。
[2]《中国新民主主义革命时期根据地法制文献选编第 4 卷》·北京：中国社会科
　　学出版社，1984 年，第 481-485 页。

三节中已阐述的内容，按时间顺序排列]。

1. 东江各属行政会议纪略（1926 年 4 月 26 日）[1]

［东江行政委员］周恩来电告行政会议决议案……通过商务提案五条，（一）请政府划一度量衡……

2. 广东农民运动决议案（1926 年 6 月）[2]

目前最低限度的政纲……关于经济的……七、统一度量衡……

A、关于经济的……七、统一度量衡……

3. 归化县农民协会较准标准斗（1927 年）[3]

"归化县农民协会较［校］准标准斗"，一个木制圆谷斗，沿斗口下一寸许横写着"归化县农民协会较［校］准标准斗"；离斗口三寸许竖写"民国十六年［1927 年］六月制"。只"农"字用红色写，字也较大，约一寸半；其余的字用黑墨写，约一寸大……制作"较［校］准标准斗"限制地主大斗进小斗出的剥削行为……

4. 红军第四军司令部布告（1929 年 1 月）[4]

……城市商人，积铢累寸，只要服从，余皆不论……

5. 革命斗争记事——打行罢市 惩罚奸商（1929 年）[5]

一九二七年后，威远人民……在党的领导下……组织起来……反贪官污吏，反土豪劣绅，反苛捐杂税，反加租加佃等斗争。一九二八年到一九二九年上半年，革命斗争已呈现高峰。五里浩……粮食市场包行李六生……不仅擅自加收厘金税，还搞贱买贵卖，大斗进、小斗出。他特制了一种弧形斗刮，买时

［1］《政治周报》·广州：政治周报出版社，1926 年，第 9 期，第 18 页。

［2］《广东农民运动报告》，1926 年，第 166 页。

［3］《明溪文史资料（第 1 辑）-陈秉怡："标准斗"与"汀属八县社会运动人员养成所"简介》·政协福建省明溪县委员会文史资料编辑室，1983 年，第 18-20 页。

［4］《毛泽东文集（第 1 卷）》·北京：人民出版社，1993 年，第 52 页。

［5］《中共威远县地方党史资料汇编（1920 年—1949 年）》·中共威远县委党史工作委员会，1987 年，第 53-55 页。

使用弧面刮斗,斗内的粮食成凸形,卖时用弧背刮斗,斗内的粮食成凹形。他还雇用熟练的斗手,身穿围裙作掩护,在刮斗时以灵巧而迅速的动作,把凸出斗面的粮食一下子刮进大簸盖里,大簸盖内有一个仅能装斗的小簸盖,小簸盖的粮食属卖方,大簸盖的粮食属斗手,斗手又借倒小簸盖的粮食给卖方之机又迅速而巧妙的把粮食一部分或大部分倒进自己的大簸盖里。就是这种倒、刮斗术、一斗粮食少则几合,多则升把就被刮去了。一个场期就要刮剥农民粮食几百上千斤。对此,人民群众十分痛恨,咒骂他们"吊秤打斗,必定讨口"。地下党县委为给人民出气撑腰……一九二九年五月九日……两路农民队伍数百人齐集米行……升、斗、簸盖……全部打烂,一扫而空……

6. 闽西第一次工农兵代表大会宣言(1930 年 3 月)[1]

(六)劳动法……第四章 工场作坊工人条例……八、东家不得利用秤头银水剥削工人……第六章 运输工人条例……五、不准行家吃秤头……

……

(十六)暂行税则条例……三、……担数以十六两秤,每担干谷一百斤折扣……

7. 湖南省苏维埃宣传委员会征收累进税宣传纲要(1930 年 9 月 27 日)[2]

乙、以每收谷六担者,起码征收(规定九十斤为一担)……

8. 闽西苏维埃政府关于征收土地税问题通知(第 76 号 1931 年 7 月 24 日)[3]

关于土地税征收法……通知如下……4. 四联单上(快要发

[1]《中国革命根据地史料选编(下册)》·南昌:江西人民出版社,1982 年,第 75 页、第 76 页、第 80 页、第 88 页。

[2]《湘鄂赣革命根据地》·北京:中共党史资料出版社,1991 年,第 108 页。

[3]《闽西革命史文献资料(第 6 辑)》·中共龙岩地委党史资料征集研究委员会、龙岩地区行政公署文物管理委员会,1985 年,第 135 页。

来）的石斗升合，以每十斤为一斗，十斗为一石，一石为一担（即一百斤）计算，你们（各级苏维埃政府）须照此核数，不要依照当地杂色的"斗"、"箩"、"桶"、"觕"［斛］的重量，而妨害了统一财政的工作……

9. 中华苏维埃共和国临时中央政府执行委员会关于修改暂行税则问题命令（第 7 号 1932 年 7 月 13 日）[1]

四、收税一律以实谷计算（每十六两秤一百斤干谷为一担）……

10. 中华苏维埃共和国关税征收细则（1933 年 5 月 11 日）[2]

各关税处要设备尺秤，以便征税时有所依据……

11. 川陕省苏维埃政府公粮条例（1933 年 8 月）[3]

六、公粮计斗的大小及轻重，以每斤二十两；以每升一百两（即五斤）；每斗五十斤，按照两斗即一背（四川话"一背"即两斗，合一百斤）计算……

12. 中央教育人民委员部颁布小学课程与教则草案（1933 年 10 月）[4]

第二章 小学各学年各科课程和教则……（D）第四学年的课程……（二）数学……2. 开始学习本国度量衡的计算法及日常的简单几何图形……

13. 奇妙的贪污方法：大斗进，小斗出（1934 年 1 月 7 日）[5]

全苏二次大会工程所输送队司务长钱陈世仁，在粮食调济

---

[1]《中华苏维埃共和国法律文件选编》·南昌：江西人民出版社，1984 年，第 300 页。

[2]《中华苏维埃共和国法律文件选编》·南昌：江西人民出版社，1984 年，第 306 页。

[3]《川陕革命根据地史料选辑》·北京：人民出版社，1986 年，第 278 页。

[4]《江西苏区教育资料选编》南昌：江西教育出版社，1960 年，第 119 页。

[5]《防尘扫埃地净天蓝——回望中央苏区反腐倡廉岁月（下）》·南昌：江西出版社，2013 年，第 411 页。

（剂）局买来，因调济（剂）局斗大，他就拿出地主阶级的剥削方法进大斗出小斗来算给公家，共贪污了四担六斗五升二合，计大洋四十余元……在群众热烈反贪污浪费之下，［被］检查出来。

14. 沿河县第五区革命委员会斗争纲领草案（1934年6月26日）[1]

（八）取消行斗、行秤，由区革命委员会设公斗、公秤，不抽税……

15. 川陕省第四次党代会通过的财政经济问题决议草案（1934年10月）[2]

……苏区内的秤、尺、升、斗，应实行政府专卖，统一度量衡，严禁大斗小秤，一切舞弊情形……

16. 陕甘宁边区土地所有权证条例（1937年9月24日）[3]

第八条　土地所有权证载明下列各项……五、每年平均收获量或收益（农地收获量以十六两秤。三十斤斗为标准计算，其他土地以收益计算）……

第九条　土地所有权证每张应缴纳费额依下列之规定……面积单位，得以各地习惯名称为标准，但计算费时，仍以每一习惯单位等于一坰……

17. 陕甘宁边区征收救国公粮条例（1937年10月1日）[4]

第七条　本条例所称之斤以十六两计算，各地衡量不同者，如计算收获量及缴纳公粮时，均照此标准折合计算……

---

［1］《湘鄂川黔革命根据地》·北京：中共党史资料出版社，1989年，第59页。

［2］《川陕革命根据地工商税收史料选编》·重庆：重庆出版社，1987年，第51页。

［3］《陕甘宁革命根据地史料选辑（第2辑）》·兰州：甘肃人民出版社，1982年，第33-34页。

［4］《陕甘宁革命根据地史料选辑（第2辑）》·兰州：甘肃人民出版社，1982年，第37-48页。

附一 征收救国公粮附则……第三条 征收机关之任务：一、区征收救国公粮委员会之任务……5.选定征收公粮之公斗和公秤……第十二条 如各区斗量不同，粮食种类甚多，或只有豆子无谷子糜子等，应收那〔哪〕种粮食，详查后，呈请县征收委员会批准后执行之……

附二 救国公粮保管分配条例……第十一条 各区仓库收付粮食，须用固定之斗量（以全区普遍通用之斗为标准），不得前后差异，其所用斗量之大小（每斗几桶几斤），应呈报边区粮食局、县仓库管理处备案……

18. 晋察冀边区减租减息单行条例（1938 年 2 月 9 日）[1]

九、附则……2.租斗以通用公斗为准，旧租斗一律禁用……

19. 陕甘宁边区征收救国公粮的决定（1938 年 10 月 30 日）[2]

（二）各级会议中应讨论以下事项……丁、必须根据规定的斗、秤，不得短少……

20. 陕甘宁边区政府给庆环专属准予所拟救国公粮折扣办法、斗量斤数及征收标准的指令（指令第 41 号 1938 年 12 月 7 日）[3]

呈一件，呈请将征收救国公粮粗粮折合细粮之规定数及斗量之标准斤数，准予改适当地情形由……

《庆环分区专员马锡五的呈文》：……均府十一月十一日关于征收救国公粮麦米折合杂粮及斗量之规定内开："……（三）征收救国公粮斗量以三十斤为标准，斗由各分区财政特派员及

［1］《中国新民主主义革命时期根据地法制文献选编（第 4 卷）》·北京：中国社会科学出版社，1984 年，第 232 页。

［2］《陕甘宁革命根据地史料选辑（第 2 辑）》·兰州：甘肃人民出版社，1982 年，第 80 页。

［3］《陕甘宁边区法律法规汇编》·西安：陕西人民出版社，2007 年，第 237 页。

各县第四科制定之……"等因……为适应当地情形增加征收数量，政府与民众不互相占优计，拟定以下之折扣办法：（一）斗量以四十斤计，由分区统一制定……

21. 冀南民众教育草案（1939年8月）[1]

二、课程……34、简易斤、两法的学习和联系……

22. 冀南区减租减息办法（1939年8月）[2]

四、严禁庄头剥削……注：1.租斗以通用公斗为准，旧租斗一律禁用……

23. 晋察冀边区减租减息单行条例（修正1940年2月1日）[3]

第四条第四款　租斗以通用公斗为准，旧租斗一律禁用……

24. 山西省政府第二游击区行署征收抗日公粮条例（1940年2月26日）[4]

六、斗以二十六斤计算，斤以十六两计算……

25. 陇东特委财政经济委员会对陇东新边区财政税收的意见书（1940年7月11日）[5]

斗佣、秤佣、牙佣，决议一律取消。因为斗秤二佣，实际太微，若稍一用人不妥，不惟弊窦丛生，且有赔累之虞。兼之群众对此素抱愤恨。"牙头"一项存取两难，使存在，则对群众敲榨［诈］太甚，若行取消，而在骡马大会中，群众感觉无媒

［1］《冀南党史资料（第3辑 根据地政策法令专辑）》·冀南革命根据地史编审委员会，1988年，第239页。

［2］《冀南党史资料（第3辑 根据地政策法令专辑）》·冀南革命根据地史编审委员会，1988年，第74页。

［3］《中国新民主主义革命时期根据地法制文献选编（第4卷）》·北京：中国社会科学出版社，1984年，第241页。

［4］《晋绥边区财政经济史资料选编（财政篇）》·太原：山西人民出版社，1985年，第199页。

［5］《陕甘宁革命根据地工商税收史料选编（第1册）》·西安：陕西人民出版社，1985年，第320页。

介人，交易较为困难。因此，暂以下列办法行事；A、斗以公家修造之公斗附以刮板设置粮食市，由进行交易之群众各自去量，以免敲榨［诈］。B、秤以公秤，于柴草市中设置天秤式之木架，使秤吊其上，仿磅式，斤两不会过高，也不会过低，由双方交易之群众各自去称，以免出佣，且感方便……

26. 关于陕甘宁边区三年来粮食工作的检讨（1940 年 9 月 18 日）[1]

存在着不少的严重的贪污浪费粮食的现象，是应严格纠正的……已发现的主要就有以下的形式：用大斗收，用小斗支出，把公粮掠为己有，如志丹县四区仓库主任高明顺用这种办法贪污有三十石多，八区的仓库主任金永彪用这种办法贪污有三石多；安定南区仓库主任出粮时把斗底围小；延川禹居区仓库主任杨某和区长冯学德用这种办法共同贪污了三十多石等……

27. 山西省第二游击区减租减息单行条例（1940 年 10 月）[2]

第五条第四款　租斗以通用公斗为准，旧租斗一律禁用……

28. 陕甘宁边区政府关于仓库统一用斗的通令（底字第 17 号 1940 年 10 月 29 日）[3]

为统一全边区仓库斗量，俾并进一步达到全边区农村集市斗量之统一，以利人民生活之发展起见。本府已饬粮食局制定库制标准一斗（容小米三十斤）式样分发各县外，合行令仰该专员、县、市长应即监督仿制，限于新公粮入库前完成，必使每个仓库于今年新公粮入库时，一律用"库制标准"斗。至于造斗费用，各县政府可径向边区粮食局报销……

---

［1］《陕甘宁边区抗日民主根据地（文献卷 下）》·北京：中共党史资料出版社，1990 年，第 326-327 页。

［2］《晋绥边区财政经济史资料选编（农业篇）》·太原：山西人民出版社，1986 年，第 3 页。

［3］《陕甘宁边区政府文件选编（第 2 辑）》·北京：档案出版社，1987 年，第 479 页。

29. 冀中区第七行政督察专员公署关于整理与改造人民负担办法的指示（1941 年 4 月 1 日）[1]

二、合理负担修正办法……5. 土地单位以官亩（二百四十步）为准……

30. 晋西北减租减息暂行修正条例（1941 年 4 月 1 日）[2]

第五条第四款　斗以通用斗为准，租斗一律禁止……

31. 山东省战时工作推行委员会关于陈报清查土地人口的决定（1941 年 4 月 4 日）[3]

（二）地亩标准：甲、地亩面积以官亩为标准，即以营造尺五尺为一方步，二百四十方步为一亩……

32. 鄂豫边区行政公署组织条例（鄂豫边区第二次军政代表大会通过 1941 年 6 月 15 日）[4]

第十四条　建设处掌理事务……七、关于度量衡之检查监督……

33. 陕甘宁边区政府、边区财政厅关于运送公盐的一些问题的通知（1941 年 8 月 19 日）[5]

一、"有些群众提出，公盐每驮是一百五十斤，但我们的驴每头能驮一百五十斤以上的，而这多驮的盐是否可归私人？"二、"给公家运盐每驮从盐池过秤是一百五十斤，但经过沿途十余天，必有损失，将来短少的数归谁负责？"三、"有群众提出，

[1]《冀中历史文献选编（中）》·北京：中共党史出版社，1994 年，第 251 页。

[2]《中国新民主主义革命时期根据地法制文献选编（第 4 卷）》·北京：中国社会科学出版社，1984 年，第 325 页。

[3]《中国新民主主义革命时期根据地法制文献选编（第 4 卷）》·北京：中国社会科学出版社，1984 年，第 347 页。

[4]《鄂豫边区抗日根据地历史资料（第 3 辑 政权建设专辑 1）》·鄂豫边区革命史编辑部，1984 年，第 24 页。

[5]《陕甘宁边区政府文件选编（第 4 册）》·北京：档案出版社，1988 年，第 114-115 页。

公家是按一百五十斤才算一驮，如果驴子驮不上一百五十斤怎办？"……以上所询各项，兹分别答复如下，仰各县均照执行为要……以一百五十斤为一驮为标准……多余的……仍然归人民所有……各县应组织人民〔用〕健壮的牲口去驮为有利，因为盐池只分别牲畜种类，无论牲口驮重、驮轻，凡是一头毛驴算一驮，一头牛或骡子算驮半，并不过秤。因此，沿途有无卤耗（少了秤），政府仍以一百五十斤为一驮……

34. 晋冀鲁豫边区政府组织条例（1941年9月1日）[1]

第十三条　建设厅掌理事务……六、关于度量衡之检查监督事项……

35. 陕甘宁边区斗佣征收暂行办法（1941年10月）[2]

第九条　粮食买卖所用之斗，概以粮食局颁发之斗（三十斤）为标准……

36. 山东省清查土地登记人口暂行办法草案（山东省战时工作推行委员会拟颁1941年10月20日）[3]

第一节　清查土地……七、地亩面积必须以官亩为标准，即每亩二百四十方步（杆），每步五尺（营造尺，即潍县活尺之合起者）……

37. 晋西北征收抗日救国公粮条例（1941年11月1日）[4]

第五条　征收公粮按下列折合规定：一、征收时一律以小米计算。二、征收时一律以十六两为一斤，二十六斤之斗（容

［1］《太行革命根据地史料丛书之4-政权建设》·太原：山西人民出版社，1990年，第206页。

［2］《陕甘宁革命根据地工商税收史料选编（第2册）》·西安：陕西人民出版社，1985年，第282页。

［3］《中国新民主主义革命时期根据地法制文献选编第4卷》·北京：中国社会科学出版社，1984年，第351页。

［4］《晋绥边区财政经济史资料选编（财政篇）》·太原：山西人民出版社，1985年，第200-201页。

小米量）为标准量计……

38. 陕甘宁边区公草管理办法（1941 年 11 月 25 日）[1]

第六条　收集公草时应注意事项……三、公草过秤一律以十六两为一斤之平秤计算……

39. 陕甘宁边区粮食局各级仓库管理办法（1941 年 11 月 25 日）[2]

第八条　当公粮布置完毕时，各级仓库应即开始检收公粮入仓，收粮时，应办理事项如下……二、检查合格之公粮，应用粮食局统一制发之斗，公平过斗，记数入仓……

……

第十条　各级仓库支付粮食手续……四、仓库认定支粮证或粮票无疑时，应即用粮食局统一制发之斗，公平过斗，照数发给……

40. 陕甘宁边区粮食局各级仓库组织章程（1941 年 11 月 25 日）[3]

第七条　各级仓库之职掌……六、关于统一使用斗秤之执行与检查事项……

41. 陕甘宁边区粮食局统一使用斗秤暂行办法（1941 年 11 月 25 日）[4]

第二条　各级仓库、粮站、收支公粮，均须使用粮食局统一制发之斗秤……

---

[1]《陕甘宁革命根据地史料选辑（第 2 辑）》·兰州：甘肃人民出版社，1982 年，第 326 页。

[2]《陕甘宁革命根据地史料选辑（第 2 辑）》·兰州：甘肃人民出版社，1982 年，第 322-324 页。

[3]《陕甘宁革命根据地史料选辑（第 2 辑）》·兰州：甘肃人民出版社，1982 年，第 297 页。

[4]《陕甘宁革命根据地史料选辑（第 2 辑）》·兰州：甘肃人民出版社，1982 年，第 335 页。

第三条 粮食局制发之斗秤，均刻有"粮食局"字样……

第四条 粮食局制定之斗以细粮市秤三十斤（十六两）为每斗标准……

第五条 凡公粮收支，一律以小米为标准，如改缴或换支其他什粮时，须按征粮条例第十条之规定折合之……

第六条 各级仓库，粮站所领之斗秤，如有损坏，应随时呈请补发，不得私自制……

42. 陕甘宁边区粮食局组织规程（1941 年 11 月 25 日）[1]

第三章 职掌……第十三条 第一科职掌……三、关于仓库度量衡之统一与监掣事项……

43. 陕甘宁边区平粜处章程（1941 年 11 月 25 日）[2]

第七条 平粜处粮食出纳使用之斗秤，一律遵照粮食局统一制定之斗秤为标准……

44. 陕甘宁边区义务运输公盐实施办法（战字第 149 号 1942 年 2 月 1 日）[3]

第二十三条 盐务局……乙 每驮公盐除发足平秤一百五十斤外，另每驮加发漏耗十五斤……由盐池起运后在三站以内，每站得除漏耗二斤。盐池起运后三站以外，每站得减除漏耗一斤……

第二十四条 公盐收发处……过秤要公平，不准故意压秤，或发生其他舞弊情事……

---

[1]《陕甘宁革命根据地史料选辑（第 2 辑）》·兰州：甘肃人民出版社，1982 年，第 294 页。

[2]《陕甘宁革命根据地史料选辑（第 2 辑）》·兰州：甘肃人民出版社，1982 年，第 298 页。

[3]《陕甘宁革命根据地工商税收史料选编（第 3 册）》·西安：陕西人民出版社，1986 年，第 27-28 页。

45. 苏南行政区处里土地问题暂行条例（1942年3月5日）[1]

第六条第四款　租斗以通用公斗、公秤为标准……

46. 鄂豫边区行政公署命令（1942年4月13日）[2]

根据边区第一届代表大会第一次大会暨驻会代表团行政公署委员会扩大联席会议制定突破财政经济困难关，三个月中心工作……（三）筹集粮食……米粮均以樊斗为准，每斗白米之容量为秤二十斤……

47. 皖鄂赣边区党委关于抗日民主根据地的政策讲授提纲（节选1942年5月）[3]

三、抗日民主根据地的土地政策……1.推行减租政策……（8）斗斛以州集斗为最大斗斛，如张弓斛，踢斛淋尖等，概行禁止……

48. 淮海区一九四二年度田赋改征实物暂行条例（1942年6月7日）[4]

第十条　田赋改粮食，一律以十六两漕法秤为准，经征人员不得使用非经核定衡量，如有任何舞弊行为，一经察觉或经告发，查有实据，从严惩处……

49. 山东省战时工作推行委员会关于建立粮食仓库之决定（1942年6月23日）[5]

五、仓库工作制度……（2）为避免粮食之亏耗，各级仓库一律改用十五两五发予之秤……

————————

[1]《苏南抗日根据地》·北京：中共党史资料出版社，1987年，第225页。

[2]《鄂豫边区抗日根据地历史资料（第7辑 政权建设专辑2）》·鄂豫边区革命史编辑部，1985年，第43-44页。

[3]《皖江抗日根据地》·北京：中共党史资料出版社，1990年，第74页。

[4]《淮海抗日根据地》·北京：中共党史出版社，2010年，第59页。

[5]《山东革命历史档案资料选编（第8辑）》·济南：山东人民出版社，1983年，第382页。

50. 冀鲁豫区新合理负担暂行办法施行细则（新财合字第2号1942年7月13日）[1]

第七条……5.土地面积以二百四十步弓为一亩（每步弓五市尺），不足或超过二百四十步弓者，应按照规定折合之。6.本条第一款所称之斗，是指市斗而言（一市斗之容量为小米十五市斤）……

51. 陕甘宁边区三十一年［1942年］度征收救国公粮条例（战字第417号1942年7月31日）[2]

第二十九条 交纳公粮人以户为单位，应依期将应缴纳之救国公粮晒干碾细送至指定之仓库过斗交讫……本条例所称之斗以粮食局统一制发之斗而言……

52. 陕甘宁边区三十一年［1942年］度征收救国公粮条例施行细则（战字第623号1942年10月25日）[3]

第二十六条 粮食局统一制发之斗，系指其容量合小米三十斤（平秤）为标准……

53. 晋西北征收救国公粮条例（晋西北临参会通过，晋西北行政公署公布1942年11月6日）[4]

第三十条 征收公粮时一律以斗（容米二十六斤）计算，以斤征收，如果纳其他杂粮时，亦以斤折合……

54. 陕甘宁边区土地租佃条例草案（战字第641号1942年12月29日）[5]

第十七条 ……交租使用当地通用之斗，禁止大斗收租与

---

［1］《抗日战争时期晋冀鲁豫边区财政经济史资料选编（1）》·北京：中国财政经济出版社，1990年，第881页。

［2］《陕甘宁边区政府文件选编（第6册）》·北京：档案出版社，1988年，第278-280页。

［3］《陕甘宁边区政府文件选编（第6册）》·北京：档案出版社，1988年，第403页。

［4］《晋绥边区财政经济史资料选编（财政篇）》·太原：山西人民出版社，1985年，第208页。

［5］《陕甘宁边区政府文件选编》·北京：档案出版社，1988年，第430-431页。

小斗交租……

　　55. 鄂豫边区一九四二年度减租办法（1942 年）[1]

　　（九）禁用租斗，收租时以当时当地通行之量器为标准……

　　56. 陕甘宁边区公盐收发转运规程（1942 年）[2]

　　（三）关于盐务局装发公盐之规定……乙、准确盐斤——盐务局应依照财政厅颁发之收发公盐官秤，根据产盐，据质量之不同，制定标准斗衡，按照驮公盐一百六十五斤之规定袋发，求得与收盐之衡量相符……

　　57. 太岳区征收民国三十一年［1942 年］度救国公粮征收办法（1942 年）[3]

　　十、公粮收支过秤不过斗，一律以十六两的刀子秤为标准秤……

　　58. 盐阜区夏季公粮征收条例（1942 年）[4]

　　第四条　本季公粮征收之斤数以十六两天平秤计算……

　　59. 盐阜区夏季征收公草办法（1942 年）[5]

　　第四条　征收公草一律以斤计算（每斤规定市秤十六两）……

————————

［1］《鄂豫边区抗日根据地历史资料（第 7 辑 政权建设专辑 2）》·鄂豫边区革命史编辑部，1985 年，第 49 页。

［2］《陕甘宁革命根据地工商税收史料选编（第 3 册）》·西安：陕西人民出版社，1986 年，第 479 页。

［3］《太岳革命根据地财经史料选编（2）》·太原：山西经济出版社，1991 年，第 1 099 页。

［4］《华中抗日根据地财政经济史料选编（江苏部分 第 1 卷）》·北京：档案出版社，1984 年，第 441 页。

［5］《华中抗日根据地财政经济史料选编（江苏部分 第 1 卷）》·北京：档案出版社，1984 年，第 444 页。

60. 陕甘宁边区盐务局管理盐本办法（1942 年）[1]

4. 盐务局为了管理盐本，特制定盐本票，分商盐、公盐两种。商盐盐本票，以驴驮为计算单位，公盐盐本票以斤为计算单位，其式样另定之……

61. 冀南区新修正公平负担暂行办法（1943 年 1 月 5 日）[2]

第四条　本办法所称地亩，以五市尺为一步，二百四十方步为一标准亩，不同单位者，以此折合……

62. 晋察冀边区统一累进税税则施行细则（边区第一届参议会通过，边区行政委员会公布 1943 年 2 月 4 日）[3]

第二十一条　称"市斗"者，即指公斗（万国度量衡制），一市斗小米合旧秤（旧营造库平制）十三斤半，合新秤（即市秤，市秤一斤等于万国度量衡制二分之一公斤）十六斤（此数系约数，米之好坏不等，亦容有差别，一般均以是为准）……

63. 晋冀鲁豫边区工商总局统一度量衡、改换新秤通令（总理字第 15 号 1943 年 2 月 11 日）[4]

为统一全区度量衡器具，特由太行实业社监制大批新秤，每秤二斤，合一公斤，合旧十六两秤十三两四钱八……新秤发下后，应具体规定推行办法。

一、我各公营事业须一律即刻改用新秤，所有各地之物价报告，自本年一月起，都应按新秤为计算标准，征税货物之估价亦即按新秤标准实行……

---

[1]《陕甘宁革命根据地工商税收史料选编（第 3 册）》·西安：陕西人民出版社，1986 年，第 444 页。

[2]《冀南党史资料（第 3 辑 根据地政策法令专辑）》·冀南革命根据地史编审委员会，1988 年，第 80 页。

[3]《华北革命根据地工商税收史料选编（第 2 辑 上）》·石家庄：河北人民出版社，1987 年，第 80-81 页。

[4]《晋冀鲁豫边区工商行政管理史料选编》·山西省、河北省工商行政管理局，1985 年，第 462 页。

二、各主要市场应先改换，起领导推动作用，次推广至全区各市场，至迟五月底以前，全区各地市场，必须一律改用新秤……

三、新秤推行后，旧秤必须销毁，不许再用，如再发现有在市场使用或故意不改换者，应予以暂停营业之处分……

四、新秤推行后，暂先限于市场交易，至公粮收入，暂不必过问，俟与边府商请后，再行改换。各区接令后，应该根据区实际情形，具体规定推行新秤计划，并估计实际需用数目，迅速通知各有关部门派员携款，由分局介绍来局领取，以便应用……

64. 冀中区五年来财政工作总结（1943 年 4 月 25 日）[1]

（二）严格统筹统支，强化粮食管理，开展调剂运输——财务行政正规化……为了加强实物的管理……建立了粮库制度……明确规定以小米为标准公粮的收支本位……制订标准衡器，克服大秤收、小秤支的毛病……

65. 淮北苏皖边区土地租佃条例（边区参议会通过，行政公署颁布 1943 年 6 月 1 日）[2]

第十七条  应交租粮，依双方约定。其细粮杂粮折算法，依当地习惯。交租使用当地通用之斗，禁止大斗收租，小斗交租……

66. 陕甘宁边区民刑事件调解条例（战字第 756 号 1943 年 6 月 10 日）[3]

第二条  凡民事一切纠纷均应厉行调解，凡刑事除下列

［1］《冀中抗日政权工作七项五年总结（1937.7-1942.5）》·北京：中共党史出版社，1994 年，第 115 页。

［2］《安徽革命根据地财经史料选（1）》·合肥：安徽人民出版社，1983 年，第 122-123 页。

［3］《陕甘宁边区法律法规汇编》·西安：陕西人民出版社，2007 年，第 341 页。

各罪不许调解外，其他各罪均须调解……十九、伪造度量衡罪……

　　67. 陕甘宁边区土地登记试行办法草案（1943 年 9 月）[1]

　　第十条　土地登记计算单位规定如下：一、农地、荒地、牧地、森林地、园地等，以当地习惯垧或亩计算；二、房屋以间数、窑洞以孔数计算；三、院落地基以方丈计算，或以原来四至为届……

　　68. 晋西北统一救国公粮征收条例（1943 年 10 月 20 日）[2]

　　第四十一条　征收公粮时一律以斗（容米二十六斤）计算，以斤征收，如缴纳其他杂粮时，亦以斤折合。

　　69. 淮北苏皖边区三十二年 [1943 年] 秋季救国公粮公草征收条例（1943 年 11 月 4 日）[3]

　　第二十三条　收缴公粮应以天平十六两为准……

　　70. 晋冀鲁豫边区土地使用暂行条例太行区施行细则草案（1943 年 11 月 25 日）[4]

　　第八条　评定租额之产量与评定负担之产量，必须一致，不得有两个标准。交租时，应以新度量衡为标准，各地尚适用旧度量衡者，应折合计算之……

　　71. 淮海区清查田亩实施纲要（1943 年 12 月 1 日）[5]

　　三十、丈量时均以五印官弓尺为标准，以六十丈为一亩，小数至厘为止……

————————————

［1］《陕甘宁边区法律法规汇编》·西安：陕西人民出版社，2007 年，第 177 页。

［2］《晋绥边区财政经济史资料选编（财政篇）》·太原：山西人民出版社，1985 年，第 220 页。

［3］《安徽革命根据地财经史料选（2）》·合肥：安徽人民出版社，1986 年，第 146 页。

［4］《中国新民主主义革命时期根据地法制文献选编（第 4 卷）》·北京：中国社会科学出版社，1984 年 7 月，第 297 页。

［5］《华中抗日根据地财政经济史料选编（江苏部分 第 2 卷）》·北京：档案出版社，1986 年，第 323 页。

72. 西北局党校教育计划草案（1943 年 12 月 28 日）[1]

（二）教育计划……丁．课程内容及时间……算术：目的——能学得调查统计，大量地折算度量衡、累进税、债息、各国度量衡换算，与日常生活工作的算术知识……

73. 太岳行署关于健全仓库制度决定的通令（1944 年 2 月 23 日）[2]

财政会议决定关于健全仓库问题规定……（三）秤由行署统一制发……

74. 晋察冀边区行政委员会集市管理办法草案（1944 年 2 月 24 日）[3]

（三）度量衡

第十一条　各市场之度量衡必须统一标准，以边委会规定为限，不得标新立异……

第十二条　斗、秤、尺之购置费由各行牙纪所得之手续费内开支……

75. 晋冀鲁豫边区政府命令（1944 年 3 月 16 日）[4]

兹为划一本区财经统计单位起见，今后所有各种报告计划各种调查统计，一律用市石（一三五斤小米）及市斤（十六两）以资统一。仰即遵照为要。

76. 淮海区公粮公草站组织规程（1944 年 7 月 1 日）[5]

十三、粮草站售出粮食，一律须晒干扬净，售出公草必须

［1］《中共中央西北局文件汇编（1943 年 2）》．中央档案馆、陕西省档案馆，1994 年，第 73 页。

［2］《太岳革命根据地财经史料选编（2）》．太原：山西经济出版社，1991 年，第 1 109 页。

［3］《抗日战争时期晋察冀边区财政经济史资料选编（第 3 编）》．天津：南开大学出版社，1984 年，第 515-516 页。

［4］ 晋冀鲁豫边区政府《边区政报》，1944 年 3 月 16 日，第 1 卷第 40 期，第 38 页。

［5］《淮海抗日根据地》．北京：中共党史出版社，2010 年，第 140 页。

干燥，均以十六两槽法秤为准，不得藉词有所折扣……

77. 山东省第二次行政会议财政组总结报告（1944 年12 月）[1]

陈报土地问题……山东各地现有地亩之干［杆］丈极不一致，而且杆长大小亦不同，如有七百二、五百四、四百八、三百六、二百四等，要想彻底清丈是很困难的。因此我们应采取简易方法，不必丈量，只用我们所规定的杆子来量他旧有的杆子，便可折合算出。这样比较快，人民也不麻烦……

F、统一度量衡制度：因为度量衡的不统一，对执行制度也有妨碍，山东在过去没有认真改造，以至影响工作的进行。如秤的问题，胶东十三点七两，渤海十三点五两，鲁中十六两，鲁南十五点三两，滨海十五点五两；升合尺也有不同样的现象。今后应按过去规定的市尺、市秤、市斤由各地区先试行统一，统一的办法要由公家制定标准的度量衡，分发群众使用，不取费，并先统一公家合集市，然后再及私人，反对强迫命令办法……

78. 陕甘宁边区土地租佃条例（边区第二届参议会第二次大会通过 1944 年 12 月）[2]

第十七条　……交租使用当地通用之斗，禁止大斗收租与小斗交租……

79. 陕甘宁边区农业统一累进税试行条例（边区政府财政厅提出修正试行草案 1944 年）[3]

第七条　农业统一累进税以公斗为计税单位……

［1］《山东革命历史档案资料选编（第 13 辑）》·济南：山东人民出版社，1983 年，第 293 页、第 315 页。

［2］《中国新民主主义革命时期根据地法制文献选编（第 4 卷）》·北京：中国社会科学出版社，1984 年，第 216 页。

［3］《抗日战争时期陕甘宁边区财政经济史料摘编 -6- 财政》·陕甘宁边区财政经济史编写组，1980 年，第 214 页。

80. 苏中区土地租佃条例（1944 年）[1]

第二十三条　交租斗、秤以当地通用斗、秤为标准，不得使用大斗大秤收租……

81. 盐阜区清查田亩暂行办法（1944 年）[2]

第五条　业主陈报土地，俱须实地丈量计算面积，其计算尺度规定以各县"五印官弓"尺为标准，以六十方丈为一亩，小数至厘为止……

82. 太岳区租佃单行条例（1945 年 4 月 15 日）[3]

第十九条　……交租通用当地之斗，禁止大斗收租或小斗交租……

83. 路西县政府关于减租交租减利增资及保障佃权办法的通令（1945 年 7 月 6 日）[4]

甲、减租办法：……9. 交租时须以通行公斗、公斛公秤为标准，严格禁用非法之大斗、大斛、大秤，并取消一切陋规（如送礼酒等）……

84. 淮北苏皖边区民国三十四年 [1945 年] 午季救国公粮公草征收办法（1945 年 7 月 10 日）[5]

第二十八条　收缴公粮、公草，应以漕法秤十六两为准……

［1］《苏中抗日根据地》·北京：中共党史资料出版社，1990 年，第 361 页。

［2］《华中抗日根据地财政经济史料选编（江苏部分第 3 卷）》·北京：档案出版社，1986 年，第 353-354 页。

［3］《抗日战争时期晋冀鲁豫边区财政经济史资料选编（2）》·北京：中国财政经济出版社，1990 年，第 591 页。

［4］《浙江革命历史档案选编 - 抗日战争时期（下）》·杭州：浙江人民出版社，1985 年，第 543 页。

［5］《华中抗日根据地和解放区工商税收史料选编（上）》·合肥：安徽人民出版社，1986 年，第 298 页。

85. 浙东行政区减租交租及处理其他佃业关系暂行办法（民字第 62 号 1945 年 7 月 18 日）[1]

第十六条　交租用之衡量器一律通用市秤、市斛，旧衡量器改新衡量器时，不得另行增加……

86. 冀晋第四专区贸管局、市长会议上报告－加强集市管理（1945 年 8 月 1 日）[2]

四、管理集市应注意的几个问题……（三）度量衡争取统一。斗要以县为单位来统一市斗，各集对斗统一规定，尺用市尺，秤应根据各县各地具体环境，尽可能使其走向一致（完全一律换新秤）……

87. 太岳行署实验统累税的命令（1945 年 2 月 30 日）[3]

兹发去陕甘宁边区统一累进税试行条例及细则，各专署应进行实验，……主要在实验其累进率与扣除计算方法是否方便易行……其累进中所用"斗"标准是三十斤细粮为一斗，比我区二斗还多，计算时应注意折合之……

88. 晋绥边区行署关于征收牲畜买卖手续费及粮食斗佣的指示（1945 年 10 月 25 日）[4]

关于粮食买卖者在市镇设立固定地点，由税局所设的过斗员进行过斗，公私商行、货栈、贸易机关收集粮食，事先要协同卖粮人向税务机关声请过斗，并于成交后交佣……过斗所用之斗量，定为十三斤。斗上打火印"标准斗"字样，以和私斗

[1]《浙东抗日根据地》·北京：中共党史资料出版社，1987 年，第 165 页。

[2]《抗日战争时期晋察冀边区财政经济史资料选编（第 3 编）》·天津：南开大学出版社，1984 年，第 715 页。

[3]《抗日战争时期晋冀鲁豫边区财政经济史资料选编（1）》·北京：中国财政经济出版社，1990 年，第 1 073 页。

[4]《晋绥边区财政经济史资料选编（财政篇）》·太原：山西人民出版社，1985 年，第 739 页。

区别……

89. 晋绥边区修正公粮征收条例（1945 年 10 月 26 日）[1]

第十一条　征收公粮以小米公斗（即二十斤之公粮斗）为计算单位……

90. 晋冀鲁豫边区反攻以来各分区工商税务工作检查及目前阶段工作的讨论（1945 年 11 月）[2]

三分区……推进市场管理工作，确定度量衡的鉴［检］定……各市场尽量多设置公秤，便利群众……非完全牙行性质之粮店，暂准其存在……度量衡统一……

太行区大体统一了秤，但因技术条件，秤的准确程度还差，边府已统一制造标准法［砝］码一百二十套，准备发交太行区各县使用。各区召集制秤工人，统一制造鉴［检］定。尺子统一于新市尺（一米达＝三市尺）为了便利群众，旧一六尺还可使用，只限于土布市场……

91. 冀南区民刑事调解条例（1946 年 2 月 20 日）[3]

第二条　凡民事一切纠纷（土地、婚姻、债务、继承、劳工……）均应厉行调解。凡刑事除下列各罪不许调解外，其他各罪均得调解……15. 伪造度量衡罪……

92. 晋绥边区修正营业税暂行条例施行细则（1946 年 2 月 20 日）[4]

第八条　关于粮食买卖者：（一）无论公私商行货栈及贸

［1］《晋绥边区财政经济史资料选编（财政篇）》·太原：山西人民出版社，1985 年，第 632 页。

［2］《晋冀鲁豫边区工商行政管理史料选编》·山西省、河北省工商行政管理局，1985 年，第 73-83 页。

［3］《革命根据地法制文献选编（中卷）》·北京：中国社会科学出版社，1983 年，第 1 014 页。

［4］《晋绥革命根据地工商税收史料选编（下册）》·晋绥革命根据地工商税收史编写组，1984 年，第 337 页。

易机关收集粮食，事先要协同卖粮人向税务机关声请过斗……（三）所用之斗要打火印"标准斗"字样，斗量定为十三斤半（习惯用秤地方照算）……

93. 山东省政府关于统一土地产量与杆丈标准的决定（财字第 39 号 1946 年 4 月 25 日）[1]

由于过去长期分割的环境，……土地折合标准……多样复杂，极不一致……本府特有如下之规定……三、土地面积以二百四十方步为一官亩，每步五尺（营造尺）……

94. 晋察冀边区行政委员会关于各级工商部门职权范围的决定（1946 年 7 月 15 日）[2]

乙、商业方面……9.管理度量衡为各级工商部门之职责……

95. 陕甘宁边区政府命令（民字第 41 号 1946 年 7 月 16 日）[3]

根据边区第三届参议会第一次大会决定……斗佣原为管理和统一度量衡，并便利人民交易而设，因此各市镇粮站必须公平抹斗，严格纠正某粮市抹斗不公及故意抛撒粮食等行为……

96. 松江省建国公粮公草征收暂行条例草案（1946 年 8 月 24 日）[4]

第四条　计算土地面积以垧为单位，征收公粮以公斤（即

---

[1] 《山东革命历史档案资料选编（第 16 辑）》·济南：山东人民出版社，1984 年，第 392 页。

[2] 《华北解放区财政经济史资料选编（第 2 辑）》·北京：中国财政经济出版社，1996 年，第 461 页。

[3] 《陕甘宁革命根据地工商税收史料选编（第 6 册）》·西安：陕西人民出版社，1987 年，第 137 页。

[4] 《东北解放区财政经济史资料选编（第 4 册）》·哈尔滨：黑龙江人民出版社，1988 年，第 14 页。

二满斤）为计算单位，征收正杂粮时以高粱为计算标准粮……

97. 山东省政府关于公布修正山东省田房契税暂行条例的命令（财字第 46 号 1946 年 9 月 22 日）[1]

第三条　契税税率，均按官亩（即营造尺二百四十弓）于土地陈报后评定之土地等级征收……

98. 山东省政府关于秋季征粮工作补充指示（粮字第 3 号 1946 年 10 月 9 日）[2]

（一）整理土地 1. 统一地亩、统一杆杖、统一划定地级的标准……此次征收当中要抓紧整理土地，务要把地亩统一折成二百四十弓的官亩，并统一用五营造尺的杆杖丈量，重新登记划级。（每地区发标准杆子一根，照样制发）……丙、鲁南之杆杖应依省杆杖统一……

99. 太岳行署工商处主管事项之规定（草案 1946 年 6 月）[3]

工商处……掌握……关于度量衡之制造、检定及检查实施事项……

100. 山东省工商总局关于自本年一月一日起统一秤尺的训令（易字第 101 号 1947 年 1 月 3 日）[4]

查过去以秤尺之不够统一，不但在记账汇表和报告行情上发生困难，即在交易上亦纠纷叠出……今后为避免秤、尺不统一之无谓麻烦，决定凡我工商部门从本年元月一日起，不论在交易上、记账上、报告行情上、税率计算上、没收计算上，一

［1］《山东革命历史档案资料选编（第 17 辑）》·济南：山东人民出版社，1984 年，第 381 页。

［2］《山东革命历史档案资料选编（第 17 辑）》·济南：山东人民出版社，1984 年，第 461-462 页。

［3］《太岳革命根据地经济建设史资料选编（商业分册 3）》·太岳革命根据地经济史编写组，1984 年，第 888 页。

［4］《山东革命历史档案资料选编（第 18 辑）》·济南：山东人民出版社，1985 年，第 199-200 页。

律改用市秤及平方市尺为标准。任何单位不得再用市秤、市尺以外之秤、尺计算，以示统一……

101. 辛集华兴公司成立新型［棉］花店扶植小贩减轻非法剥削（《晋察冀日报》第二版 1947 年 1 月 5 日）[1]

辛集市冀中华兴棉业公司为繁荣市场……减轻旧［棉］花市对顾客卖主的剥削……具体办法如下……（四）使用标准市秤，斤两正确.....可使棉花交易逐渐集中，能限制住奸商的投机取巧，而是物价稳定……

102. 中共辽东分局组织部关于地方干部保健暂行办法（1947 年 3 月 25 日）[2]

（四）保健费按实物折价，分为四等：甲、每月猪肉五斤（折合当时当地市价，以东北十两秤为准。下同）；乙、每月猪肉四斤；丙、每月猪肉三斤；丁、每月猪肉二斤……

103. 关于建立工商管理机构和开展对敌经济斗争的决议（1947 年 9 月 20 日）[3]

三、贸易斗争……3、管理内地市场——用行政力量，控制主要物资的交易介绍权，这就必须取消集头行店，统一度量衡，扫清内地市场的封建秩序……

104. 中共豫皖苏边区党委关于财经工作的决定（1947 年 9 月 29 日）[4]

农村交易中的封建秩序，如早集制度、行人、牙纪的剥削，

---

[1]《晋冀鲁豫边区工商行政管理史料选编》·山西省、河北省工商行政管理局，1985 年，第 599 页。

[2]《中共中央东北局辽东分局档案文件汇集（1946-1948）》·辽宁省档案馆，1986 年，第 143 页。

[3]《华中抗日根据地和解放区工商税收史料选编（中）》·合肥：安徽人民出版社，1986 年，第 46-47 页。

[4]《中原解放区工商税收史料选编（上册）》·郑州：河南人民出版社，1989 年，第 277 页。

集头统治，度量衡不统一……都使农民"习惯的"吃亏而不自知……

105. 东北银行总行关于生金银买卖的通知（1947年10月22日）[1]

五、提高技术与内部会计保管等制度问题……（六）今后记账及买卖一律改以公分（瓦）为单位，内部记账一律取消两，对外挂牌时应同时挂每公分价及折合每两价，对外折两按35.715公分为一两……

106. 西北财经办事处政治部为彻底肃清贪污腐化及一切个人自私自利行为的指示（1948年1月20日）[2]

此次战争以来，在财经部门人员中，更多地暴露了各种严重的、错误的经济思想行为……属于各类变象［相］贪污者，占全案件的48.1%。其形式包括以下几种……9. 揩秤上油水。卖出时秤头放低，买进时秤头提高，从中个人揩油……

107. 中共辽东分局财经委员会关于加强公粮管理的决定（1948年1月30日）[3]

（九）仓库斗、称［秤］应精密准确，不要高低不平，以致收支有多有少……

（十）粮食局（科）对仓库人员的业务，如帐［账］目清楚，称量公平，爱护粮食特别注意，保管粮食消耗极少，执行制度严格，成绩优异者，选为模范仓库员，以立功论……

---

[1]《东北解放区财政经济史资料选编（第3册）》·哈尔滨：黑龙江人民出版社，1988年，第397页。

[2]《陕甘宁革命根据地工商税收史料选编（第7册）》·西安：陕西人民出版社，1987年，第28页。

[3]《中共中央东北局辽东分局档案文件汇集（1946-1948）》·辽宁省档案馆，1986年，第90页。

108. 关于山西崞县召开土地改革代表会议情况的报告（1948年2月8日）[1]

第二、关于平分土地问题……现各村已开始丈地，有的已丈二遍。如大牛堡，连续丈了三次，先用"步弓"，后用"天竿"（竹竿），再用绳索，三次对比，最后确定准数。下默都用绳索丈地，每天检查绳子一次，因第一天是新绳，第二天即长二三寸。绳头挂红布作记号，防止偷换。并规定本人不能用绳子丈自己地，防止紧松作弊……

109. 西北财经办事处关于抗战以来陕甘宁边区的财政概况（1948年2月18日）[2]

一、粮食工作发展概况……为以后的粮食工作提供了宝贵经验……（3）统一斗秤……

二、由和平到战争中的粮食工作……（四）粮食工作转变时期（5月15日—12月）……改用粮票后……由于粮料草票种类复杂，印制模糊，个别不良份［分］子投机取巧，伪造涂改，已发现的有将……升字改成斗字的，斤字改成斗字的，以及用木刻与复写纸，伪造一斗五斗的粮票等行为……

110. 太岳行署关于加强粮食管理严格粮食制度深入检查仓库工作的指示（1948年2月28日）[3]

检查大纲……一、检查内容……（二）粮食管理……5、仓库的秤是否公道、合适、有没有大秤收小秤出的现象和事实……

---

[1]《中共中央文件选集（17）》·北京：中共中央党校出版社，1993年，第114页。

[2]《陕甘宁革命根据地工商税收史料选编（第7册）》·西安：陕西人民出版社，1987年，第131页、第147-148页。

[3]《太岳革命根据地财经史料选编（2）》·太原：山西经济出版社，1991年，第1112页。

111. 豫皖苏边区行政公署、军区司令部关于宣布解放区经济政策的联合布告（1948 年 3 月 1 日）[1]

九、建立集市交易所，逐步统一度量衡，消灭农村市场中的封建秩序及一切陋规……

112. 陕甘宁边区牲畜粮食买卖手续费征收办法（1948 年 3 月 23 日）[2]

第七条　粮食买卖手续费之征收与解交之规定……（二）凡市镇之粮食交易，均须一律使用政府规定公斗公升过量，不得自制升斗……

113. 苏中如东县黄花鱼产销管理暂行办法（1948 年 4 月 1 日）[3]

四、关于征税……4. 鱼税的征收手续：……④各船开舱售鱼时，由征收所派员监秤、监筹……

五、关于设行（或合作社）……5. 鱼行进出买卖之秤，按照惯例，一律用鸡钩廿两之秤，先送办事处验查……

114. 桐柏行政公署关于保护和发展工商业布告（1948 年 4 月）[4]

九、建立集市交易所，逐步统一度量衡，消灭农村市场中的封建秩序及一切陋规……

---

[1]《华中抗日根据地和解放区工商税收史料选编（中）》·合肥：安徽人民出版社，1986 年，第 111 页。

[2]《陕甘宁革命根据地工商税收史料选编（第 7 册）》·西安：陕西人民出版社，1987 年，第 255 页。

[3]《华中抗日根据地和解放区工商税收史料选编（中）》·合肥：安徽人民出版社，1986 年，第 113-114 页。

[4]《中原解放区工商税收史料选编（下册）》·郑州：河南人民出版社，1989 年，第 731 页。

115. 晋绥金融贸易工作报告（1948 年 4 月 20 日）[1]

秋收粮……在运输中还有几个问题也值得注意……第三、各地斗、秤大小不一，掌称［秤］有高有低，损耗有多有少，很易发生争执，我们统一发单位的秤，但发生问题仍多……

116. 东北行政委员会土地执照颁发令之土地执照颁发办法（1948 年 6 月 1 日）[2]

（五）土地面积单位，以东北行政委员会所公布之尺度为标准计算，即 1 垧 10 亩，每亩 360 平方弓或 9 000 平方市尺，各地尚未采用者，应一律改用此标准……

117. 薄一波同志在华北工商会议的结论（1948 年 6 月 24 日）[3]

内地工商行政工作……（3）逐渐实行市斗、市秤、市尺，统一度量衡，以便商民交换……

118. 豫皖苏边区集市交易所组织办法（1948 年 8 月）[4]

第五条　集市交易所之度量衡，按市制（即国际标准制）逐渐统一之……

119. 豫皖苏边区第一工商分局第二次工商工作会议记录（1948 年 8 月 8 日）[5]

交易所的工作……调整营业秩序……度量衡统一规定：斗

［1］《陕甘宁革命根据地工商税收史料选编（第 7 册）》·西安：陕西人民出版社，1987 年，第 431 页。

［2］《东北解放区财政经济史资料选编（第 1 册）》·哈尔滨：黑龙江人民出版社，1988 年，第 412 页。

［3］《晋冀鲁豫边区工商行政管理史料选编》·山西省、河北省工商行政管理局，1985 年，第 112 页。

［4］《中原解放区工商税收史料选编（下册）》·郑州：河南人民出版社，1989 年，第 473 页。

［5］《中原解放区工商税收史料选编（上册）》·郑州：河南人民出版社，1989 年，第 123 页。

定为小麦四十斤之容量为准，秤以老秤十六两为准，尺以裁尺一尺六寸为准。出入使用，要求平衡，不得使用手法，买卖公平……

120. 太岳行署改用新市秤废止旧粮票使用新粮票通知（1948年8月17日）[1]

现由行署统一制造新市秤……新市秤从九月一日起开始使用……并将新、旧秤折合计算标准规定如下：

（一）新市秤一斤等于公斤半斤……

（二）新市秤一两等于旧秤的八钱三分八厘，一斤等于旧秤十三两四钱零分八厘……

（三）旧秤一两等于新市秤一两一钱九分三厘三毫，一斤等于新市秤一斤三两零九分二厘八毫……

（四）新秤折旧秤，以零·八三八乘；旧秤折新市秤，以一·一九三三乘。因为改换了新市秤，我区现行老秤粮票也要改换成新市斤粮票……

121. 太岳区贸易公司关于从九月一日起改换新市秤斗尺度量衡标准及两区合并后货币计算的通知（1948年8月25日）[2]

为了统一华北度量衡的标准……规定：

1. 秤——以市秤为标准，即二市斤等于一公斤……

2. 斗——以市斗为标准，即小米每斗等于十六斤……

3. 尺——以市尺为标准，即三市尺等于一公尺（米）……

［1］《晋冀鲁豫边区工商行政管理史料选编》·山西省、河北省工商行政管理局，1985年，第464-465页。

［2］《太岳革命根据地财经史料选编（2）》·太原：山西经济出版社，1991年，第944页。

122. 关于牙行问题（1948年10月5日）[1]

牙行在社会上的作用……5. 牙行有一定的设备和工具，如度量衡的器具等，可供买卖双方使用，客商不必自己携带……牙行的各种陋规……3. 哄骗客商……或者大秤进，小秤出……

123. 豫西行政主任公署关于管理烟草出口及管理烟行的命令之烟行管理暂行办法（1948年10月6日）[2]

第十五条　严禁磅上舞弊及设立飞磅……

第十七条　烟行所用之磅秤，一律以十六两为一斤之准则，烟草管理局应设立标准磅，限令烟行将所用磅秤至管理局校对正确，加盖烙印，始准使用，并随时检查磅上舞弊……

124. 冀南区工商管理局指示信（1948年10月23日）[3]

二、统一度量衡。我区度量衡制，几年来各专区已搞了一次或数次，但目前市场上仍然使用老斗、老秤者（如肥乡城用加三秤）数不胜数，在农村那更是如此一样。使物价高低不一，也难以统计调查，就目前条件（物资技术习惯等）我们所搞成定数定量丝毫不差的度量衡制，是很困难，且不可能的，我们的意见在市场上一律要做到统一市尺、市斗、市秤……

125. 华中行政办事处颁发进出口税税率表的通知（1948年10月25日）[4]

注意事项……货物计算之斤，一、二、九分区以市秤为标准，五、六分区仍以漕平十六两秤为标准，货至一、二、九分

---

[1]《华中抗日根据地和解放区工商税收史料选编（中）》·合肥：安徽人民出版社，1986年，第292-293页。

[2]《中原解放区工商税收史料选编（下册）》·郑州：河南人民出版社，1989年，第494页。

[3]《晋冀鲁豫边区工商行政管理史料选编》·山西省、河北省工商行政管理局，1985年，第137-138页。

[4]《华中抗日根据地和解放区工商税收史料选编（中）》·合肥：安徽人民出版社，1986年，第337页。

区，货量不超过漕秤斤量时，不得以市秤折算补征差额税……

126. 豫皖苏后勤司令部关于粮站人员注意事项十二条（1948年12月12日）[1]

一、粮站一律用公平十六两的标准秤，并用誌石每天对秤一次，前后方粮站每周要对秤一次……

127. 邯郸市政府关于丈量土地问题的指示（1948年12月29日）[2]

对于丈量土地的标准已有华府规定及行政公署指示，以营造尺为标准，由市府制订统一丈［杆］发给各区，前各村用的（市尺丈杆）完全作废。今后土地丈量及计算办法按下列规定执行：

一、丈量土地计算标准，1公尺等于3市尺，即等于3.125营造尺；1市尺等于1.041 67营造尺，1营造尺等于0.96市尺，1市亩等于1.085营造亩强，2营造亩等于0.936旧市亩……

二、各村所有土地，在年前平分中，因时间关系恐不能普遍丈量，在平分填写土地证时，可暂按原亩计算，一般地暂不丈量，如有黑地及遇有土地纠纷时，可以抽块丈量仍按旧市尺丈杆订……

三、市区可先作一个典型村，用新发丈杆将全村土地普遍丈量，计算新亩，并将各种地质与产量（按常年产量）重新评议计算标准亩，以便正确地进行平分工作，并打下明年（普遍丈量评议标准）亩的基础……

---

[1] 《河南革命根据地粮食史料选辑（下辑）》·河南粮食志编辑组，1984年，第256页。

[2] 《邯郸市档案史料选编1945-1949年（上册）》·石家庄：河北人民出版社，1989年，第401页。

128. 晋绥边区暂行会计规程草案（1948 年）[1]

第十三条　会计记账单位……粮食一律以市斗计算单位，以合为止，合以下四舍五入。晋绥边区范围内，一律以市斤计算，单位以两为止。马草一律以市秤计算，单位以斤为止（注：度量衡未统一前，各地暂依当地习惯实施之）……

129. 中原解放区行商管理暂行办法（1949 年 1 月）[2]

第十一条　严禁行商操纵物价、大进小出，从中舞弊情事……

第十二条　各县工商局得根据群众习惯，选定标准度量衡，各行商须以此为准并制备之，由工商局检验后加盖烙印，方准行使……

130. 冀鲁豫行政公署关于工商部门的指示信（1949 年 1 月 18 日）[3]

根据华北人民政府的命令……工商部门……具体掌管……十、关于度量衡之制造检定监督事项……进行工商业登记加强调查研究……进行度量衡和劳资、东伙、师徒关系之调查，借以准备统一全区度量衡……

131. 山东、华中、豫皖苏、冀鲁豫四地区支前联席会议关于粮食供应中几个问题的规定（1949 年 1 月 22 日）[4]

（三）秤的标准问题　一律以天平十三两六的市秤与十六两的糟［漕］秤为准，市秤折糟［漕］秤为八五折……

---

[1]《陕甘宁革命根据地工商税收史料选编（第 7 册）》·西安：陕西人民出版社，1987 年，第 645 页。

[2]《华中抗日根据地和解放区工商税收史料选编（中）》·合肥：安徽人民出版社，1986 年，第 493 页。

[3]《冀鲁豫边区工商工作史料选编》·冀鲁豫边区工商工作史料选编编辑委员会，第 356 页、第 357 页、第 362 页。

[4]《山东革命历史档案资料选编（第 22 辑）》·济南：山东人民出版社，1986 年，第 75-76 页。

132. 山东省税务局征收煤及金矿统税实施办法（财税字第1 号 1949 年 2 月）[1]

第四条　煤之计税单位为"吨"（二千市斤），金砂计税单位为"担"（一百市斤），金之计税单位为"两"……

133. 太岳行政公署关于统一换用市尺令（工商行字第 11 号 1949 年 2 月 20 日）[2]

本署依据华北政府之规定，制定标准市尺，随令附发，并决定：

一、分期推行，第一期配合各机关团体，运用各种方式，向群众广泛宣传统一新尺制之意义，筹备造尺事宜，指导新尺制造（由本人自造），召集各行业座谈会，商讨具体有效办法及换用日期，禁止制造贩卖旧尺。划一机关团体、公营工商业换用新尺；第二期推行民用，以现有市场为重点，然后推行农村分散的工商业小贩；第三期推行农民户换用。严格取缔使用旧尺，由抽查到定期大检查，达到普遍换用新市尺，不准新旧参用……

二、制造修理新尺，要有适当准备，要能源源供给需要，如果生产不足即影响执行……

……

四、这一工作自三月五日开始至六月底完成，每一段之推行日数，可根据当地具体情况，自行规定……

[1]　《山东革命历史档案资料选编（第 22 辑）》·济南：山东人民出版社，1986 年，第 198 页。
[2]　《晋冀鲁豫边区工商行政管理史料选编》·山西省、河北省工商行政管理局，1985 年，第 465-466 页。

134. 豫皖苏分局关于淮海战役中支前工作初步总结报告（1949 年 2 月 25 日）[1]

粮食物资的供应调运问题……（三）解决大量物资收发运输的迅速及时和质量的齐一，必须统一包装……有的同志开始不得多作面袋，让群众自知，结果是布质破旧大小不一，极易戳破偷盗，不少掺潮使假，霉坏损失均大，过秤抽查，均较困难。前方粮站一天收发几十万斤粮面，就无法保证，经验是政府统一缝袋，秤类斤重规定齐一，专人监督。用活塞漏斗装面，缝口盖印，注明机关种类号码，以便检查；公家统一使用标准秤，粮站应用磅秤，以免收发悬殊不一，引起互相纠纷……

135. 太岳行政公署关于取消交易过斗一律以新市秤计算通令（工商行字第 19 号 1949 年 3 月 15 日）[2]

为使度量衡完全统一，更利于交易计算，决定取消粮食交易过斗，一律以新秤计算价格，进行交易，其具体办法如下：

一、先由城关开始进行，而后推及较大市场以至各个小市场与农村。取消粮食交易之升斗器具，改以新市秤交易为标准……

二、由交易所或交易员，依照政府法［砝］码，自制刀秤，并送政府查验打戳……

三、政府对交易所及交易员所用之秤，每月必须检查一次，保持经常准确……

四、各公营企业，机关生产单位及其他机关团体，在买卖或收支粮食时，首应改斗为秤……

五、限令到十日内，将城关及较大市场完成，其他地方亦

---

[1]《河南革命根据地粮食史料选辑（下辑）》·河南粮食志编辑组，1984 年，第 316-317 页。

[2]《晋冀鲁豫边区工商行政管理史料选编》·山西省、河北省工商行政管理局，1985 年，第 466-467 页。

须继续完成……

136. 太岳区税局关于各种粮食起征可根据原三市斗起征点分别计算的通令（1949年4月2日）[1]

为使度量衡完全统一，利于交易计算，决定取消粮食交易过斗，一律以新市秤计算价格进行……小米每市斗重十六斤十八两（旧秤系十四斤）……玉米每市斗重十四斤五两（旧秤为十二斤）……小麦每市斗重十二斤（旧秤系十斤）……大麦每市斗重十五斤（旧秤系十二斤）……高粱每市斗重十二斤（旧秤系十斤）……豆子每市斗十六斤（旧秤系十四斤）……大麻籽每斗重九斤半（旧秤系八斤）……小麻籽每市斗重十斤十二两（旧秤系九斤）……大米每市斗重十七斤五两（旧秤系十四斤半）……

137. 陕甘宁边区货物税估价委员会组织章程草案（1949年4月14日）[2]

第六条 估价……8. 货物计算标准，一律依规定度量衡标准计算……

138. 陕甘宁边区粮食市场管理规则（1949年4月14日）[3]

第二条 买卖粮食概用公升、公斗计量，不得私用其他升斗……

第三条 过量粮食均须摸［抹］平，不得任意高低亦不得随意抛撒粮食……

---

[1]《太岳革命根据地（初稿）》·太岳革命根据地财政史编写组，1987年，第274-275页。

[2]《陕甘宁革命根据地工商税收史料选编（第8册）》·西安：陕西人民出版社，1987年，第231页。

[3]《陕甘宁革命根据地工商税收史料选编（第8册）》·西安：陕西人民出版社，1987年，第225页。

139. 陕甘宁边区政府关于征收上半年营业税由（努字第 84 号 1949 年 4 月 28 日）[1]

附 三十八年［1949 年］度上半年各地营业税应征额表。说明：1. 晋南、晋北以二十六斤为一斗，其他分区以三十斤为一斗计。

140. 鲁中南区关于征收水产品交易税及渔行交易所司称［秤］员登记管理暂行办法（财税字第 1 号 1949 年 5 月 1 日）[2]

第十一条 凡已成交之水产品，均须由司称［秤］人员直接过称［秤］（一律市秤），各驻行及交易所之税收机关征收人员，得根据其实际过称［秤］数量收取税款，填发税票……

141. 冀鲁豫行政公署关于粮食管理工作的指示（1949 年 5 月 2 日）[3]

（八）标准秤的问题：今后一律以民国三十八年［1949 年］的标准石为标准……

142. 陕甘宁边区暂行会计规程草案（1949 年 5 月 12 日）[4]

第十条 会计记账单位……粮、料、草一律以市斤，单位至两止，两以下五舍六入……

143. 华北区酒类专卖暨征税暂行办法（财制字第 60 号 1949 年 5 月 20 日）[5]

第十一条 酒类征税……果木酒、烧酒、黄酒、改制酒

---

［1］《陕甘宁革命根据地工商税收史料选编（第 8 册）》·西安：陕西人民出版社，1987 年，第 279-280 页。

［2］《山东革命根据地财政史料选编（5）》，第 217 页。

［3］《河南革命根据地粮食史料选辑（下辑）》·河南粮食志编辑组，1984 年，第 282 页。

［4］《陕甘宁革命根据地工商税收史料选编（第 8 册）》·西安：陕西人民出版社，1987 年，第 332 页。

［5］《晋绥革命根据地工商税收史料选编（下册）》·晋绥革命根据地工商税收史编写组，1984 年，第 445 页。

以市斤为计税单位，洋酒以每打为计税单位，熟啤酒以每箱（四十八瓶）为计税单位，生啤酒及酒精以公升为计算［税］单位……

144. 陕甘宁边区政府修正公布仓库管理暂行办法（1949 年 5 月 20 日）[1]

第十条　仓库收支粮草，统一使用市斗、市秤……

145. 冀鲁豫区一九四八年的市场管理工作（华北人民政府工商部整理 1949 年 5 月 26 日）[2]

交易所特权取消后，私人行栈很快的发展起来……私人行栈的成立，一方面对于商品成交上起着直接的调剂作用，但同时产生了严重的毛病。特别是组织行栈者，一般俱是旧牙纪行人，惯于捣鬼，走私漏税，大秤买进，小秤卖出，挪用公款，囤积物资，高台物价，兴风作浪。由于我们放松了领导，更显得出他们捣乱的本领……

146. 陕甘宁边区新区征收公粮暂行办法（1949 年 6 月 24 日）[3]

第八条　公粮之计算与征收，一律按市斗、市秤计，产米为主地区以米计，产麦为主地区以麦计……

147. 上海市汽车凭证购油暂行办法（上海市军事管制委员会财经接管会贸易处及公用实业处第 18 号通告 1949 年 7 月 31 日）[4]

车主领得购油证后……大型车每次购油不得超过二十加仑，

---

[1] 《陕甘宁革命根据地史料选辑（第 3 辑）》·兰州：甘肃人民出版社，1982 年，第 389 页。

[2] 《华北解放区财政经济史资料选编（第 2 辑）》·华北解放区财政经济史资料选编编辑组，1996 年，第 839 页。

[3] 《陕甘宁革命根据地史料选辑（第 3 辑）》·兰州：甘肃人民出版社，1982 年，第 393 页。

[4] 《华东区财政经济法令汇编（上下册）》·上海：华东人民出版社，1951 年，第 1 612-1 613 页。

小型车每次购油不得超过十加仑，三轮送货车每次购油不得超过三加仑，机器脚踏车每次购油不得超过二加仑……［1951 年 3 月上海市人民政府工商局及公用局发布市用交字第 74 号公告《为汽车加油站售油改用公升计数并调整配量的公告》规定：一、查本市汽车加油站出售汽油向以加仑计数，自本年四月一日起一律改用公升计数……］

148. 在鞍山市第一次人民代表会议上报告八个月来政府工作（1949 年 8 月 27 日）[1].

（九）工商工作……B、八个月来我们做了些什么工作……5. 检查度量衡……

149. 陕南区工商管理分局关于行店管理暂行办法草案（工商字第 2 号 1949 年 9 月 20 日）[2]

第三条　凡专营或兼营行店业务者，必须执行下列规则……（三）行店所用斗、秤，必须经政府及其委托机关检定，出入一致，不得大入小出，欺骗群众……

150. 江西省一九四九年度公粮征收暂行办法施行细则（1949 年 9 月 26 日）[3]

二十二、征收公粮田赋所通用之计算标准：秤为天秤十三两六钱之市秤（市秤本身亦为十六进位，即每十六两为一市斤，其斤与两均少于过去之老秤），稻谷每一百斤为一石（合机米六十五斤），田地均以市亩计，每一市亩为二百四十弓（五尺为一弓）（亦即六千平方市尺），各地习惯不同者，可依习惯，但应以此标准为通用之尺度……

---

［1］《东北解放区财政经济史资料选编（第 1 册）》·哈尔滨：黑龙江人民出版社，1988 年，第 173 页。

［2］《中原解放区工商税收史料选编（下册）》·郑州：河南人民出版社，1989 年，第 605 页。

［3］　江西省人民政府秘书处《江西政报》，1949 年 10 月，第 3 期，第 32 页。

151. 长春市人民政府关于一九四九年上半年度工作报告（1949 年 9 月 28 日）[1]

丙、上半年的几项主要工作 .....8. 度量衡：除原有机器全部恢复外，另装新机器 5 台，装造台秤 163 台，木杆秤 1 677 支，油酒提 4 010 个，修理成品 298 台。度量衡统一标准制度实施，已完成全市检定 40%……

152. 邯郸市市场管理办法草案（1949 年）[2]

第三条　关于成交问题……5. 成交之行店不准掺土掺水，吃秤及其他不合法事宜，如发现此种情事，除没收或包赔购主此项利润及损失外，并处以货值 1 至 3 倍之罚金（人民券）……

……

第六条　秤与尺子 1. 秤与尺均按政府规定之标准统一，凡制、修秤与尺之工厂，其秤尺均应与政府规定之标准一致。如发现不一致时，得停止其营业。并拘捕业主判处徒刑 3 月至 5 月。2. 秤上不准加其他零碎，如锡、铜等，违者除没收其秤外，并处以 10 000 元以下之罚金。3. 尺子不准随意缩小，蒙蔽顾客。违者处以 20 000 元以下之罚金……

153. 华南分局关于进入粤境使用银元及市秤的规定（1949 年）[3]

（二）市秤一斤一律折合司马秤十四两计算，不得低折或提高……

---

[1]　《东北解放区财政经济史资料选编（第 1 册）》·哈尔滨：黑龙江人民出版社，1988 年，第 192-193 页。

[2]　《邯郸市档案史料选编（1945—1949 下册）》·石家庄：河北人民出版社，1989 年，第 558-559 页。

[3]　《中共中央华南分局文件汇集（1949.4—1949.12）》·中央档案馆、广东省档案馆，1989 年，第 454 页。

154. 太岳区斗佣征收暂行办法（1949年）[1]

第八条　买卖粮食所用之斗以山西市斗（容米十四斤）为就［计］算标准……

155. 东北人民政府关于东北解放区公粮征收暂行条例（1949年10月）[2]

第十五条　土地之计算一律以一万平方公尺为标准垧（每垧等于十亩）……

［1］《太岳革命根据地财政资料选编》·太岳革命根据地财政史编写组，1987年，第276-277页。

［2］《东北解放区财政经济史资料选编（第4册）》·哈尔滨：黑龙江人民出版社，1988年，第308页。

# 后 记

 谋划《二十世纪上半叶中国度量衡划一改革概要》这本书，是在乙未年撰写《古代计量拾零》时，书中涉及《权度法》《度量衡法》等内容而起意的。动笔撰写大致是在己亥年年初。说实话，我们动笔撰写时尚没有特别明确的框架结构体系，随着搜集和阅读的资料越来越多，想法也就越来越多，书的框架和轮廓也才逐渐水到渠成地清晰起来。历时近五年，初步形成了现在约292千字的稿子。

 我们所能见到的二十世纪上半叶度量衡历史集大成的资料并不是太多，尤以关增建教授等专家撰写的《中国近现代计量史稿》最为全面，时间跨度覆盖了清末至1949年；当然《新中国计量史》开篇对民国时期的度量衡也有概述；还有涉及清末至二十世纪三十年代度量衡历史的，当数吴承洛先生所著的《中国度量衡史》为先。本书着重参考《中国近现代计量史稿》和《中国度量衡史》两部著作所展现的基本线索和脉络，以中国社会科学研究院近代史研究所、国家图书馆、国家档案局牵头开发的"抗日战争与近代中日关系文献数据平台"资料、中国第二历史档案馆有关公开资料、北京档案馆有关公开资料为基本史料依据。写作过程中，我们还重点参阅、学习了丘光明、邱隆、孙毅霖、史慧佳等学者的著述；当然还参阅过其他众多学者的研究成果，已在文中注释标明出处，在此表示衷心感谢。

 二十世纪前五十年，晚清政府、民初北京政府以及民国南京政府所谋划、开展的三次度量衡划一改革，无论结果如何，它们的初衷有一个共同的交集，那就是都曾试图努力统一度量衡并通过不同方式将中国的度量衡与近现代国际权度进行接轨。晚清政府在度量衡划一改革中，初步明确了中国传统的"营造尺库平制"与国际权度的折合比例，并从国际权度局定制了具有近现代计量科学价值的铂铱合金度量衡原器，这是近代以来中国度量衡迈出与国际权度接轨的第一步。民初北京政府制定的《权度法》将国际权度制作为"乙"制予以法定，并有郑礼明等第一次受中国政府指派列席了国际权度会议，这无不说明当时中国人要将本国度量衡与国际权度进一步融合的迫切性。民国南京政府颁布的《度量衡法》更是将万国权度通制作为当时中国度量衡唯一法定制度，并且结合中国国情确立了与万国权度通制按"一二三"简便折合的过渡性辅制——市用制。上述三次度量衡划一改革的尝试，既有经验也有教训，尽管它们都没有能够按照预期实现全面的度量衡划一，但这段探索、实践的历史还是值得我们借鉴和回顾的。

全书共分为五章。前四章主要阐述了二十世纪前五十年清末政府、民国北京政府和南京政府谋划、推进度量衡划一改革的基本情况。第一章前半部分略着笔墨简要介绍了中国历代度量衡的基本制度、标准以及量值等情况。第五章简述了1949年以前中国共产党领导下的度量衡的探索与实践，并摘编、节选了党史、革命史资料中一百五十余条涉及度量衡的资料。全书各章节基本上按照度量衡现状、度量衡划一筹划、管理制度和措施、划一推行成效以及失败原因分析等几个板块进行划分和阐述。在这些板块中，尤以"管理制度和措施"为重点，记述或对比研究了度量衡法制、机构、人员、制造、检定、检查、营业等相关内容。

中央党校（国家行政学院）研究室副主任、一级巡视员王文教授审阅了本书并予以指导；著名科技史、计量史专家，国际科学史研究院通讯院士，上海交通大学教授、博士生导师，中国计量测试学会科普教育委员会主任委员关增建先生对本书给予了指导并亲自执笔撰写序言；《中国计量》杂志社常务副总编辑杨学功先生，原天津计量院副院长、天津计量博物馆主要创始人艾学璞先生，均严谨、严肃地审阅、修正了书稿。在此，我们对四位专家的精心指导，表示衷心感谢。

中国计量科学研究院刘潇女士、中国纤维质量监测中心陈昂女士、北京市计量检测科学研究院孟晓炜先生、中国测试技术研究院尹娜女士发挥各自的专业优势参与了大量工作。不过，鉴于我们的能力、学识和水平极其有限，书中一定还存在不足、不准确、值得推敲甚至错误的地方，有的表述也仅是"一家之言"，不甚全面，苟且抛砖引玉，敬请广大读者批评指正。

郑嚞

2021 年 5 月 20 日

深圳